21世纪高等学校计算机教育实用规划教材

# C++程序设计
# 上机实践与学习辅导
# (第三版)

王庆宝　朱　红　编著

清华大学出版社
北京

## 内容简介

C++是一种高效、实用的程序设计语言，它既可以进行过程化程序设计，也可以进行面向对象程序设计，是编程人员使用最广泛的工具之一。本书是《C++程序设计教程(第三版)》的配套教材，全书共分4个部分。第1部分是上机实验指导，内容涉及基本程序结构、函数、数组、指针、类和对象等，由16个单元组成，每个单元由浅入深，通过模仿程序范例让读者掌握算法结构和编程技巧；第2部分是习题分析与测试，针对初学者在学习过程中遇到的困难和容易出现的问题，结合大量的例题进行了详细论述，内容全面，例题丰富，概念清晰，针对性强，并给出了大量习题，帮助读者巩固、复习所学的内容，进一步掌握C++程序设计语言；第3部分是综合测试，给出多份测试试卷，便于读者全面、深入地掌握C++语言；第4部分是测试参考答案。

本书所列举的例题、习题均在Visual Studio 2010下调试通过。

本书面向计算机及相关专业本、专科学生，可作为学习C++语言课程的参考书。



**图书在版编目(CIP)数据**

C++程序设计上机实践与学习辅导/王庆宝，朱红编著. —3版. —北京：清华大学出版社，2019 (2025.1重印)
(21世纪高等学校计算机教育实用规划教材)
ISBN 978-7-302-51726-9

Ⅰ. ①C… Ⅱ. ①王… ②朱… Ⅲ. ①C++语言－程序设计－高等学校－教学参考资料 Ⅳ. ①TP312.8

中国版本图书馆CIP数据核字(2018)第256187号

**责任编辑**：闫红梅　张爱华
**封面设计**：常雪影
**责任校对**：胡伟民
**责任印制**：宋　林

**出版发行**：清华大学出版社
**网　　址**：https://www.tup.com.cn，https://www.wqxuetang.com
**地　　址**：北京清华大学学研大厦A座　　**邮　　编**：100084
**社 总 机**：010-83470000　　**邮　　购**：010-62786544
**投稿与读者服务**：010-62776969，c-service@tup.tsinghua.edu.cn
**质量反馈**：010-62772015，zhiliang@tup.tsinghua.edu.cn
**课件下载**：https://www.tup.com.cn，010-83470236
**印 装 者**：三河市少明印务有限公司
**经　　销**：全国新华书店
**开　　本**：185mm×260mm　　**印　　张**：19.25　　**字　　数**：478千字
**版　　次**：2008年10月第1版　2019年7月第3版　　**印　　次**：2025年1月第12次印刷
**印　　数**：18501～20500
**定　　价**：49.00元

产品编号：081301-01

# 出版说明

随着我国高等教育规模的扩大以及产业结构调整的进一步完善，社会对高层次应用型人才的需求将更加迫切。各地高校紧密结合地方经济建设发展需要，科学运用市场调节机制，合理调整和配置教育资源，在改革和改造传统学科专业的基础上，加强工程型和应用型学科专业建设，积极设置主要面向地方支柱产业、高新技术产业、服务业的工程型和应用型学科专业，积极为地方经济建设输送各类应用型人才。各高校加大了使用信息科学等现代科学技术提升、改造传统学科专业的力度，从而实现传统学科专业向工程型和应用型学科专业的发展与转变。在发挥传统学科专业师资力量强、办学经验丰富、教学资源充裕等优势的同时，不断更新教学内容、改革课程体系，使工程型和应用型学科专业教育与经济建设相适应。计算机课程教学在从传统学科向工程型和应用型学科转变中起着至关重要的作用，工程型和应用型学科专业中的计算机课程设置、内容体系和教学手段及方法等也具有不同于传统学科的鲜明特点。

为了配合高校工程型和应用型学科专业的建设和发展，急需出版一批内容新、体系新、方法新、手段新的高水平计算机课程教材。目前，工程型和应用型学科专业计算机课程教材的建设工作仍滞后于教学改革的实践，如现有的计算机教材中有不少内容陈旧（依然用传统专业计算机教材代替工程型和应用型学科专业教材），重理论、轻实践，不能满足新的教学计划、课程设置的需要；一些课程的教材可供选择的品种太少；一些基础课的教材虽然品种较多，但低水平重复严重；有些教材内容庞杂，书越编越厚；专业课教材、教学辅助教材及教学参考书短缺，等等，都不利于学生能力的提高和素质的培养。为此，在教育部相关教学指导委员会专家的指导和建议下，清华大学出版社组织出版本系列教材，以满足工程型和应用型学科专业计算机课程教学的需要。本系列教材在规划过程中体现了如下一些基本原则和特点。

(1) 面向工程型与应用型学科专业，强调计算机在各专业中的应用。教材内容坚持基本理论适度，反映基本理论和原理的综合应用，强调实践和应用环节。

(2) 反映教学需要，促进教学发展。教材规划以新的工程型和应用型专业目录为依据。教材要适应多样化的教学需要，正确把握教学内容和课程体系的改革方向，在选择教材内容和编写体系时注意体现素质教育、创新能力与实践能力的培养，为学生知识、能力、素质协调发展创造条件。

(3) 实施精品战略，突出重点，保证质量。规划教材建设仍然把重点放在公共基础课和专业基础课的教材建设上；特别注意选择并安排一部分原来基础比较好的优秀教材或讲义修订再版，逐步形成精品教材；提倡并鼓励编写体现工程型和应用型专业教学内容和课程体系改革成果的教材。

(4) 主张一纲多本,合理配套。基础课和专业基础课教材要配套,同一门课程可以有多本具有不同内容特点的教材。处理好教材统一性与多样化,基本教材与辅助教材,教学参考书,文字教材与软件教材的关系,实现教材系列资源配套。

(5) 依靠专家,择优选用。在制订教材规划时要依靠各课程专家在调查研究本课程教材建设现状的基础上提出规划选题。在落实主编人选时,要引入竞争机制,通过申报、评审确定主编。书稿完成后要认真实行审稿程序,确保出书质量。

繁荣教材出版事业,提高教材质量的关键是教师。建立一支高水平的以老带新的教材编写队伍才能保证教材的编写质量和建设力度,希望有志于教材建设的教师能够加入到我们的编写队伍中来。

21世纪高等学校计算机教育实用规划教材编委会
联系人:魏江江 weijj@tup.tsinghua.edu.cn

# 前　言

C++是一种高效、实用的程序设计语言，它既可以进行过程化程序设计，也可以进行面向对象程序设计，是编程人员使用最广泛的工具之一。

对程序设计语言而言，编写出简洁、高效、实用的程序才是最终的学习目的，因此，上机练习是学习程序设计必不可少的环节。C++语言入门较难，对于初学者来说，独立编写出一个完整的程序有一定的困难。所以，应该从模仿样例程序开始，由浅入深、循序渐进，继而逐步掌握编程的算法与技巧。本书的第1部分(即上机实验指导部分)正是这样组织的。该部分共有16个实验单元，每一个单元都针对一个主题内容，主要由以下部分组成：首先是分析运行样例程序，每个样例程序都有详细的注解与结构分析，目的是使学生通过调试、运行样例程序，掌握所学内容的基本结构与常用语法知识；其次是完善程序，给出一个完整的程序架构，其中重点的算法或相关的语法部分由学生自己完善，完善后调试、运行，这样通过练习，逐步使学生适应程序的语法结构，同时因为算法是学生自己完善的，因此也解决了结构与算法不能兼顾的问题；再次是模仿样例程序编程，通过模仿，编写一些与样例程序相似的程序，并且书中对编程中涉及的常用算法及编程难点都有详细的提示及指导；最后是进阶编程练习，编写有一定难度的程序，达到熟练掌握相关知识内容的目的。实验单元所涉及的基本概念有基本程序结构、函数、数组、指针、类和对象等，常用算法内容有最大公约数、最小公倍数、求素数、拆分数据、解方程、数组排序、折半查找、数组循环移位等，所有算法都有详细的图解说明及主要结构的设计指导。

本书的第2部分是习题解析与测试，其中章节的设置与《C++程序设计教程(第三版)》一书一致，针对初学者在学习过程中遇到的困难和容易出现的问题，结合大量的例题进行了详细论述，内容全面，例题丰富，针对性强，同时给出了大量习题，帮助学生巩固、复习所学的内容，使学生在学习完每一章后，都可以通过相应的习题和例题巩固所学到的理论知识。

本书的第3部分是综合测试，给出6套模拟试卷。与第2部分学习辅导中对知识点分门别类的练习不同，在这部分中，对C++程序设计语言的全部内容综合考虑，融合各个知识点，从而使学生能够全面、深入地掌握C++语言。

本书的第4部分是测试参考答案。

本书所列举的例题、习题及模拟试卷所涉及的程序均在Visual Studio 2010下调试通过。

本书的第1部分由朱红编写；第2部分由王庆宝编写，朱红修改、补充了部分内容；第3部分和第4部分由王庆宝编写。在本书的编写过程中，赵琦、闫玉德、王芳、钱芸生、陈文建、朱近、刘明、刘永、张微、俞虹、蔡骅、靳从等老师对本书的内容及修订提出了很多宝贵意见,在此一并表示衷心的感谢。

由于作者水平有限,书中难免有疏漏之处,恳请读者批评指正。



编　者

2019 年 2 月

# 目　录

# 第1部分 上机实验指导

## 实验1 简单的输入输出

### 一、实验目的

了解 Visual Studio 2010(简称 VS 2010)的编程环境,掌握在该环境下编程的一般方法。

### 二、实验要求

1. 掌握C++程序的输入、编译、调试和运行的基本过程和方法;
2. 通过编写简单程序,掌握C++程序的基本组成和结构;
3. 掌握简单的输入输出语句。

### 三、实验内容

**1. 文件名:S1_1.cpp**

**【题目】** 以下程序是从键盘输入两个数,计算两数之和。要求输入以下程序,编译、运行后根据要求从键盘输入数据,并写出程序的输出结果。

**注意**:“//”后面是程序注释,不必输入。下同。

S1_1.cpp 程序如下:

```
#include< iostream >
using namespace std;
int main( )
{       int a, b, sum;                          //定义放加数、被加数、和的变量空间
        cout <<"请输入加数与被加数\n";        //输出提示信息,显示在屏幕上,便于用户操作
        cin >> a >> b;                  //从键盘输入加数与被加数的具体数值,输入时两个整数用空格
                                        //或 Enter 键隔开
        sum = a + b;                    //计算加数与被加数的和,将相加结果赋值给和所在的变量空间
        cout <<"sum = "<< sum << endl;          //在屏幕上输出相加结果,双引号内的字符原样显示
        return 0;
}
```

**步骤**

一个完整的C++程序从编写到最后运行得到结果要有如下过程:用C++语言编写源程

序,文件扩展名为.cpp→对源程序进行编译,得到.obj文件(目标文件)→将目标文件连接,得到.exe文件(可执行文件)→运行可执行文件→分析文件的运行结果。

VS 2010是微软公司开发的可视化集成开发环境,这个集成环境包括源程序的输入、编辑和修改,源程序的编译和连接,程序运行期间的调试与跟踪,项目的自动管理,为程序的开发提供工具、窗口管理、联机帮助等。下面仅介绍最简单的上机操作过程。

(1) 启动VS 2010集成环境。

C++是VS 2010中的一部分,用VS 2010不能直接编译一个.cpp的源程序,这些源程序必须依赖于某一个项目,因此必须创建一个新项目,然后在项目中建立源程序文件。首先在Windows操作系统下启动VS 2010的集成环境,则产生如图1.1所示的窗口。

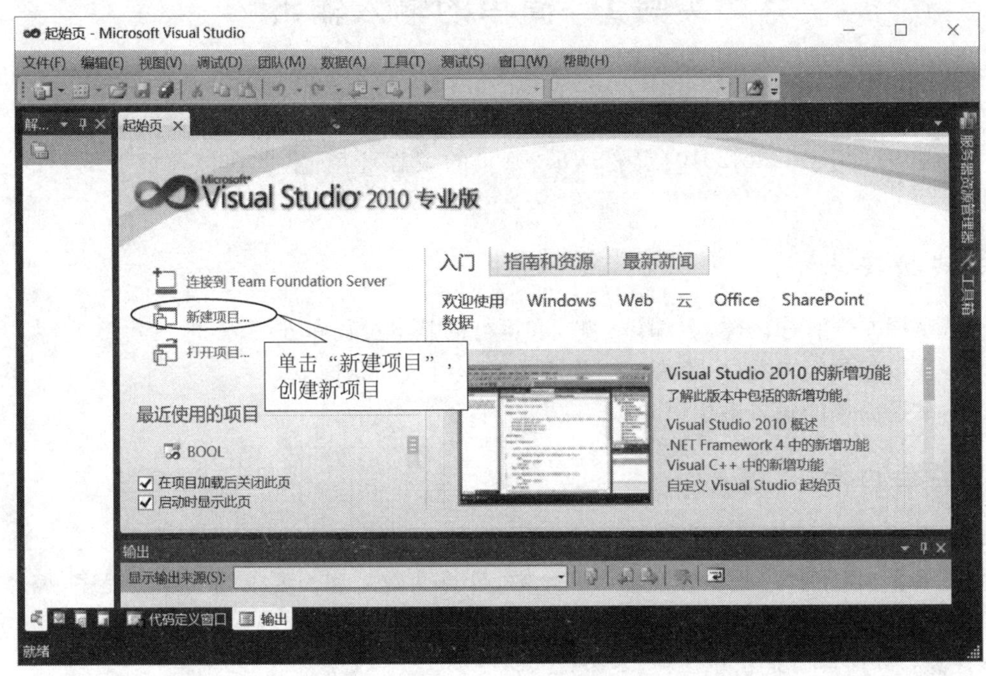


图1.1　VS 2010启动界面

(2) 建立包含源程序的项目。

在VS 2010中建立包含源程序的新项目有两种方法:一种是在启动界面上单击“新建项目”的链接(如图1.1所示);另一种是在启动界面上选择“文件”→“新建”→“项目”命令,如图1.2所示,出现了“新建项目”对话框,如图1.3所示。

(3) 在“新建项目”对话框中进行操作。

按图1.3所示的步骤进行选择项目类型、填写项目名称、选择项目所在的存储路径等操作。

操作结束后,单击“确定”按钮,进入“应用程序向导-S1_1”对话框1,如图1.4所示。

(4) “应用程序向导-S1_1”对话框1。

在“应用程序向导-S1_1”对话框1中,直接单击“下一步”按钮,进入“应用程序向导-S1_1”对话框2,如图1.5所示。

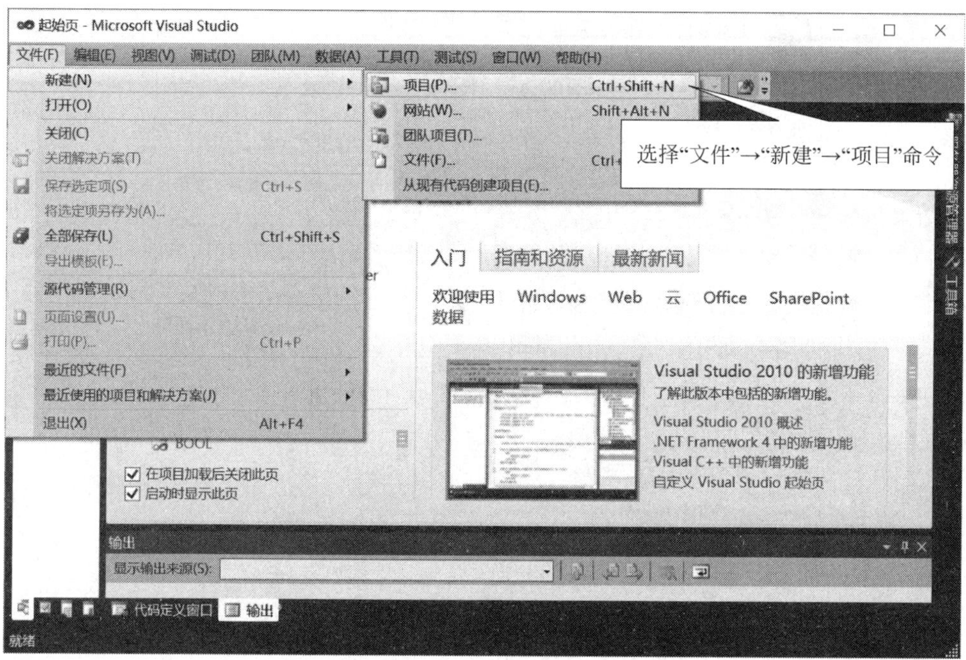


图 1.2 选择“文件”→“新建”→“项目”命令

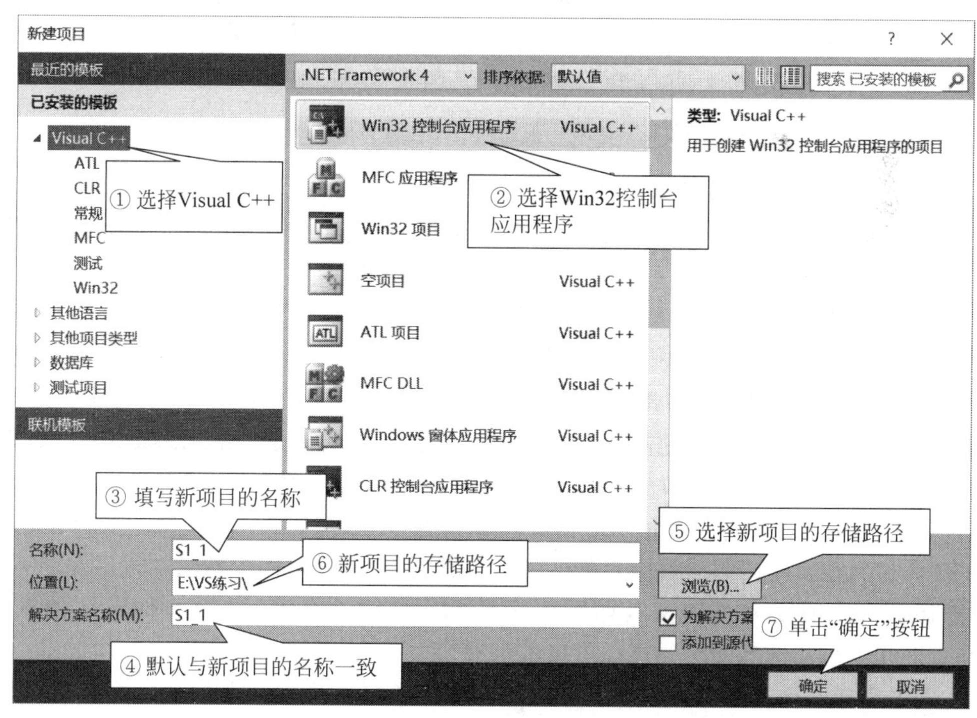


图 1.3 填写“新建项目”对话框的顺序

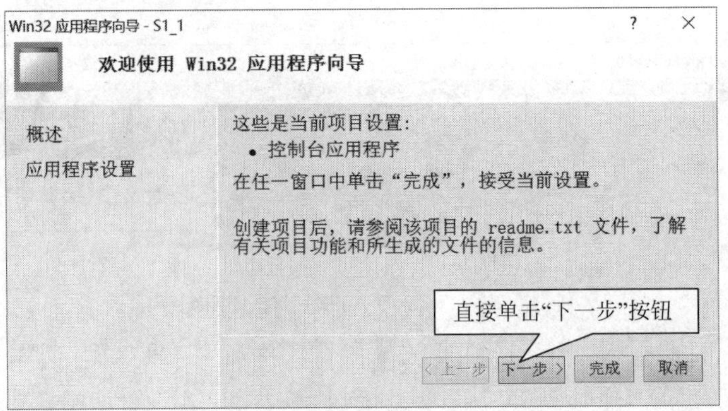


图 1.4 “应用程序向导-S1_1”对话框 1

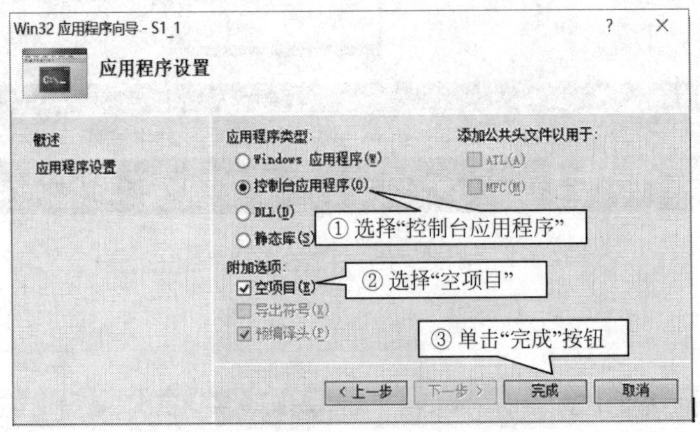


图 1.5 “应用程序向导-S1_1”对话框 2

(5) “应用程序向导-S1_1”对话框 2。

在“应用程序向导-S1_1”对话框 2 中，分别选择“控制台应用程序”单选按钮(默认)和“空项目”复选框后，单击“完成”按钮，进入“项目创建成功”界面。

(6) 在“项目创建成功”界面中添加新建项。

虽然 S1_1 项目创建成功，但是这只是一个空项目，里面没有源文件。应该为该项目添加.cpp 源程序文件。用鼠标右击“解决方案资源管理器”栏中的“源文件”文件夹，在弹出的快捷菜单中选择“添加”→“新建项”命令，如图 1.6 所示。出现了“添加新项-S1_1”对话框，如图 1.7 所示，在“添加新项-S1_1”对话框中再添加.cpp 源程序文件。

(7) 在“添加新项-S1_1”对话框中添加.cpp 源程序文件。

在“添加新项-S1_1”对话框中首先选择新项目类型“C++文件”，然后在对话框的下方填写 C++源程序文件名称“S1_1”，如图 1.7 所示。应注意的是，C++文件默认的扩展名是.cpp，因此填写文件名的时候可以省略其扩展名。

示例中选择的项目名和 C++源程序文件名都是 S1_1，虽然两者的主文件名相同，但扩展名是不同的：完整的项目名是“S1_1.sln”，存储路径是“E:\VS 练习\S1_1”；C++源文件名是“S1_1.cpp”，存储路径是“E:\VS 练习\S1_1\S1_1”。当然，项目名和 C++源文件名也

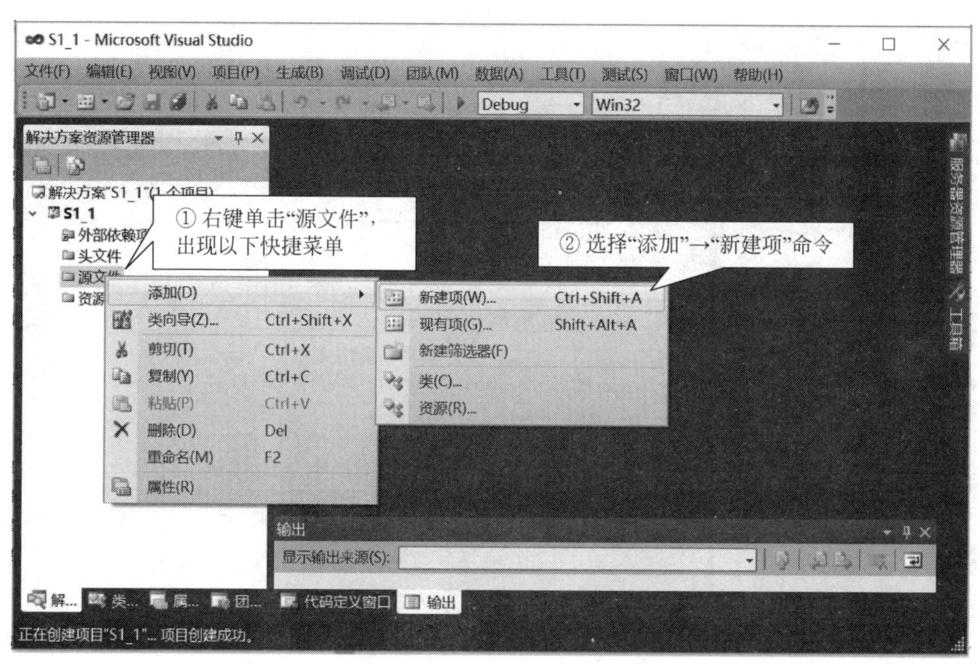


图 1.6　在“项目创建成功”界面中添加新建项

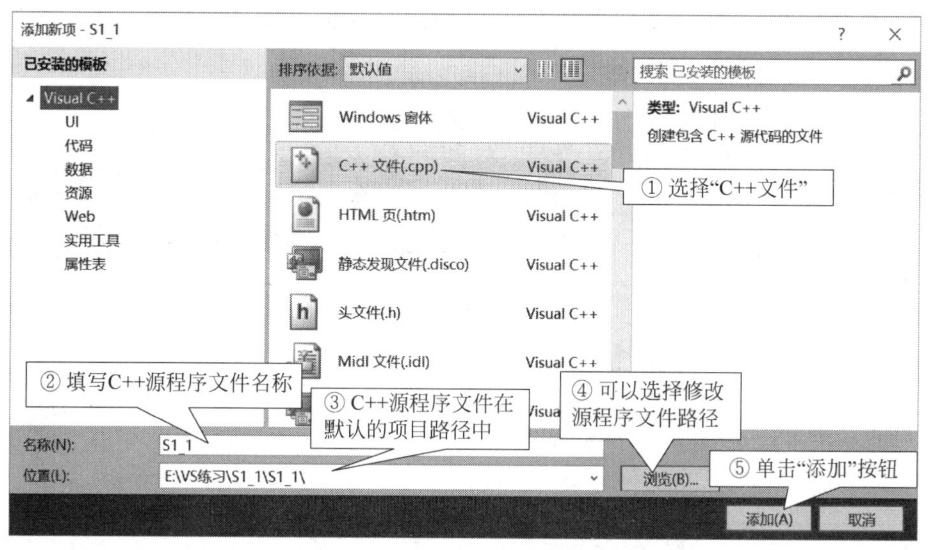


图 1.7　在“添加新项-S1_1”对话框中添加.cpp 源程序文件

可以分别起不同的名字。

系统已经默认了 C++源程序文件名所在的路径，一般不需要修改。单击“添加”按钮，进入 S1_1.cpp 源程序的编辑页面，如图 1.8 所示。

(8) 在 S1_1.cpp 源程序编辑页面中输入源程序代码。

在出现的 S1_1.cpp 源程序编辑页面中输入源程序代码，如图 1.8 所示。

(9) 直接运行源程序，查看运行结果。

输入源文件代码后，选择“文件”→“保存 S1_1.cpp”命令，保存文件。

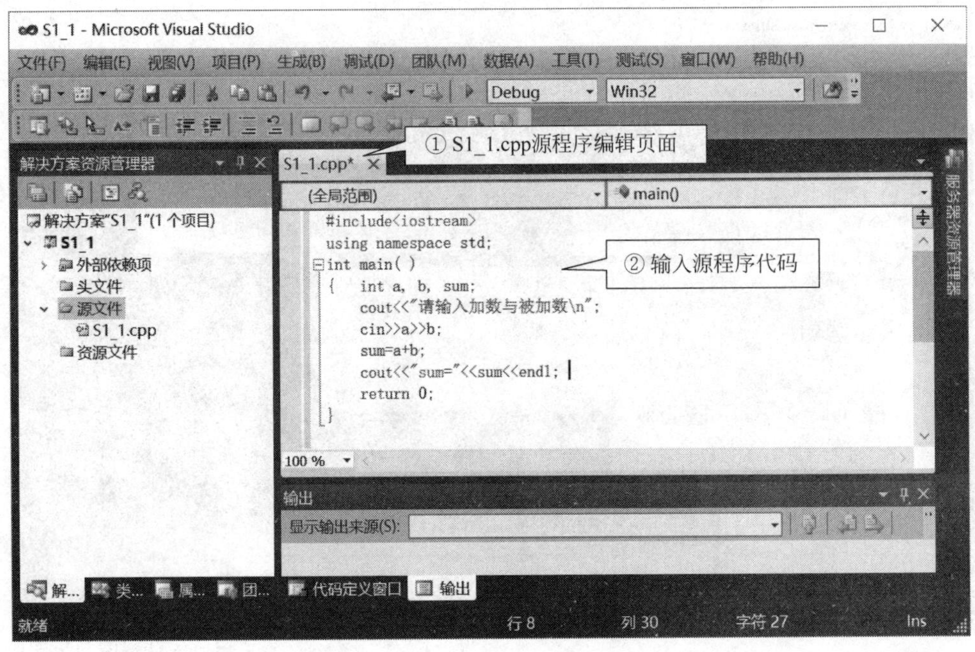


图 1.8　在 S1_1.cpp 源程序编辑页面中输入源程序代码

选择"调试"→"开始执行(不调试)"命令运行文件(也可直接按快捷键 Ctrl+F5),如图 1.9 所示。

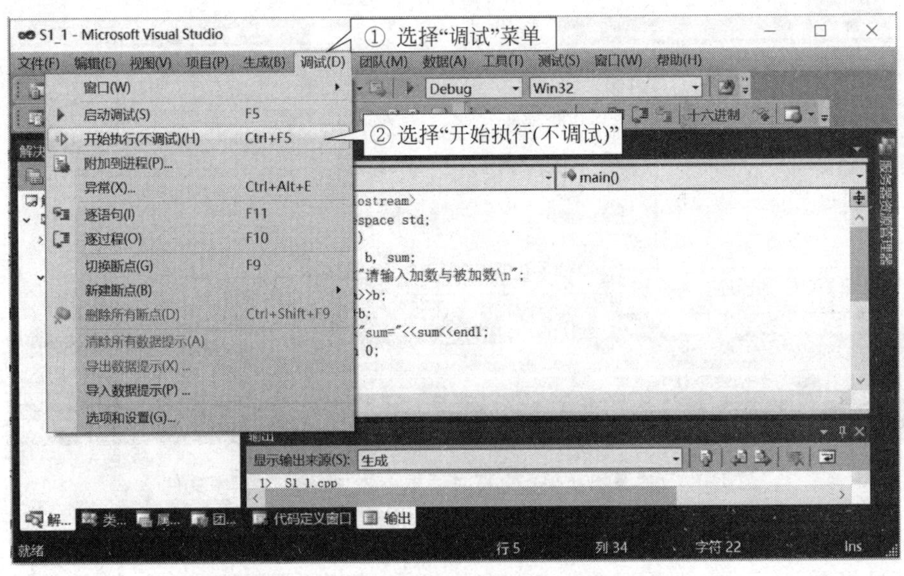


图 1.9　运行源程序

如果程序没有语法错误,则系统经过编译、连接生成可执行文件,并自动运行这个可执行文件。由于是控制台应用程序,故运行界面是命令提示符界面(如图 1.10 所示),从键盘输入两个数 3 和 5 后,得到程序的运行结果如图 1.10 所示。

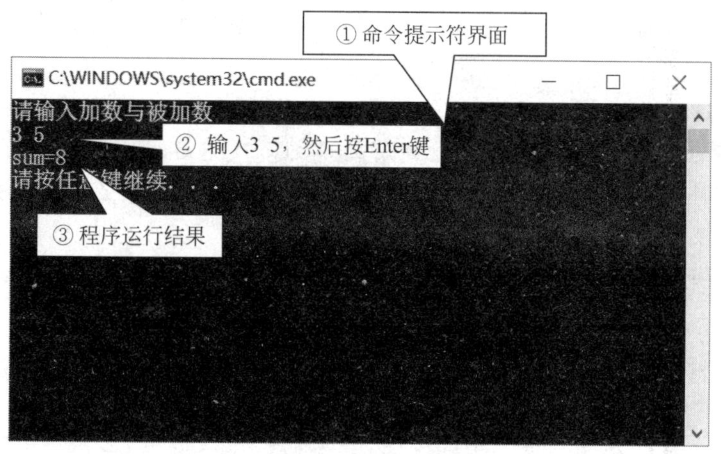


图 1.10　源程序运行界面及运行结果

(10) 有语法错误，未生成可执行文件。

若源文件有语法错误，会出现系统提示框，表示未能成功运行程序。在系统提示框中单击“否”按钮后，所有的语法错误在调试输出区中有具体的提示，指出了错误所在行和错误的类型，如图 1.11 所示。

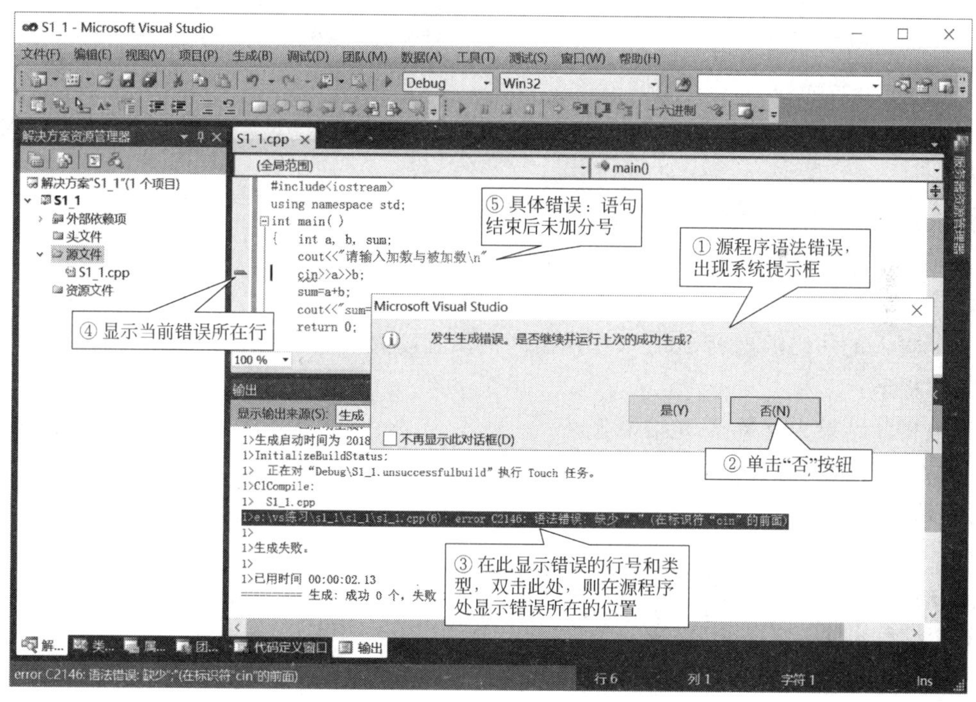


图 1.11　源程序语法错误，在输出区显示错误的行号和类型

将语法错误改正后，重新执行步骤(9)，运行程序。如果仍有语法错误，用户可根据提示修改错误，再次运行程序，直至程序可以成功运行。

**提示：**

(1) 在 C++ 源程序中，所有的标点符号都是西文形式，如双引号、单引号、分号等，双引号内包含的标点符号可以是中文形式,C++编译程序不检查包含在双引号中的内容的语法格式。

(2) 在调试过程中,如果出现语法错误,要由上至下一个一个地去修改,每修改一处,最好要重新将程序运行一遍,不要想一次把所有错误都修改完后再运行。因为经常是一个错误会引起下面程序段中与之有关的行也出现一系列的错误,改正了最上面的错误,后面的错误也就会随之消失了。

(3) 要打开一个已存在的包含源程序的项目文件时,可选择"文件"→"打开"→"项目/解决方案"命令,然后根据提示信息,选择相应的项目文件(扩展名为.sln),单击"打开"按钮,就可以加载该项目进行编辑和修改了。

**2. 文件名:S1_2.cpp**

**【题目】** 以下程序是输入一个华氏温度,要求输出摄氏温度,公式为 $c=5/9(F-32)$。根据程序要求,请完善程序,编译、连接,并写出运行结果。

S1_2.cpp 程序如下:

```
#include<iostream>
using namespace std;
int main()
{     double f, c;                          //定义放华氏温度及摄氏温度的两个变量空间
      cout<<"请输入华氏温度: ";              //输出提示信息,便于操作
      cin>>f;                               //从键盘输入华氏温度
      c = ________;                         //计算摄氏温度
      cout<<"摄氏温度 = "<<c<<endl;
      return 0;
}
```

要求:

(1) 完善程序;

(2) 将完善后的程序输入运行。运行时从键盘输入华氏温度为 50↙时,输出的摄氏温度为 10;输入的华氏温度为 100↙时,输出的摄氏温度为 37.7778。

**算法提示:**

整数相除结果为整数,5/9 结果为 0。

**3. 文件名:S1_3.cpp**

**【题目】** 编写程序,计算圆面积,半径从键盘输入。注意,输入数据前要有提示信息,便于操作。

**算法提示:**

(1) 编程步骤:定义变量,输入条件,设计算法,输出结果。

(2) 圆面积公式:$S=\pi R^2$,其中,$\pi=3.14159$,在程序中是一个常数。

**4. 文件名:S1_4.cpp**

**【题目】** 编写程序,已知三角形的三边 $a,b,c$,求三角形的周长和面积。要求从键盘输入三角形的三边,输入前有提示信息,便于操作。

三角形的周长:$s=a+b+c$

三角形的面积:$\text{area}=\sqrt{\frac{s}{2}\left(\frac{s}{2}-a\right)\left(\frac{s}{2}-b\right)\left(\frac{s}{2}-c\right)}$

**算法提示：**

(1) 假设输入的三角形三边长度是合理的。

(2) 数学式$\sqrt{x}$在 C++中表示为 sqrt(x)，其中 sqrt( )是数学库中的函数，在程序中出现时需要用头文件< cmath >来解释这个函数，所以在源程序的开头要输入包含数学库的语句 #include < cmath >。

# 实验 2　条件和开关语句

## 一、实验目的

1. 掌握条件语句的使用；
2. 掌握开关语句的使用。

## 二、实验要求

1. 通过编写简单程序，掌握 C++程序的选择结构的基本控制语句；
2. 进一步熟悉输入输出语句。

## 三、实验内容

**1. 文件名：S2_1.cpp**

**【题目】** 以下程序是从键盘输入三个数，判断其能否构成三角形的三边。输入以下程序，编译、运行后根据要求从键盘输入数据，并写出程序的输出结果。

```
#include < iostream >
using namespace std;
int main( )
{      float a,b,c;                               //定义变量，存放三角形的三边数据
       cout <<"input a   b   c\n";                //输入提示信息
       cin >> a >> b >> c;                        //从键盘依次输入三边的值
       if((a + b <= c)||(a + c <= b)||(b + c <= a))  //判断这三边是否能构成三角形
           cout <<"Not Triangle\n";               //不满足三角形三边条件，输出否定信息
       else
           cout <<"Triangle\n";                   //满足三边构成条件，输出确认信息
       return 0;
}
```

将该源文件编译、运行后，若输入 3　4　5↙，输出结果是________；若输入 1　2　5↙，输出结果是________。结合程序流程分析原因。

**2. 文件名：S2_2.cpp**

**【题目】** 以下程序是从键盘输入一个年份，判断该年份是否为闰年(2000 年是闰年，2200 年不是闰年)。请完善程序后输入源程序，编译、连接，并写出运行结果。

**算法提示：**

若某年满足下列两个条件之一，则该年是闰年。

(1) 能被 400 整除。

(2) 能被 4 整除,不能被 100 整除(故 2200 年不是闰年)。

S2_2.cpp 程序如下:

```
#include <iostream>
using namespace std;
int main( )
{       int year;                                    //定义变量,存放将输入的年份
        cout <<"Input year: ";                       //输出提示信息
        cin >> year;                                 //输入欲判断的年份
        if( ____________________)                    //判断该年份是否为闰年的条件
            cout << year <<" is a leap year"<< endl; //条件为真,说明输入的年份为闰年,
                                                     //输出确认信息
        else
            cout << year <<" isn't a leap year"<< endl;//否则,输出否定信息
        return 0;
}
```

要求:

(1) 完善程序。

(2) 将该源文件编译、运行后,若输入 2000↙,输出结果是________;若输入 2200↙,输出结果是________。结合程序流程分析原因。

**3. 文件名:S2_3.cpp**

**【题目】** 以下程序是一个简易的计算器,能根据输入的具有两个操作数的表达式计算加、减、乘法。请完善程序后输入源程序,编译、连接,并写出运行结果。

```
#include <iostream>
using namespace std;
int main()
{       float a1, a2;                          //定义两个操作数
        char oper;                             //定义运算符
        float result;                          //定义变量,存放结果
        int flag = 0;
        cout <<"请输入简单的运算式:\n";         //输出提示信息
        cin >> a1 >> oper >> a2;               //从键盘输入表达式,如 5 + 3↙和 4.5 * 7↙等
        switch(oper)                           //利用开关语句结构判断进行何种运算
        {       case '+':                      //加法
                    result = a1 + a2;
                    break;
                case '-':                      //减法
                    result = a1 - a2;
                    break;
                case '*':                      //乘法
                    ____________;
                    ________;
                default:
                    cout <<"输入错误的运算符!\n";
                    flag = 1;
```

```
    }
    if(flag == 0)
        cout << a1 << oper << a2 << " = "<< result << endl;      //输出结果
    return 0;
}
```

要求：

(1) 完善程序。

(2) 将该源文件编译、运行后，若输入 4.5+7.2↙，输出结果是________；若输入 4*5↙，输出结果是________；若输入 8/2↙，输出结果是________。结合程序流程分析原因。

(3) 分析整型变量 flag 在程序中起什么作用。

**4. 文件名：S2_4.cpp**

**【题目】** 要求设计一个函数，求出一元二次方程 $ax^2+bx+c=0$ 的实根，系数 $a,b,c$ 的值从键盘上输入，求方程根的计算公式为 $x=\frac{-b\pm\sqrt{b^2-4ac}}{2a}$，当 $b^2-4ac$ 小于 0 时，输出"无实根!"；否则输出 $x$ 的两个实根。

**算法提示：**

先判断 $b^2-4ac$ 是否大于或等于 0，若不满足条件，则输出提示信息后直接结束程序。

**5. 文件名：S2_5.cpp**

编写程序，将文件 S2_3.cpp 中所设计的简易计算器进一步完善，使之可以进行除法操作。

**算法提示：**

进行除法操作之前要判断除数是否为 0，若除数为 0 则不能进行除法运算，应输出提示信息后结束程序。

# 实验 3　循环语句(1)

## 一、实验目的

1. 掌握循环语句 for 语句、while 语句、do-while 语句的使用；
2. 通过编程，了解结构化的程序设计方法。

## 二、实验要求

1. 通过阅读程序，了解循环语句的结构特点；
2. 掌握循环语句的基本算法：枚举法、递推法和迭代法；
3. 掌握利用常用算法拆分数字。

## 三、实验内容

**1. 文件名：S3_1.cpp**

**【题目】** 以下程序是求解鸡兔同笼问题。鸡兔共有 30 只，脚共有 90 只，问鸡兔各有多少只？请输入以下程序，并写出程序的输出结果。

**算法提示：**

这是循环结构中的典型的枚举法，即问题的解全部是正整数解。求解这类问题时，编写程序，将所有可能的解全部验证一遍，输出符合条件的解。

S3_1. cpp 程序如下：

```
#include<iostream>
using namespace std;
int main()
{       int x,y;                  //定义变量,x代表鸡的数目,y代表兔子的数目
        for( x=1;x<30;x++) //鸡的数目从1～30皆有可能,所以程序将所有可能的解循环验证一遍
              for(y=1;y<30;y++) /* 同样兔子的数目从1～30皆有可能,所以程序将所有可能的
                                            解循环验证一遍 */
                   if(2*x+4*y==90&&x+y==30)//在所有可能的解中将满足给定条件的解输出
                   {       cout<<"鸡有: "<<x<<'\t'<<"兔有: "<<y<<endl;   }
        return 0;
}
```

该程序运行后的结果是________。

**2. 文件名：S3_2. cpp**

**【题目】** 以下程序是输出所有的水仙花数。所谓水仙花数是一个三位数，其各位数字的立方和等于该数本身。例如，$153=1^3+5^3+3^3$，因此153是一个水仙花数。请完善程序，编译、连接，并写出运行结果。

```
#include<iostream>
using namespace std;
int main( )
{       int a0, a1, a2;                           //定义变量,a0代表个位,a1代表十位,a2代表百位
        int b;                                    //b为由a2, a1, a0所组成的百位数
        for( a2=1;a2<=9;a2++)                     //百位的位值从1～9皆有可能
              for(a1=0;a1<=9;a1++)                //十位的位值从0～9皆有可能
                   for(a0=0;a0<=9;a0++)           //个位的位值从0～9皆有可能
                   {    b=________;               //由每次循环的百、十、个位组成一个整数
                        if(b==________)           //在所有可能的解中将满足给定条件的解输出
                              cout<<b<<endl;
                   }
        return 0;
}
```

要求：

(1) 完善程序。

(2) 将该源文件编译、运行后，结果为________。

**3. 文件名：S3_3. cpp**

**【题目】** 求一个三位数的水仙花数(题目同上)。请完善程序，编译、连接，并写出运行结果。

**算法提示：**

将一个由n位0～9的数字组成的正整数拆分成n个独立的数字，例如，将1234拆分成1,2,3,4，这种算法在程序中经常遇到，是一种常用算法。求解这类问题时，利用求10的余

数的运算和两整数相除结果仍为整数的特点，可知个位数为 n%10，十位数为 n/10%10，百位数为 n/100%10，……，当 n 未知时，可由下列程序段将 n 的各位数字由低位到高位依次剥离出来：

```
while(n)
{       b = n % 10;           //b 初始值为 n 的个位数，随着循环迭代，依次为 n 的十位数、百位数，……
        n = n/10;             //每当 n 剥离完低位数后，将这位数去掉继续迭代，直到 n 为 0 时停止循环
}
```

S3_3.cpp 程序如下：

```
#include <iostream>
using namespace std;
int main( )
{       int a0, a1,a2;              //定义变量，a0 代表个位，a1 代表十位，a2 代表百位
        int b;                      //b 为由 a2, a1, a0 所组成的百位数
        for(b = 100;b <= 999;b++)   /* 将数字 b 从 100 到 999 循环，并将每个数拆开，判断是否符
                                       合水仙花数的条件 */
        {    a2 = b/100;            //剥出数字 b 的百位数
             a1 = ________;         //剥出数字 b 的十位数
             a0 = b % 10;           //剥出数字 b 的个位数
             if(________)           //判断是否满足水仙花数的条件
                  cout << b <<'\t'; //满足条件，输出这个数
        }
        cout << endl;
        return 0;
}
```

要求：完善程序，编译、运行。

**4. 文件名：S3_4.cpp**

**【题目】** 编写程序，求出 1～599 中能被 3 整除，且至少有一位数字为 5 的所有整数。如 15，51，513 均是满足条件的整数。

运行结果为 15　45　51　54　57　…　594　597 等，共 66 个数。

**5. 文件名：S3_5.cpp**

**【题目】** 编写一个程序，输入一个整数，求出该整数的各位数字之和。例如，输入 1234↙，输出 10。

# 实验 4　循环语句(2)

## 一、实验目的

1. 掌握循环语句 for 语句、while 语句、do-while 语句的使用；
2. 通过编程，了解结构化的程序设计方法。

## 二、实验要求

1. 通过阅读程序，了解循环语句的结构特点；

2. 掌握循环语句的基本算法：枚举法、递推法和迭代法；

3. 掌握常用算法求最大公约数、最小公倍数、素数。

## 三、实验内容

**1. 文件名：S4_1.cpp**

**【题目】** 编程求两个正整数的最小公倍数和最大公约数。要求输入以下程序，并写出程序的输出结果。

**算法提示：**

求两个数的最大公约数和最小公倍数一般采用欧几里得算法，算法描述如下。

设有两个正整数 m，n，且要求 m>n。

(1) m 被 n 除，得到余数 r(0≤r≤n)　即 r=m%n；

(2) 若 r=0，则算法结束，n 为最大公约数，否则转到(3)；

(3) n→m，r→n，回到(1)。

最小公倍数为两数之积除以最大公约数。

S4_1.cpp 程序如下：

```
#include< iostream >
using namespace std;
int main( )
{       int a,b;                          //定义变量,存放从键盘输入的两个正整数
        int t, x;
        cout <<"请输入两个正整数: ";       //输出提示信息
        cin >> a >> b;                    //输入两个正整数
        x = a * b;                        //将输入数据之积保存下来,求最小公倍数时用
        if(a < b)                         //当 a 小于 b 时,交换 a, b 的值,使 a 大于 b
        {     t = a; a = b; b = t;}
        while(t = a % b)                  //欧几里得算法
        {     a = b;
              b = t;
        }
        cout <<"最大公约数: "<< b << endl;
        cout <<"最小公倍数: "<< x/b << endl; //两数之积除以最大公约数即为最小公倍数
        return 0;
}
```

编译、运行程序，当输入为 24　32↙时，输出为________；当输入为 35　21↙时，输出为________。

**2. 文件名：S4_2.cpp**

**【题目】** 编写程序，求任意三个数的最大公约数。根据程序要求，请完善程序，编译、连接，并写出运行结果。

**算法提示：**

三个数或多个数的最大公约数不能用欧几里得算法，一般是利用其定义求解，即能被所有数同时整除的最大的数。

S4_2.cpp 程序如下：

```
#include <iostream>
using namespace std;
int main( )
{       int a,b,c,i;                         //定义存放输入的三个整数的变量空间
        cout <<"Input three number: ";       //提示信息
        cin >> a >> b >> c;                  //从键盘输入三个整数
        for(i = a; ________ ; i-- )          //假设最大公约数为 i, 使 i 从 a(或 b 或 c)到 1 逐次
                                             //递减循环
            if( ________ )                   /* 当 i 满足公约数的条件 (能被 a,b,c 同时整除)时,
                                                退出循环,这时的 i 即为最大公约数 */
                break;
        cout << i << endl;                   //输出结果
        return 0;
}
```

要求:

(1) 完善程序。

(2) 编译、运行程序,当输入 24　48　64↙时,输出为________;当输入 25　24　23↙时,输出为________。

**3. 文件名:S4_3. cpp**

**【题目】** 编写程序,判断从键盘输入的正整数是否为素数。请完善程序,编译、连接,并写出运行结果。

**算法提示:**

(1) 素数是只能被 1 和自身整除的正整数。

(2) 判断一个正整数 a 是否为素数,应循环检验从 2,3,…,a−1 是否是 a 的因子,即是否能被 a 整除。

(3) 当正整数 a 很大时,运算量也很大,可以进一步优化算法。假定 a 不是素数,则可表示为 $a=i\times j, i\leqslant j$,可得:$i\leqslant\sqrt{a}$,所以,判断正整数 a 的因子,从 2 循环到$\sqrt{a}$就可以了。一般来说,$\sqrt{a}$是一个浮点数,如果作为循环结束条件,需要进行类型转换,为了编程方便,循环范围常取 2～a/2。思考一下,用这样的范围判断素数对正整数 a 有什么要求。

S4_3. cpp 程序如下:

```
#include <iostream>
using namespace std;
int main( )
{      int a,i;                         //定义变量
       cout <<"请输入一个正整数: ";
       cin >> a;                        //从键盘输入一个正整数
       for(i = 2;i < a;i++)             //变量 i 从 2 循环到 a - 1,验证 i 是否是 a 的因子
           if( ________ )               //若 i 是 a 的因子,则 a 不是素数
               break;
       if( ________ )                   //i 从 2 到 a - 1 全部循环一遍,若均不能被 a 整除,则 a 是素数
           cout << a <<"是素数\n";
       else
           cout << a <<"不是素数\n";
       return 0;
}
```

要求：

(1) 完善程序。

(2) 编译、运行程序，当输入 25↙时，输出为________；当输入 23↙时，输出为________。

(3) 本程序判断一个数 a 是否为素数，最多循环 a－2 次，试根据算法提示(3)优化程序，使得循环次数最少。

**4. 文件名：S4_4.cpp**

**【题目】** 编写程序，求 100～200 内的所有素数。

**算法提示：**

S4_3.cpp 中，判断正整数 a 是否素数，a 是从键盘输入的。在本题中，a 是已知的，即将 a 从 100 依次循环到 200，对每一个 a 进行判断，若 a 为素数，则输出。

**5. 文件名：S4_5.cpp**

**【题目】** 编程求 1000 之内的所有“完数”。所谓完数是指一个数恰好等于它的因子之和。例如，6 是完数，因为 6＝1＋2＋3(完数：6,28,496)。

# 实验 5　循环语句(3)

## 一、实验目的

1. 掌握循环语句 for 语句、while 语句、do-while 语句的使用；
2. 通过编程，了解结构化的程序设计方法。

## 二、实验要求

1. 通过阅读程序，了解循环语句的结构特点；
2. 掌握循环语句的基本算法：迭代法和递推法。

## 三、实验内容

**1. 文件名：S5_1.cpp**

**【题目】** 编程计算 2＋22＋222＋…＋2222222＝?

要求输入以下程序，并写出程序的输出结果。

**算法分析：**

这是典型的利用迭代法编程的问题。迭代法的特点是后一项与前一项有固定的关系，可以从前一项有规律地推导出后一项。在本题中，22＝2×10＋2，222＝22×10＋2，…。可见，如果把通项设为 $t_n$，则迭代关系为 $t_{n+1}=t_n\times 10+2$，$t_n$ 的初值为 2。根据前后项的关系，可以设计循环，每次循环都根据旧的通项推导出新的通项。

S5_1.cpp 程序如下：

```
#include <iostream>
using namespace std;
int main( )
```

```
{       int t = 2;                      //定义变量,表示通项,初值为 2
        int s = 0;                      //定义变量,表示通项的累加和,初值为 0
        for(int i = 1;i <= 7;i++)       //设计循环,最后的通项是由 7 个 2 组成的正整数
        {       s = s + t;              //求通项累加和
                t = t * 10 + 2;         //通项迭代,用前一项推导出后一项
        }
        cout <<"2 + 22 + 222 + … + 2222222 = "<< s << endl;
        return 0;
}
```

编译、运行程序,程序的输出为________。

**2. 文件名:S5_2. cpp**

**【题目】** 从键盘上输入一个整数 $n$ 的值,按公式 $y=1!+2!+3!+\cdots+n!$(当 $n=5$ 时,$y=153$)求出 $y$ 的值,并输出 $n$ 和 $y$ 的值($y$ 用实数表示)。请完善程序,编译、连接,并写出运行结果。

S5_2. cpp 程序如下:

```
# include < iostream >
using namespace std;
int main( )
{       float y = 1,t = 1;              //t 为通项,初值为 1, 即 1!,y 为结果, 初值为 1
        int n;
        cout <<"Input n: ";             //输出提示信息
        cin >> n;                       //输入欲求的项数
        for(int i = 2;i <= n;i++)
        {       t = ________;           //根据前一项求后一项
                y = ________;           //通项累加和
        }
        cout <<"1! + 2! + 3! + … + "<< n <<"!= "<< y << endl;  //输出结果
        return 0;
}
```

要求:

(1) 完善程序。

(2) 编译、运行程序,当输入为 6↙时,输出为________。

**3. 文件名:S5_3. cpp**

**【题目】** 编写程序,用迭代公式求 $y=\sqrt[3]{x}$。迭代公式为 $y_{n+1}=\frac{2}{3}y_n+\frac{x}{3y_n^2}$,要求初始值 $y=x$,精度为 $|y_{n+1}-y_n|\leqslant 10^{-5}$。求出当 $x=0.75$ 时,对应的 $y$ 值(答案:0.90856)。

**算法提示:**

(1) 本题的结束循环条件与前两题不同,是由判断每次循环迭代的结果决定的,并没有固定的循环次数,这种问题不宜用 for 循环,应该用 do_while 循环的结构,在每次循环结束时进行循环条件的判断。在循环体开始时将旧的通项保存起来,求得新的通项后,即可进行循环条件的判断。

(2) 求浮点数 x 的绝对值|x|在 C++中表示为 fabs(x),其中 fabs()是数学库中的函数,在头文件< cmath >中执行这个函数。所以若在程序中使用这个函数,需要在程序的开头使

用命令＃include＜cmath＞,以包含该函数的执行语句。

**4. 文件名：S5_4.cpp**

**【题目】** 编写程序计算下列公式的值：$y=x-\frac{x^3}{3!}+\frac{x^5}{5!}-\frac{x^7}{7!}+\cdots$,精确到第 $n$ 项,其中 $n=10$,$x=2.5$ 分别由键盘输入(答案：0.598472)。

**算法提示：**

本题中前后两项符号不同,假设后一项的绝对值是前一项的 $t$ 倍,则迭代公式为

$$后一项=(-1)\times t\times 前一项$$

即在循环体迭代时将前、后项的符号变更。

# 实验6　函数(1)

## 一、实验目的

掌握C++程序中函数的定义和调用方法,学会编写通用函数模块,掌握程序设计的基本方法并学会模块化的程序结构的编写。

## 二、实验要求

1. 掌握函数的定义和调用方法;
2. 掌握函数参数的传递,了解形参和实参的关系,熟练利用函数返回值;
3. 掌握用牛顿切线法、二分法和弦截法求解一元方程。

## 三、实验内容

**1. 文件名：S6_1.cpp**

**【题目】** 计算函数 $f(x)=2x^2+5x+3$ 当 $x=1$ 和 $x=1.2$ 时的函数值。输入以下程序,并写出程序的输出结果。

S6_1.cpp 程序如下：

```
#include <iostream>
using namespace std;
float  fun(float x)            //函数 fun 求形参 x 的函数值, 并将结果返回
{      float y;                //定义函数值
       y = 2 * x * x + 5 * x + 3; //计算函数值
       return y;               //将结果返回
}
int main( )
{      float y1, y2; //定义 x 为 1 和 1.2 时的函数值
       y1 = fun(1.0);//将 1.0 作为实参调用 fun 函数,即将 1.0 赋给形参 x,函数值即为所求的结果
       y2 = fun(1.2);//将 1.2 作为实参调用 fun 函数,即将 1.2 赋给形参 x,函数值即为所求的结果
       cout <<"y1 = "<< y1 << endl;
       cout <<"y2 = "<< y2 << endl;
       return 0;
}
```

编译、运行后的输出结果是________。

**2. 文件名：S6_2.cpp**

**【题目】** 用牛顿切线法求 $f(x)=0$ 的一个实根。其中，$f(x)=x^2+3x-4$，迭代公式为 $x_1=x_0-\dfrac{f(x_0)}{f'(x_0)}$，$x_0$ 的初值为 0，当 $|f(x_0)|<10^{-5}$ 时迭代结束。请完善程序，编译、连接，并写出运行结果。

**算法提示：**

只有为数不多的方程有精确解，一般都是用迭代方法近似求方程的解。方程 $f(x)=0$ 的实数解实际上是曲线 $f(x)$ 在 $x$ 轴上交点的值，如图 1.12 中的 $x_0$。

牛顿切线法是求解方程的重要算法，具有收敛速度快、适用性强的特点，具体算法如下所示。

(1) 任选一初始值 $x_1$，在 $f(x_1)$ 处做切线与 $x$ 轴相交于 $x_2$ 处，如图 1.12(a)所示。

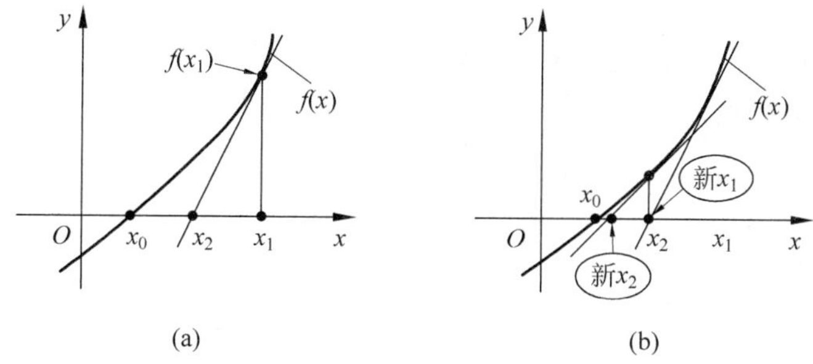


图 1.12 牛顿切线法求方程的解

(2) 若 $|f(x_2)|$ 不满足指定的精度，即 $|f(x_2)|>10^{-5}$，则令 $x_1=x_2$，继续做(1)，如图 1.12(b)所示。当其满足所需的精度时，$x_2$ 就是方程的近似解。

根据 $x_1$ 求 $x_2$ 的公式为 $x_2=x_1-\dfrac{f(x_1)}{f'(x_1)}$。

S6_2.cpp 程序如下：

```
#include<iostream>
#include<cmath>
using namespace std;
________ f( ________)                    //求形参 x 的函数 f(x) = x * x + 3 * x - 4 的值
{      float y;
       y = x * x + 3 * x - 4;
       return y;
}
________ df( ________)                   //求 f(x)的导数 2x + 3 的值
{      float y;
       y = 2 * x + 3;
       return y;
}
int main( )
{      float x1, x0;                     //定义存放新旧迭代值的变量
       x1 = 0;                           //迭代变量赋初值
       do
```

```
    {       x0 = x1;                  //迭代循环，将新的迭代值变成旧的迭代值，再去求新的迭代值
            x1 = ________;            //用旧的迭代值求新的迭代值
    }while(________);                 //不满足结束条件，一直迭代循环
    cout <<"x = "<< x1 << endl;       //输出结果
    return 0;
}
```

要求：

(1) 完善程序。

(2) 编译、运行程序，输出为________。

**3. 文件名：S6_3.cpp**

**【题目】** 利用二分法求 $f(x)=0$ 的一个实根。其中，$f(x)=x^2+3x-4$，二分法的迭代公式为 $x_0=\dfrac{x_1+x_2}{2}$，其中 $x_1$ 和 $x_2$ 的初值从键盘输入，当 $|f(x_0)|<10^{-5}$ 时迭代结束。

**算法提示：**

二分法也是求解方程的常用算法，具体算法步骤如下。

(1) 在 $x$ 轴上取两点 $x_1$ 和 $x_2$，要确保 $x_1$ 与 $x_2$ 之间有且只有方程唯一的解。判别方法是满足条件 $f(x_1)\cdot f(x_2)<0$，如图 1.13(a)所示。

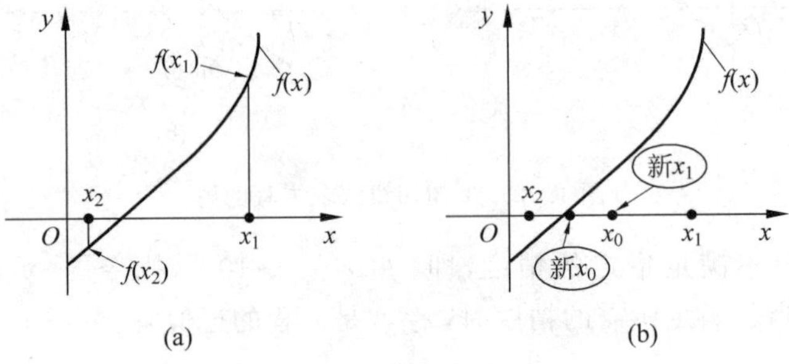


图 1.13　二分法求方程的解

(2) 求出 $x_1$ 与 $x_2$ 的中点 $x_0$。

(3) 若 $|f(x_0)|$ 满足给定的精度，则 $x_0$ 即是方程的解，否则，若 $f(x_0)\cdot f(x_1)<0$，则方程的解应在 $x_1$ 与 $x_0$ 之间，令 $x_2=x_0$，继续做(2)。同理，若 $f(x_0)\cdot f(x_1)>0$，则方程的解应在 $x_2$ 与 $x_0$ 之间，令 $x_1=x_0$，继续做(2)，直到满足精度为止，如图 1.13(b)所示。

S6_3.cpp 程序如下：

```
#include <iostream>
#include <cmath>
using namespace std;
float f(float x)                        //根据形参 x 求函数 f(x) = x * x + 3 * x - 4 的值
{    return x * x + 3 * x - 4;   }
int main( )
{       float x1,x2,x0;
        do                              //判断输入的初值是否满足要求
        {       cout <<"请输入初值 x1 和 x2: ";
                cin >> x1 >> x2;        //输入初值
        }while((f(x1) * f(x2))> 0);     //当方程的解不在输入的初值范围之内时，重新循环输入初值
```

```
    do
    {       x0 = (x1 + x2)/2;            //根据初值求方程的新的根 x0
            if(________> 0)              //实际的根在 x2 和 x0 之间
                x1 = x0;                 //将 x0 作为新的 x1
            else                         //实际的根在 x1 和 x0 之间
                ________;                //将 x0 作为新的 x2
    }while(fabs(f(x0))> 1e - 5);  //判断 x0 是否是满足方程的解的精度
    cout <<"x0 = "<< x0 << endl;        //输出 x0
    return 0;
}
```

要求：

(1) 完善程序。

(2) 编译、运行程序，当输入 0　2↙时，程序的输出是________；当输入 −5　0↙时，程序的输出是________；当输入 0　−2↙时，程序的输出是________。请思考为什么。

**4. 文件名：S6_4.cpp**

**【题目】** 利用弦截法求 $f(x)=0$ 的一个实根。其中，$f(x)=x^2+3x-4$，弦截法的迭代公式为：$x_0=\dfrac{x_1 f(x_2)-x_2 f(x_1)}{f(x_2)-f(x_1)}$，其中 $x_1$ 和 $x_2$ 的初值从键盘输入，当 $|f(x_0)|<10^{-5}$ 时迭代结束。

**算法提示：**

弦截法也是求解方程的主要算法，其特点是收敛速度快，且不需要计算函数的导数。弦截法的具体算法步骤如下。

(1) 指定初值，指定初值的方法与二分法一致。在 $x$ 轴上取两点 $x_1$ 和 $x_2$，要确保 $x_1$ 与 $x_2$ 之间有且只有方程唯一的解。判别方法是满足条件 $f(x_1)\cdot f(x_2)<0$，如图 1.14(a) 所示。

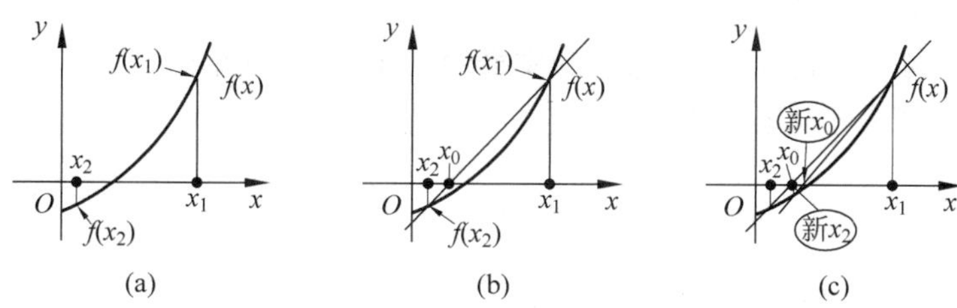


图 1.14　弦截法求方程的解

(2) $x_1$ 与 $x_2$ 分别与 $f(x)$ 相交于 $f(x_1)$ 和 $f(x_2)$ 两点，经过这两点做直线与 $x$ 轴交于 $x_0$ 点，如图 1.14(b) 所示。

(3) 若 $|f(x_0)|$ 满足给定的精度，则 $x_0$ 即是方程的解，否则，若 $f(x_0)\cdot f(x_1)<0$，则方程的解应在 $x_1$ 与 $x_0$ 之间，令 $x_2=x_0$，继续做(2)。同理，若 $f(x_0)\cdot f(x_1)>0$，则方程的解应在 $x_2$ 与 $x_0$ 之间，令 $x_1=x_0$，继续做(2)，直至满足精度为止，如图 1.14(c) 所示。

已知 $x_1$ 和 $x_2$，求 $f(x_1)$ 和 $f(x_2)$ 所做的弦与 $x$ 轴交点 $x_0$ 的公式为

$$x_0=\frac{x_1 f(x_2)-x_2 f(x_1)}{f(x_2)-f(x_1)}$$

要求：

编写调试运行程序后,当输入0　2↙时,程序的输出是________;当输入-5　0↙时,程序的输出是________;当输入0　-2↙时,程序的输出是________。请思考为什么。

**5. 文件名:S6_5.cpp**

**【题目】** 用递归调用的方法编写S6_5.cpp,用牛顿迭代法求 $f(x)=0$ 的一个实根。其中,$f(x)=x^2+3x-4$,迭代公式为 $x_1=x_0-\frac{f(x_0)}{f'(x_0)}$,$x_0$ 的初值为0,当 $|f(x_0)|<10^{-5}$ 时迭代结束(答案:1)。

**算法提示:**

在调用一个函数的过程中又出现直接或间接地调用该函数的本身,称为函数的递归调用。递归调用是函数调用的一个重要的形式。包含递归调用的函数称为递归函数。递归的本质还是循环,递归结束条件也就是循环结束条件。一般的循环控制结构的语句都可以用递归调用的形式来代替。在本题中,循环的本质是不断地用新的解 $x_1$ 替换旧的解 $x_0$,算法就是所给出的迭代公式;同样,在递归调用中,也是利用这一公式,将旧的参数转换成新的参数,然后递归调用函数本身,直至满足递归结束条件。

# 实验7　函数(2)

## 一、实验目的

掌握C++程序函数的定义和调用方法,学会编写通用函数模块,掌握程序设计的基本方法并学会模块化的程序结构的编写。

## 二、实验要求

1. 掌握函数的定义和调用方法;
2. 掌握函数参数的传递,了解形参和实参的关系,熟练利用函数返回值;
3. 掌握用功能函数判断素数的算法。

## 三、实验内容

**1. 文件名:S7_1.cpp**

**【题目】** 设计一个程序,求出100～200的所有素数(101　103　107　……　199共21个数)。输入以下程序,并写出程序的输出结果。

分析:本题与S4_4.cpp的要求相同,但使用的方法不同。结构化的编程方法是把需要解决的问题分解,将主要算法部分从程序的主体部分分解出来,这样做的好处,一是可以将算法编写成通用模块,方便类似问题的解决;二是使得程序的结构更加清晰,方便用户阅读;三是因为在编程中,困难一般集中在算法部分,将其从主体程序中分离出去,使得程序的错误集中在包含算法的函数中,涉及面小,容易调试。

本题涉及的是素数的算法,用一个单独的函数判断一个整数是否为素数,若为素数,函数的返回值为1,否则为0。这样在主调函数中就不再涉及素数的算法,只通过调用这个函数并判断函数的返回值,就可以完成本题的要求。

S7_1. cpp 程序如下：

```
#include<iostream>
using namespace std;
int prime(int x)//函数功能：判断 x 是否为素数，若是素数，则函数返回值为 1，否则，函数返回值为 0
{       for(int i = 2;i < x;i++)
        if(x % i == 0)                  //x 能被 2～x-1 整除，说明 x 不是素数
              return 0;
        return 1;                       //执行完循环，x 为素数，返回 1
}
int main( )
{       for(int i = 100;i <= 200;i++)//将 i 从 100 到 200 依次循环，求出所有满足素数条件的 i
        {       if(prime(i) == 1)       //利用 prime()函数判断循环变量 i 是否为素数
                      cout << i <<'\t'; //若为素数，输出这个数
        }
        return 0;
}
```

编译、运行程序，程序的运行结果是________。

**2. 文件名：S7_2. cpp**

**【题目】** 输入一个整数 $n(2\leqslant n\leqslant 10000)$，输出它的所有的素数因子。用函数 int prime (int num)来判断整数 num 是否为素数，例如，若输入 2310↙，则输出 2，3，5，7，11。请完善程序，编译、连接，并写出运行结果。

S7_2. cpp 程序如下：

```
#include<iostream>
using namespace std;
int prime(int num)//函数 prime 判断形参 num 是否为素数，若为素数，则函数返回 1，否则函数返回 0
{       for(int i = 2;i < num;i++)
              if(________)
                    return 0;

     ________
}
int main( )
{       int n;
        cout <<"输入一个整数 n：";
        cin >> n;                       //从键盘输入一个整数
        for(int i = 2;i <= n/2;i++)     //将 i 从 2 开始循环，判断 i 是否为 n 的因子
        {     if(________)              //若 i 为 n 的因子且 i 为素数
                    cout << i <<'\t';   //输出 i
        }
        cout << endl;
        return 0;
}
```

要求：

(1) 完善程序。

(2) 编译、运行程序，当输入 2145↙时，程序的输出是________。

**3. 文件名：S7_3. cpp**

**【题目】** 编写程序验证哥德巴赫猜想；一个不小于 6 的偶数可以表示为两个素数之和，如 6＝3＋3，8＝3＋5，10＝3＋7，…。在主函数中输入一个不小于 6 的偶数 n，程序运行后输出以下形式的结果：

若输入 34，则程序输出为：

```
34 = 3 + 31
34 = 5 + 29
34 = 11 + 23
34 = 17 + 17
```

编写程序，编译、运行，当输入为 56↙时，输出为________；当输入为 122↙时，输出为________。

**4. 文件名：S7_4. cpp**

**【题目】** 编写函数 int fun( int num)，计算整数 num 的各位上的数字之积，并将计算结果作为函数值返回。如输入 263↙，则返回 36(36＝2×6×3)。要求在主函数中可以反复调用函数 fun，连续输入多个正整数并计算结果，直到输入 0 为止。

**算法提示：**

主调函数用一个完整的循环来表示，首先输入一个正整数，当其不为 0 时，进入循环，调用 fun 函数，并在循环中继续输入一正整数，判断该数，继续调用……，示例如下。

```
int main( )
{       int n, mul;
        cout <<"请输入一个整数(输入 0 结束): ";
        cin >> n;  //从键盘输入整数
        while(n)  //因为要输入多个整数, 所以要判断输入的整数是否为 0, 不为 0,继续循环输入
        {     mul = fun(n);       //用输入的整数 n 作为实参调用函数 fun(),将函数值赋给变量 mul
              cout << n <<" 的各位数之积为 "<< mul << endl;            //输出结果
              cout <<"请输入一个整数(输入 0 结束): ";
              cin >> n;            //继续输入另一个整数, 直至输入为 0, 结束循环
        }
        return 0;
}
```

编写程序，编译、运行，当输入为 24↙  32↙  0↙时，输出为________。

# 实验 8　数组(1)

## 一、实验目的

掌握一维和二维数组的使用。

## 二、实验要求

1. 掌握一维数组的定义和数组元素引用的正确方法；
2. 掌握基本排序算法。

## 三、实验内容

**1. 文件名：S8_1.cpp**

**【题目】** 用冒泡排序的方法对数组元素进行从小到大排序。输入以下程序，并写出程序的输出结果。

**算法提示：**

数据排序是重要的计算应用之一。冒泡排序法可以形象地描述为：使较小的值像空气泡一样逐渐“上浮”到数组的顶部，而较大的值逐渐“下沉”到数组的底部。具体思路是将相邻两个数比较，将较小的数调到前头，具体步骤如图 1.15 所示。

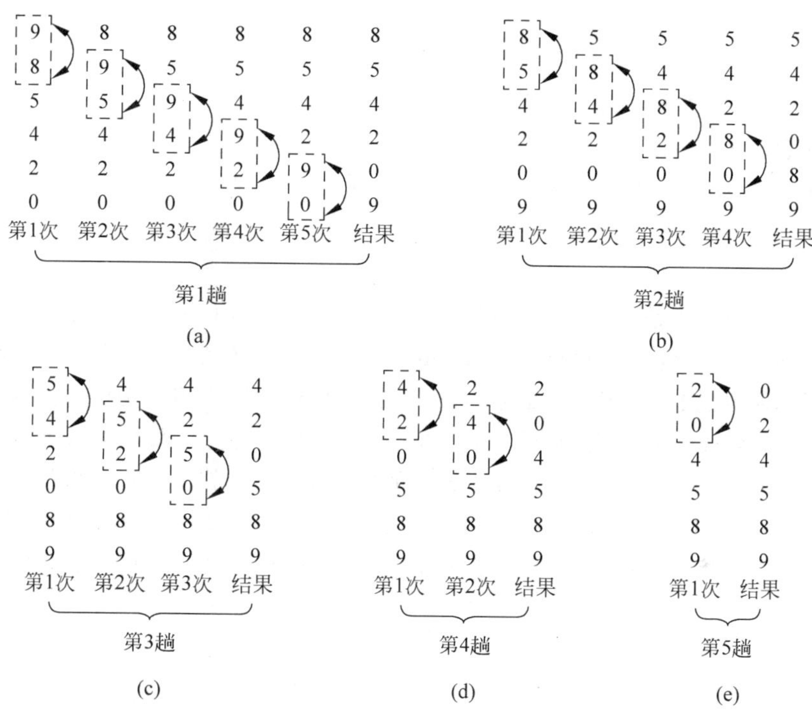


图 1.15　冒泡排序算法的步骤

可以看到，若有 6 个数，需要比较 5 趟，第 1 趟经过 5 次循环，每一次都是相邻的数两两比较，将大数沉底，第一趟比较完之后，最大的数在最底下，因此第 2 趟就只需比较剩下的 5 个数，经过 4 次循环就可以将第二大的数沉底，……。如果是第 i 趟，那么循环的次数就是 6−i 次。

因此，可以将该结论推广：如果有 n 个数，需要比较 n−1 趟，在第 i 趟中，需要两两交换循环 n−i 次。因为数组的序号是从 0 开始的，所以要调整相应的循环的起止值。

S8_1.cpp 程序如下：

```
#include <iostream>
using namespace std;
int main()
{       int a[6] = {9,8,7,6,5,4};
        int i,j,t;
```

```
        int n = 6;                          //数组中共有 6 个数,n 为 6
        for (i = 0; i < n - 1; i++)         //一共 n - 1 趟
            for (j = 0; j < n - i - 1; j++) //第 i 趟循环 n - i 次
            {    if (a[j]> a[j + 1])        //相邻数据两两交换,大数沉底
                 {    t = a[j];
                      a[j] = a[j + 1];
                      a[j + 1] = t;
                 }
            }
        for(i = 0;i < n;i++)
            cout << a[i]<<'\t';
        cout << endl;
        return 0;
    }
```

编译、运行程序,程序的运行结果是________。

**2. 文件名:S8_2.cpp**

**【题目】** 用选择法对数组元素进行从小到大的排序。请完善程序,编译、连接,并写出运行结果。

**算法提示:**

选择法排序的方法是设定一个变量 min,作用是存放数组中最小数的序号。假设数组中一共有 6 个数,第 1 趟比较时,首先指定 min 的初值为 0,然后将 a[min]与数组中剩下的 5 个数相比较,不断将比 a[min]小的数的序号放入到 min 中去,第 1 趟比较结束后,数组中最小数的序号就存放在 min 内,然后将 a[min]与 a[0]交换,此时,最小的数就排在数组的首位;第 2 趟比较剩下的 5 个数,首先指定 min 的初值为 1,然后将 a[min]与数组中的剩下的 4 个数相比较,不断将比 a[min]小的数的序号放入到 min 中去,第 2 趟比较结束后,数组中第 2 小的数的序号就存放在 min 内,然后将 a[min]与 a[1]交换,此时,第 2 小的数就排在数组的第 2 位,……。具体步骤如下。

第 1 趟:

(1) 指定最小数的序号为第 0 个元素的序号 0,如图 1.16(a)所示。

(2) 不断将 a[min]与 a[i](i=1~5)比较,当 a[min]> a[i]时,将 i 赋给 min,即 min=i;循环比较 5 次后,min 中的值为数组中最小数的序号 4,如图 1.16(b)所示。

(3) 交换 a[min]与 a[0],完成第 1 趟的比较,如图 1.16(c)所示。

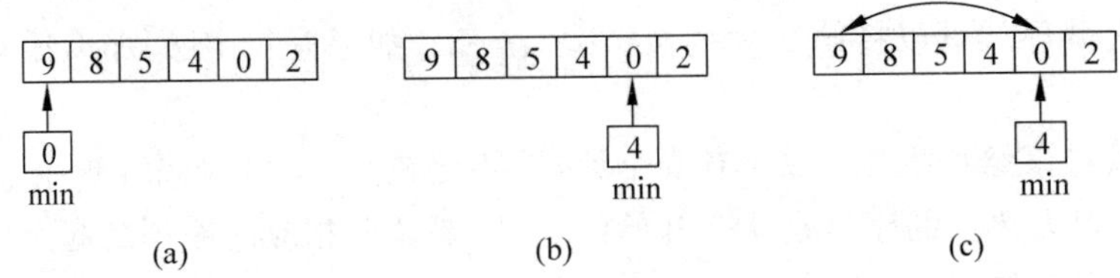


图 1.16 选择排序算法第 1 趟比较过程

第 1 趟比较后的结果为:

| 0 | 8 | 5 | 4 | 9 | 2 |
|---|---|---|---|---|---|

第 2 趟：

(1) 指定最小数的序号为第 1 个元素的序号 1，如图 1.17(a)所示。

(2) 不断将 a[min]与 a[i](i=2～5)比较，当 a[min]> a[i]时，将 i 赋给 min，即 min=i；循环比较 4 次后，min 中的值为数组中除第 0 个元素外的最小数的序号 5，如图 1.17(b)所示。

(3) 交换 a[min]与 a[1]，完成第 2 趟的比较，如图 1.17(c)所示。

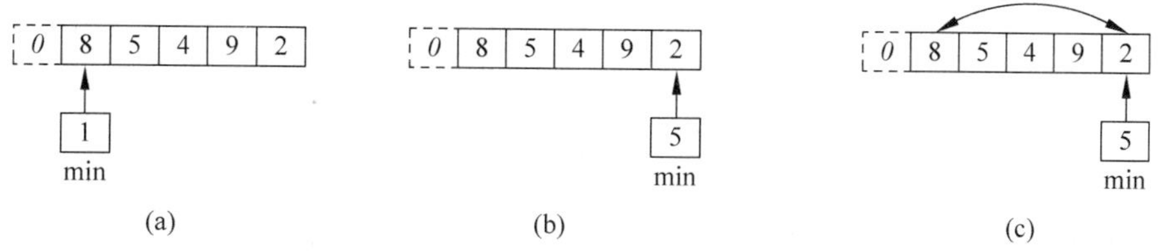


图 1.17　选择排序算法第 2 趟比较过程

第 2 趟比较后的结果为：

| 0 | 2 | 5 | 4 | 9 | 8 |
|---|---|---|---|---|---|

第 3 趟：

(1) 指定最小数的序号为第 2 个元素的序号 2，如图 1.18(a)所示。

(2) 不断将 a[min]与 a[i](i=3～5)比较，当 a[min]> a[i]时，将 i 赋给 min，即 min=i；循环比较 3 次后，min 中的值为数组中第 2～5 个元素的最小数的序号 3，如图 1.18(b)所示。

(3) 交换 a[min]与 a[2]，完成第 3 趟的比较，如图 1.18(c)所示。

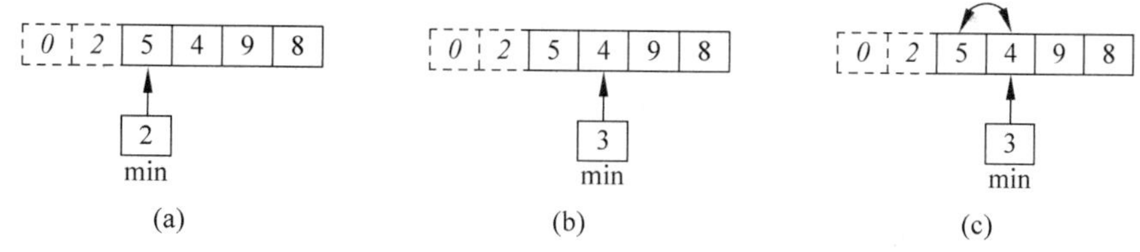


图 1.18　选择排序算法第 3 趟比较过程

第 3 趟比较后的结果为：

| 0 | 2 | 4 | 5 | 9 | 8 |
|---|---|---|---|---|---|

第 4 趟：

(1) 指定最小数的序号为第 3 个元素的序号 3，如图 1.19(a)所示。

(2) 不断将 a[min]与 a[i](i=4～5)比较，当 a[min]> a[i]时，将 i 赋给 min，即 min=i；循环比较 2 次后，min 中的值为数组中第 3～5 个元素的最小数的序号 3，如图 1.19(b)所示。

(3) 交换 a[min]与 a[3]，完成第 4 趟的比较。在本趟中，由于指定的最小数的序号恰恰就是实际的最小数的序号，所以不需要交换数据，如图 1.19(c)所示。

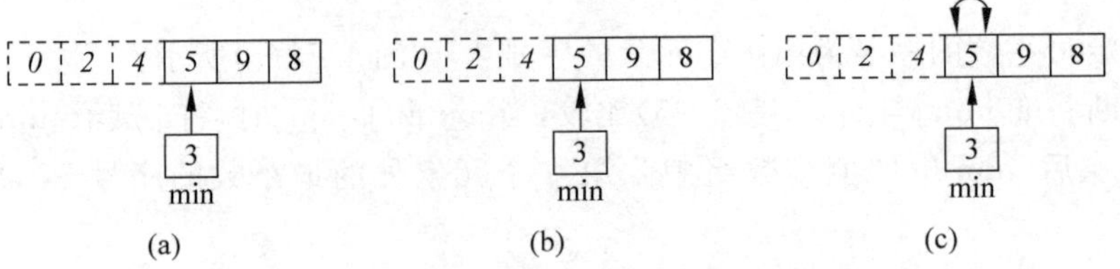


图 1.19　选择排序算法第 4 趟比较过程

第 4 趟比较后的结果为：

| 0 | 2 | 4 | 5 | 9 | 8 |
|---|---|---|---|---|---|

第 5 趟：

(1) 指定最小数的序号为第 4 个元素的序号 4，如图 1.20(a)所示。

(2) 将 a[min]与 a[5]比较，当 a[min]> a[5]时，将 5 赋给 min，即 min=5；循环比较 1 次后，min 中的值为数组中剩下的两个数中最小数的序号 5，如图 1.20(b)所示。

(3) 交换 a[min]与 a[4]，完成第 5 趟的比较，如图 1.20(c)所示。

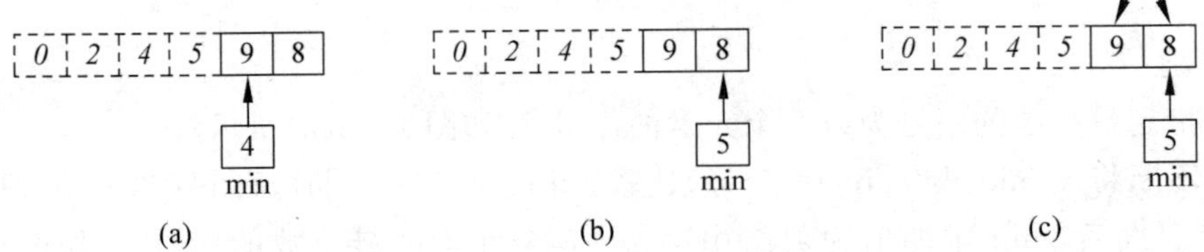


图 1.20　选择排序算法第 5 趟比较过程

第 5 趟比较后的结果为：

| 0 | 2 | 4 | 5 | 8 | 9 |
|---|---|---|---|---|---|

可以看到，若有 6 个数，需要比较 5 趟，第 1 趟经过 5 次循环，将最小的数放至数组的首位，第 2 趟就只需比较剩下的 5 个数，经过 4 次循环就可以将第二小的数放至数组的第 2 位，……。如果是第 i 趟，那么循环的次数就是 6−i 次。

因此，可以将该结论推广：如果有 n 个数，需要比较 n−1 趟，在第 i 趟中，需要 a[min]与数组中的数循环比较 n−i 次。

S8_2.cpp 程序如下：

```
#include <iostream>
using namespace std;
int main()
{       int a[6] = {9,8,7,6,5,4};
        int i,j,min,t;
        int n = 6;
        for (j = 0; j < n - 1; j++)
        {       ________;                          //每一趟指定最小数的序号
                for ( ________ ; i < n; i++)
                        if (a[min] > a[i])         //循环比较 a[min]与 a[i]
                                ________;          //将最小数的序号赋值 min
```

```
                t = a[min];                    //将第 j 个数与最小数交换
                a[min] = a[j];
                a[j] = t;
        }
        for(i = 0;i < n;i++)
            cout << a[i]<<'\t';
        cout << endl;
        return 0;
}
```

要求：

(1) 完善程序。

(2) 编译、运行程序，程序的输出是________。

**3. 文件名：S8_3. cpp**

**【题目】** 有一个10个元素的一维数组，编程求出其中值最大的那个元素的值，以及其在数组中的序号。已知数组定义为"int a[10]={2,5,78,4,6,3,89,12,15,34};"。

程序的输出为：

```
max = 89,  maxindex = 7
```

**算法提示：**

从若干数中求取最大值的方法很多。通常是首先定义一个变量max存放最大值并为这个变量指定一个初值a[0]，然后将数组中的元素依次与max循环比较，不断把大于max的数组元素保存在max中，当全部数组元素比较完后，max中的值即为数组中的最大值。

**4. 文件名：S8_4. cpp**

**【题目】** 编写程序用筛选法求100之内的素数。

**算法提示：**

筛选法是首先将数值2～n依次作为数组元素的初值。2的倍数不是素数，将数组中所有2的倍数置0；3的倍数不是素数，将数组中所有3的倍数置0；5的倍数不是素数，将数组中所有5的倍数置0；以此类推，最后将数组中不是0的元素输出。图示说明如下(?表示随机值)：

数组初值：

| ? | ? | 2 | 3 | 4 | 5 | 6 | 7 | 8 | 9 | 10 | 11 | 12 | 13 | 14 | 15 | 16 | 17 | 18 | 19 |
|---|---|---|---|---|---|---|---|---|---|---|---|---|---|---|---|---|---|---|---|

将2的倍数置0

| ? | ? | 2 | 3 | 0 | 5 | 0 | 7 | 0 | 9 | 0 | 11 | 0 | 13 | 0 | 15 | 0 | 17 | 0 | 19 |
|---|---|---|---|---|---|---|---|---|---|---|---|---|---|---|---|---|---|---|---|

将3的倍数置0

| ? | ? | 2 | 3 | 0 | 5 | 0 | 7 | 0 | 0 | 0 | 11 | 0 | 13 | 0 | 0 | 0 | 17 | 0 | 19 |
|---|---|---|---|---|---|---|---|---|---|---|---|---|---|---|---|---|---|---|---|

……

# 实验 9　数组(2)

## 一、实验目的

掌握一维和二维数组的使用。

## 二、实验要求

1. 掌握二维数组的定义和数组元素引用的正确方法；
2. 掌握利用二维数组求解问题的基本算法。

## 三、实验内容

**1. 文件名：S9_1. cpp**

**【题目】** 有一个 4×4 的矩阵,要求编程序求出其中数值最大的那个元素的值,以及其所在的行号和列号。输入程序,并写出程序的输出结果。

S9_1. cpp 程序如下：

```
#include<iostream>
using namespace std;
int main()
{       int i,j,row = 0,colum = 0,max;
        int a[4][4] = {{5,12,23,56},{19,28,37,46},{-12,-34,6,8},{4,6,34,1}};
        max = a[0][0];                      //指定一个最大值,初值为数组的第 0 行第 0 列
        for(i = 0;i<4;i++)                  //从第 0~3 行依次比较
                for(j = 0;j<4;j++)          //从第 0~3 列依次比较
                    if(a[i][j]> max)        //如果数组中某一元素大于 max
                    {       max = a[i][j];  //将该元素存入 max
                            row = i;        //记录该元素的行数
                            colum = j;      //记录该元素的列数
                    }
        cout <<"max = "<< max <<",row = "<< row <<",colum = "<< colum << endl;
        return 0;
}
```

编译、运行程序,程序的运行结果是________。

**2. 文件名：S9_2. cpp**

**【题目】** 编写程序,将一个 4×4 矩阵转置。请完善程序,编译、连接。

例如,原始矩阵为：

| | | | |
|---|---|---|---|
| 1 | 2 | 3 | 4 |
| 5 | 6 | 7 | 8 |
| 9 | 10 | 11 | 12 |
| 13 | 14 | 15 | 16 |

转置后为：

| | | | |
|---|---|---|---|
| 1 | 5 | 9 | 13 |
| 2 | 6 | 10 | 14 |
| 3 | 7 | 11 | 15 |
| 4 | 8 | 12 | 16 |

**算法提示：**

转置矩阵是将 m 行 n 列的元素与 n 行 m 列的元素一一对应交换,要注意的是只需循环交换一半元素就可以了。

S9_2.cpp 程序如下：

```
#include<iostream>
using namespace std;
int main ( )
{   int a[4][4] = {{1, 2, 3,4},{5,6,7,8},{9,10,11,12},{13,14,15,16}};
    int i,j,t;
    cout <<" 转置前的数组 a:\n";
    for( i = 0;i < 4;i++)
    {   for( j = 0;j < 4;j++) cout << a[i][j]<<'\t';
        cout <<'\n';
    }
    for( i = 0;i < 4;i++)
        for(j = 0;________; j++)          //遍历对角线下方的元素进行交换
        {   t = a[j][i];
            a[j][i] = ________;           //行列互换
            ________ = t;
        }
    cout <<"转置后的数组 a:\n";
    for(i = 0;i < 4;i++)
    {   for(j = 0;j < 4;j++) cout << a[i][j]<<'\t';
        cout <<'\n';
    }
    return 0;
}
```

要求：

(1) 完善程序。

(2) 编译、运行程序，程序的输出是________。

(3) 如果要求遍历对角线上方的元素并进行交换，该怎样修改程序？

**3. 文件名：S9_3.cpp**

**【题目】** 编写程序，将 4×4 矩阵包括主对角线在内的右上三角区域内的数组元素做如下判断和变换：如果该数是素数则用大于该数的最小素数替换；否则保持原数不变，同时统计包括主对角线在内的右上三角区域内的元素中素数的个数。

程序的输出结果为：

```
变换前的数组 a:
1       2       3       4
5       6       7       8
9       10      11      12
13      14      15      16
变换后的数组 a:
1       3       5       4
5       6       11      8
9       10      13      12
13      14      15      16
素数个数： 4
```

**算法提示**：

用函数 int prime(int num)判断数组元素是否为素数(整数 1 不是素数)。若是素数，将这个素数不断增大，同时判断这个不断增大的数是否为素数，若是，则是大于这个素数的最小素数。

**4. 文件名：S9_4. cpp**

**【题目】** 编写程序，输出以下的杨辉三角形(输出 10 行)。

```
1
1  1
1  2  1
1  3  3  1
1  4  6  4  1
1  5  10 10 5  1
……
```

**算法提示**：

将输出设置为 n×n 的矩阵，首先将第 0 列和正对角线上的元素都设置为 1，然后再循环设置正对角线下的其他数据。

# 实验 10　数组(3)

## 一、实验目的

掌握一维和二维数组的使用。

## 二、实验要求

1. 掌握一维数组的定义和数组元素引用的正确方法；
2. 掌握利用一维数组名作为函数参数求解问题的基本算法。

## 三、实验内容

**1. 文件名：S10_1. cpp**

**【题目】** 用折半查找法从一个一维数组中寻找指定的一个数，若找到，则返回该数在数组中的相对位置；否则，返回 −1(注：数组中的数据已按从小到大的顺序排序)。输入以下程序，并写出程序的输出结果。

**算法提示**：

从一组数据中快速寻找出某一特定的数据是程序语言常涉及的算法之一。折半查找法的优点是迭代次数少，查找速度快，从理论上讲，其查找一个数最多的迭代次数为 $\mathrm{lb}N$，$N$ 为一组数据的个数，因此被广泛使用。

折半查找法的核心算法描述如下：若从一组由小到大排序的 $N$ 个数据中寻找某一特定的数据，首先将这一特定的数据与这组数据中第 $N/2$ 个数据相比较，若该数据不等于要寻找的数据，则判断该数据与要寻找数据的大小，假如第 $N/2$ 个数据大于要寻找的数据，则要寻找的数据在第 0 个与第 $N/2-1$ 个数据之间，否则要寻找的数据在第 $N/2+1$ 个和第 $N-1$ 个数据之间，这样就可以将寻找数据的范围缩小一半，然后继续循环，将要寻找的数据与新的数据范围的中间的那个数据比较，则又可以将寻找范围缩小一半，以此类推，所以最多的循环次数为 $\mathrm{lb}N$。

例如，数据系列如图 1.21 所示，要寻找的数据为 4，则查找步骤如下。

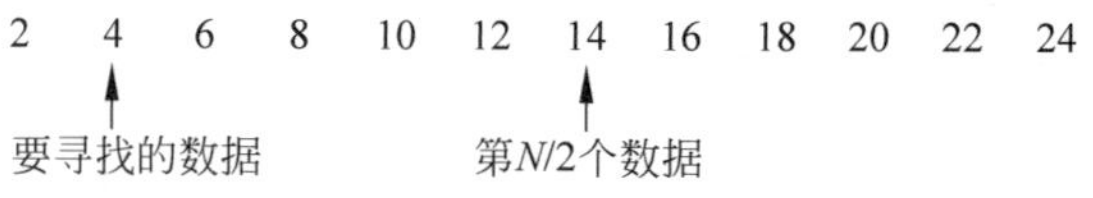


图 1.21 折半查找算法数据系列

（1）找出该组数据中第 $N/2$ 个数据 14。

（2）比较 4 与 14，当 4<14 时，下一步要查找的数据应该为 2～12，如图 1.22 所示。

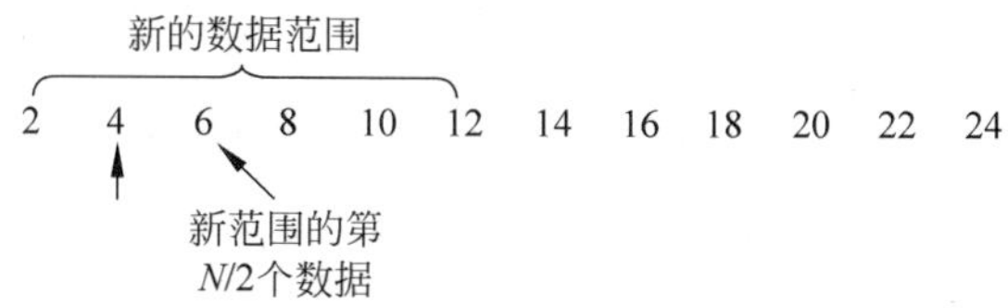


图 1.22 折半查找算法执行过程

（3）继续在新的数据范围内重复步骤（1），（2），直到找到该数据或确定不存在该特定数据为止（范围缩小到 0）。

S10_1.cpp 程序如下：

```
#include <iostream>
using namespace std;
int binary(int array[], int n, int number)//从数组 array 中寻找数值为 number 的数,数组有 n 个元素
{       int low = 0, high = n - 1, mid;
        while(low <= high)
        {     mid = (low + high)/2;
              if(number < array[mid])
                   high = mid - 1;            //A
              else if(number > array[mid])
                   low = mid + 1;             //B
              else
                   return mid;
        }
        return -1;
}
int main()
{       int a[] = {2,4,6,8,10,12,14,16,18,20,22,24};
        int num;
        cout <<"请输入要寻找的数: ";
        cin >> num;
        int index = binary(a,sizeof(a)/sizeof(a[0]), num);
        if(index!= -1)
               cout <<"该数在数组中的序号为: "<< index << endl;
        else
```

```
        cout <<"数组中没有该元素\n";
    return 0;
}
```



要求：

(1) 编译、运行程序，当输入要寻找的数为 4↙时，程序的输出是________；当输入要寻找的数为 24↙时，程序的输出是________；当输入要寻找的数为 3↙时，程序的输出是________。

(2) 若将程序的 A 行和 B 行中的 mid－1 与 mid＋1 均改为 mid，则输入上述数据时，程序是否会正确运行？为什么？

**2. 文件名：S10_2.cpp**

**【题目】** 编写程序，在被调函数中删除一维数组中所有相同的数，使之只剩一个，数组中的数已按由小到大的顺序排列，被调函数返回删除后数组中数据的个数。请完善程序，编译、连接，并写出运行结果。

例如，原数组为 2 2 2 3 4 4 5 6 6 6 6 7 7 8 9 9 10 10 10，删除后为 2 3 4 5 6 7 8 9 10。

**算法分析：**

数组是相同数据类型的一组数据的有序集合，这些数据在内存中顺序排列。从数组中删除一个元素，实际上是依次用后面的数据将要删除的数据覆盖。

例如，一维数组如图 1.23 所示，若将数据为 4 的元素删除，步骤如下：

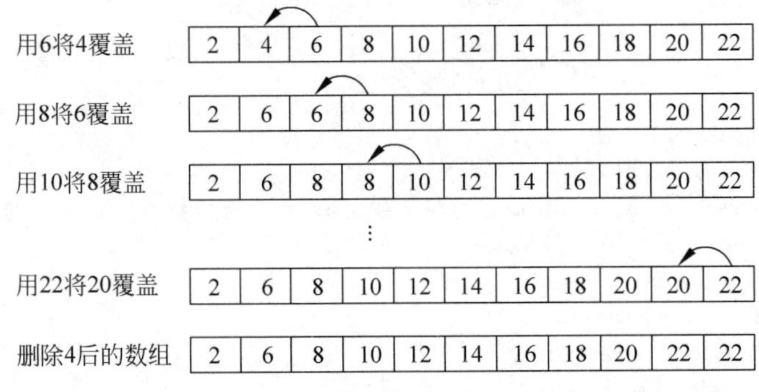


图 1.23 从数组中删除一个元素的算法步骤

从数组中将一个元素删除后，数组的长度未变，但最后一个元素是多余的。

S10_2.cpp 程序如下：

```
#include <iostream>
using namespace std;
int del( ________ , int n)
//从数组中删除相邻的相同的数,数组元素的个数为n,函数返回删除后数组中数据的个数
{       for(int i = 0;i < n - 1;i++)
            if(array[i] == array[i + 1])           //若相邻两元素的数据相同
            {     for(int j = ________;j < n;j++)  //用后面的元素覆盖前面的元素
                      array[j - 1] = array[j];
                  n = n - 1;                       //数组的有效个数减 1
                  i = ________;                    //A
            }
```

```
        return n;                                   //返回删除数据后的数组元素的有效个数
}
int main()
{       int a[] = {2,2,2,3,4,4,5,6,6,6,6,7,7,8,9,9,10,10,10};
        int n = del( ________ , sizeof(a)/sizeof(a[0]) );
        for(int i = 0;i < n;i++)
              cout << a[i]<<'\t';
        cout << endl;
        return 0;
}
```

要求：

(1) 完善程序。

(2) 编译、运行程序，程序的输出为________。

(3) 程序中 A 行的作用是什么？若将此行删除，程序的输出为________。为什么？

**3. 文件名：S10_3. cpp**

**【题目】** 将二维数组的各列按其所有元素的和从大到小进行排列，每一列元素的相对位置保持不变。请完善程序，编译、连接，并输出以下结果。

程序的输出结果为：

```
原始数组：
5       8       10      15
17      6       4       8
6       15      9       12
排序后的数组：
10      5       8       15
4       17      6       8
9       6       15      12
```

S10_3. cpp 程序如下：

```
#include < iostream >
using namespace std;
int sum(int b[3][4], int k)                       //计算二维数组第 k 列的和
{     int s = 0, i;
      for(i = 0;i < 3;i++)
           s += ________ ;
      return s;
}
void exch(________, int x, int y)                 //交换二维数组的 x 列和 y 列
{     int a[3];
      for(int i = 0;i < 3;i++)
      {       a[i] = b[i][x];
              b[i][x] = b[i][y];
              b[i][y] = a[i];
      }
}
int main()
{     int a[3][4] = {{5,8,10,15},{17,6,4,8},{6,15,9,12}};
      int i,j,m,t[4];
```

```
    cout <<"原始数组:\n";
    for(i = 0;i < 3;i++)
    {       for(j = 0;j < 4;j++) cout << a[i][j]<<'\t';
            cout << endl;
    }
    for(i = 0;i < 4;i++)
            t[i] = ________;
    for(i = 0;i < 3;i++)                                //用冒泡法对数组排序
            for(j = 0;j < i + 1;j++)
                  if(t[j]> t[j + 1])
                  {      m = t[j];
                         t[j] = t[j + 1];
                         t[j + 1] = m;
                         exch(a, ________ , j + 1);
                  }
    cout <<"排序后的数组:\n";
    for(i = 0;i < 3;i++)
    {      for(j = 0;j < 4;j++) cout << a[i][j]<<'\t';
           cout << endl;
    }
    return 0;
}
```

要求:

(1) 完善程序。

(2) 编译、运行程序,程序的输出为________。

**4. 文件名:S10_4. cpp**

**【题目】** 编写一个边输入数据边对数据进行插入排序的程序。要求插入排序的操作在函数中进行。输入的整数个数不限,最后输入 0↙结束,同时输出已排好序的数组。例如,原数组中为空,输入 5↙后,数组内容为 5,再输入 7↙后,数组内容为 5, 7,再输入 3↙后,数组内容为 3, 5, 7 等,最后输入 0↙后,输入结束,输出排好序的数组。

**算法提示:**

将数据插入到排好序的数组中,也是程序语言常用的算法之一。最常用的方法是从数组的最后一个元素开始向前比较,边比较边插入,例如,若将数据 4 按序插入数组,数组中原来的数据为 3,5,7,11,具体步骤如图 1.24 所示。

(1) 将被插入的数据 4 和数组的最后一个元素 11 比较,因为 11 大于 4,可知 4 一定插入在 11 之前,将 11 向后移一位,如图 1.24 步骤(1)所示。

(2) 将被插入的数据 4 和数组的倒数第 2 个元素 7 比较,因为 7 大于 4,可知 4 一定插入在 7 之前,将 7 向后移一位,如图 1.24 步骤(2)所示。

(3) 当被插入的数据 4 比较到数据 3 的时候,3 不大于 4,说明 4 一定是插入到 3 之后,所以比较数据的循环至此结束,将数据 4 插入到 3 之后,如图 1.24 步骤(5)所示。

在本题中,首先定义一个容量足够大的数组,存放即将要输入的数据。在插入排序的过程中,第一个输入的数据是特殊的,直接放入数组中作为数组的第一个元素;还有一种特殊情况,就是输入的数据在比较的过程中,应考虑是否插入到数组数据的末尾,例如在上例中,被插入的数据如果不是 4,而是 13,则应插入到 11 的后面。

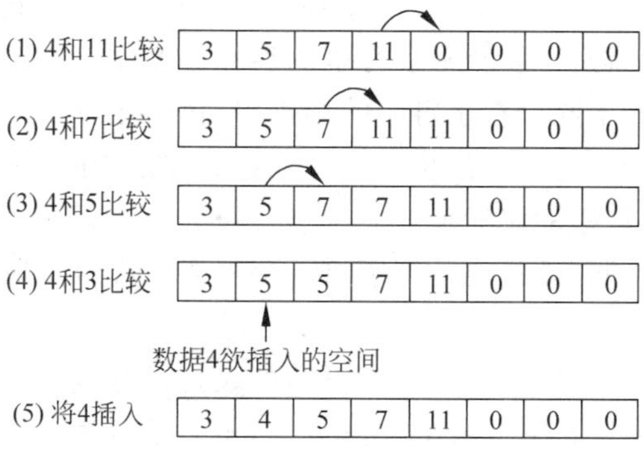


图 1.24　将数据插入到已排序数组中的算法步骤

**5. 文件名：S10_5.cpp**

**【题目】** 假定在一个整数数组中，每一个元素都是不超过两位数的正整数，试编程统计该数组全部元素中数字 0,1,2,3,…,9 各出现多少次。

要求：

采用下列方法输入数据。

```
int  a[ ] = {5, 26, 98, 77, 1, 27, 30};
```

输出结果：

```
0～9 依次出现 1  1  2  1  0  1  1  3  1  1 次
```

**算法提示：**

定义一个数组 b[10]，存放 a 数组中数字 0～9 出现的次数，即 b[0]存放数字 0 出现的次数，b[1]存放数字 1 出现的次数，……，该数组元素的初值均为 0。

# 实验 11　数组(4)

## 一、实验目的

掌握一维和二维数组的使用以及字符串处理函数的使用方法。

## 二、实验要求

1. 掌握字符数组的定义和数组元素引用的正确方法；
2. 掌握字符数组常用的基本算法和字符串处理函数的使用方法。

## 三、实验内容

**1. 文件名：S11_1.cpp**

**【题目】** 输入一行字符串，统计其中大写字符、小写字符、数字字符的数量。输入以下程序，并写出程序的输出结果。

**算法提示：**

字符串是存放在字符数组中的，字符数组中的一个元素存放一个字符。字符在数组中是以其对应的 ASCII 的形式存储的。字符数组具有数组的共同属性。

字符数组用于存放字符串,涉及对字符串的操作。而字符串与数值数组的最明显的区别是判断数组长度的方式不同。在字符串的操作中,我们往往关心的是字符串的实际长度,而不是存放字符串的字符数组空间的长度。一般而言,经常定义一个比较大的字符数组空间用于存放字符串,而字符串的实际长度要小于字符数组空间的长度,这时,就不能用字符数组空间的长度来进行判断,而是要计算字符串存放的字符的实际长度。在 C++中,字符串是以'\0'结束的。

有了字符串结束标志'\0'后,字符数组空间的长度就显得不那么重要了。在程序中往往依靠检测'\0'的位置来判断字符串是否结束,而不是根据数组空间的长度来决定字符串的长度。

S11_1. cpp 程序如下:

```
#include<iostream>
using namespace std;
int main( )
{     char s[200];                        //定义存放字符串的数组空间, 定义得大一些
      cout<<"请输入一行字符串: \n";
      cin.getline(s,200);                 //从键盘输入一串字符, 允许输入空格
      int a=0,b=0,c=0;                    //将大写、小写、数字字符的个数的初值均置为 0
      for(int i=0; s[i]!='\0'; i++)
      /* 从字符串的首字符开始逐个向后扫描字符, 判断字符的性质. 注意字符串类型数组的循
环结束条件,并不是扫描到字符串所定义空间的结束, 而是字符串实际存放字符的结束, 即扫描到
字符'\0'后停止扫描 */
      {     if(s[i]>='A'&&s[i]<='Z')       //当前字符为大写字符
                a++;
            else if(s[i]>='a'&&s[i]<='z')  //当前字符为小写字符
                b++;
            else if(s[i]>='0'&&s[i]<='9')  //当前字符为数字字符
                c++;
}
      cout<<"大写字符个数: "<<a<<'\t'<<"小写字符个数: "<<b<<'\t'<<"数字字符个数: "<<c<<endl;
      return 0;
}
```

要求:

编译、运行程序,输入一行字符,验证程序。

**2. 文件名: S11_2. cpp**

**【题目】** 输入一行字符,把该字符串中的每一个单词的首字母都换成大写字母,并输出转换后的字符串。如输入“good mor23ning!”则输出“Good Mor23ning!”。

请完善程序,编译、连接,并写出运行结果。

**算法提示:**

因为单词间间隔的空格有一个或多个,要识别出哪个字符是单词的第一个字母,就不能简单地用该字符是字母或空格来决定,而是要综合考虑该字符的前、后字符,若该字符是空格后的第一个字母,则符合单词的首字母的要求。因此,在程序中定义一状态变量 flag 来标记字母和空格之间的变化。

S11_2.cpp 程序如下：

```
#include<iostream>
#include<string>
using namespace std;
int main( )
{       char str[100];                          //定义存放字符串的数组空间
        int flag=0;                             //状态变量，辅助判断用
        cout<<"Input a string:\n";
        cin.getline (str,100);                  //从键盘输入字符串
        for(int i=0; str[i]!= ________;i++)     //从字符串首地址依次扫描字符串直至'\0'
        {       if(str[i]>='a'&&str[i]<='z'&& ________)        //当前字符为小写字符且flag为0
                {       str[i]= ________;       //将小写字符变成大写字符
                        flag=1; /*将flag置为1,下一个小写字符就不会满足if条件,不转换成大
写,这样保证一个单词只有第1个字符转换成大写*/
                }
                if(str[i]==' '||str[i]=='\n')
                        flag= ________; /*当前字符为空格时，将flag置为0，这样当遇到下一个字
符时,又满足上面的if条件而转换成大写字符*/
        }
        cout<<"the result is:\n";
        cout<<str<<endl;                        //输出结果
        return 0;
}
```

要求：

(1) 完善程序；

(2) 编译、运行程序，当输入为"I am a student."时，程序的输出为________。

**3. 文件名：S11_3.cpp**

**【题目】** 编写程序，从键盘接收一行字符，统计有多少个单词数。

**4. 文件名：S11_4.cpp**

**【题目】** 编写程序，求出所给出的字符串中最长的字母子串(以非字母隔开)。例如，字符串"Apple$12pear watermelon $ # Banana"中最长的字母子串为"watermelon"。

**算法提示：**

定义一个字符数组存放最长的单词，定义一个变量存放这个单词的长度，将第一个单词作为最长的单词放入该字符数组中，同时单词的长度放入变量中，之后依次与其余的单词比较，不断地将最长的单词放入数组中，最后数组中的单词就是所求的最长的单词。

# 实验 12 指针(1)

## 一、实验目的

(1) 掌握指针类型的概念；

(2) 正确使用指针变量、指针数组、字符串指针和各种二级指针；

(3) 掌握指针的运算。

## 二、实验要求

1. 掌握指针的定义和使用；
2. 掌握指针与数组的相互关系；
3. 掌握指针作为函数参数的函数定义及调用方法。

## 三、实验内容

**1. 文件名：S12_1.cpp**

**【题目】** 编写程序，实现一维数组的循环移位。假设数组中有 n 个元素，要求把下标从 0 到 p(p≤n－1)的数组元素平移到数组的最后。例如，数组中的内容为 1,2,3,4,5,6,7,8,9,10，p 的值为 3，移动后的数组内容为 5,6,7,8,9,10,1,2,3,4。从键盘中输入 p。

输入以下程序，并写出程序的输出结果。

**算法提示：**

数组的循环移位每移动一位分为 3 个阶段，假如数组如下所示，则其移动一位的步骤如下。

(1) 将第一个元素放入变量 t 中，如图 1.25 所示。

| | t | | 1 | 2 | 3 | 4 | 5 | 6 | 7 | 8 | 9 | 10 |
|---|---|---|---|---|---|---|---|---|---|---|---|---|
| ① 移位 | t | | 1 | 2 | 3 | 4 | 5 | 6 | 7 | 8 | 9 | 10 |
| ② 结果 | t | 1 | 1 | 2 | 3 | 4 | 5 | 6 | 7 | 8 | 9 | 10 |

图 1.25　数组循环移位算法步骤(1)

(2) 将数组中所有元素向前移动一位，如图 1.26 所示。

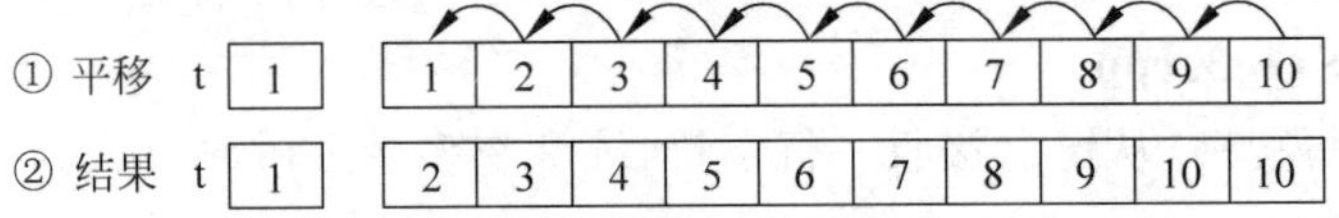


图 1.26　数组循环移位算法步骤(2)

(3) 将变量 t 的内容放到数组的最后一个元素中，如图 1.27 所示。

| | t | | | | | | | | | | | |
|---|---|---|---|---|---|---|---|---|---|---|---|---|
| ① 赋值 | t | 1 | 2 | 3 | 4 | 5 | 6 | 7 | 8 | 9 | 10 | 10 |
| ② 结果 | t | 1 | 2 | 3 | 4 | 5 | 6 | 7 | 8 | 9 | 10 | 1 |

图 1.27　数组循环移位算法步骤(3)

可见，数组循环移动一位需要经过以上 3 个步骤，其中步骤(2)是一个循环过程。以此类推，循环移动 p 位需要 p 次这样的步骤。

S12_1.cpp 程序如下：

```
#include <iostream>
using namespace std;
void fun(int *w, int p, int n) //函数 fun 将指针 w 指向的具有 n 个元素的数组向左平移 p+1 个数
{       int t, i,j;
        for(i = 0; i <= p; i++)
```

```
        //从首元素开始，一次循环移动一个数，即每次循环都移动首元素,循环 p+1 次
        {       t = *w;                          //将首元素的数据赋给 t,即图 1.25 所示
                for(j = 0;j<n-1;j++)
                //从第 2 个元素开始,把数组中的每个元素赋值给前面的元素,即图 1.26 所示
                    *(w+j) = *(w+j+1);
                *(w+j) = t;                      /*循环赋值完后，将 t(原首元素内容)赋值给
最后一个元素，完成依次平移过程,即图 1.27 所示*/
        }
}
int main( )
{   int a[ ] = {1,2,3,4,5,6,7,8,9,10,11,12,13,14,15};
    int p;
    cout<<" Input p: ";
    cin>>p;                                      //输入要移动的下标序号
    int n = sizeof(a)/sizeof(int);               //求数值数组 a 中的元素个数
    fun(a, p, n);                                //调用函数移动数组中的元素
    for(int i = 0; i<n; i++)
      cout<<a[i]<<'\t';                          //输出移动后的数组内容
    cout<<endl;
    return 0;
}
```

要求：

编译、运行程序，当输入的数为 4↙时，程序的输出是________。

**2. 文件名：S12_2.cpp**

**【题目】** 编写一个用梯形法求定积分的通用函数，函数的参数分别是被积函数的指针、定积分的上限、定积分的下限和积分区间的等份数。分别求出下列定积分的值：$\int_1^2 \frac{\mathrm{d}x}{2+\sin x}$，$\int_2^3 \frac{\mathrm{d}x}{2-\cos x}$，$\int_2^4 \frac{(1+x)\mathrm{d}x}{1+x^2}$，积分区间的等份数分别为 1000，2000，3000。其中，用梯形法求定积分的通用公式为 $\text{area}=\left[\frac{f(a)+f(b)}{2}+\sum_{i=1}^{i=n-1} f(a+i\times h)\right]\times h$。请完善程序，编译、连接，并写出运行结果。

**算法提示：**

定积分的结果为函数 $f(x)$所表示的曲线与 $x$ 轴之间的面积。大多数定积分不可能用公式求得精确解，一般用梯形法或矩形法求其近似数值解。

梯形法求解定积分 $\int_a^b f(x)\mathrm{d}x$ 的算法解释：如图 1.28 所示，沿 $x$ 轴做垂直线将 $b-a$ 平均分成 $n$ 份，这些垂直线与 $f(x)$相交，可以看到，定积分的面积就是一个个小面积之和。如果 $n$ 足够大，或者说每一份小的面积足够小，就可以近似将每一个小的面积看成是一个梯形。所有梯形的高度都是一样的，即为 $h=(b-a)/n$，第 $i$ 个梯形的上底为 $f(a+ih)$，下底为 $f(a+(i+1)h)$，其中，$i=0\sim(n-1)$。则每一个梯形的面积 $S=[f(a+ih)+f(a+(i+1)h)]\times h/2$，其中，$i=0\sim(n-1)$。

那么，定积分的面积为

$$\text{area}=\sum_{i=0}^{n-1}[f(a+ih)+f(a+(i+1)h)]\times h/2$$

将上式展开,可见除 $f(a)$和 $f(b)$外,每一个底边都参与运算两次,所以有

$$\text{area} = \left[\frac{f(a)+f(b)}{2} + \sum_{i=1}^{i=n-1} f(a+i\times h)\right]\times h$$

这即为定积分的迭代算法公式。

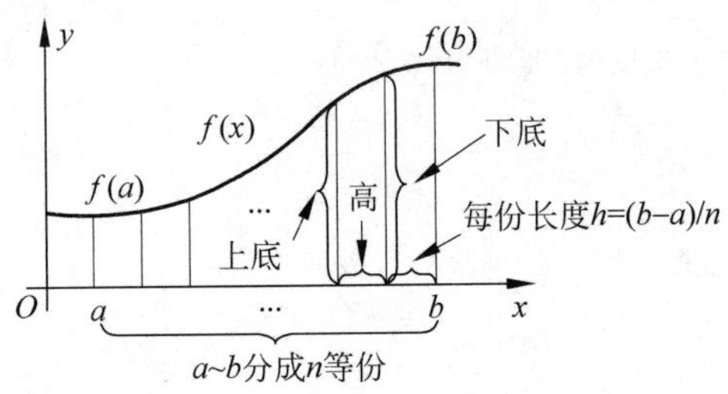


图 1.28　用梯形法计算定积分

题目要求求 3 种函数的定积分,可以用一个函数指针来代替具体的函数,依据公式写出一个通用的算法程序,在具体计算时再用特定的函数带入。

S12_2.cpp 程序如下:

```
#include<iostream>
#include<cmath>
using namespace std;
double f1(double x)                          //根据函数的自变量 x 返回函数的值
{     return 1.0/(2+sin(x));   }
double f2(double x)
{     return 1.0/(2-cos(x)); }
double f3(double x)
{     return (1+x)/(1+x*x);   }
double integral(double (*pf)(double),int n,double a,double b)/*通用积分算法函数,pf 为函数指针,n 为积分区间等份数,a 为积分下限,b 为积分上限*/
{     double h;                              //定义梯形的高度
      h=(b-a)/n;                             //每等份的长度(梯形的高)
      double result;
      result=(pf(a)+pf(b))/2;                //初值
      for(int i=1;i<________;i++)
            result= ________;                //全部上底加下底的和
      result=result*h;
      return result;
}
int main(void)
{     cout<<"f1(x):"<<'\t';
      cout<<"n=1000 "<<integral(________,1000,1.0,2.0)<<endl;        //计算 f1(x)的定积分
      cout<<"f2(x):"<<'\t';
      cout<<"n=2000 "<<integral(________,________,________,________)<<endl;
                                                                    //计算 f2(x)的定积分
      cout<<"f3(x):"<<'\t';
      cout<<"n=3000 "<<integral(________,________,________,________)<<endl;
                                                                    //计算 f3(x)的定积分
      return 0;
}
```

要求：

（1）完善程序。

（2）编译、运行程序，程序的输出为________。

**3. 文件名：S12_3.cpp**

**【题目】** 建立整数数组 a[16]，方法是 a[0]=55，其余为 a[i]=(15 * a[i-1]+97)%256，完成下列操作：

（1）输出 a 的元素值。

（2）求出数组 a 的平均值(实数)。

（3）找出绝对值与平均值之差最大的元素，并将其从 a 中删去。

输出结果：

```
a数组元素为:
55   154   103   106   151   58   199   10      247   218
39   170   87    122   135   74
平均值=120.5
最大值= 247
删除247后的数组元素:
55    154   103   106   151   58   199   10   218   39
170   87    122   135   74
```

**算法提示：**

该题所要求的操作较多，可用结构化的程序设计方法进行设计，将各个操作分开求解，每一个操作用一个函数解决。将数组名作为函数参数。

**4. 文件名：S12_4.cpp**

**【题目】** 编写程序，在 main 函数中建立二维数组"int  a[3][4]={{2,3,4,5},{12,13,14,15},{1,2,3,4}};"，设计 3 个函数，分别用指向一维数组的指针变量 int *p 和指向一维数组的行指针变量 int (*p)[4]作为函数的参数，求出该数组的平均值、最大和最小元素值。

输出结果：

```
ave=6.5 max=15   min=1
```

# 实验 13　指针(2)

## 一、实验目的

1. 掌握指针类型的概念；
2. 正确使用指针变量、指针数组、字符串指针和各种二级指针；
3. 掌握指针的运算。

## 二、实验要求

1. 掌握指针的定义和使用；

2. 掌握指针与数组的相互关系；

3. 掌握指针作为函数参数的函数定义及调用方法；

4. 掌握字符串指针的定义和使用。



## 三、实验内容

**1. 文件名：S13_1.cpp**

**【题目】** 编写程序,将一串数字字符转换为一个整型数据。例如,输入字符串"234",输出整型数据 234。输入以下程序,并写出程序的输出结果。

**算法提示：**

虽然一串数字字符和一个整型数据在显示屏上的表现形式是完全一样的,但它们在计算机内的存储形式是完全不同的。数字字符在计算机内是以字符串的形式存储的,存储的是它对应字符的 ASCII 码的形式,每个字符占用 1 字节,字符串以'\0'结束。而整型数据是以其对应的二进制码的形式存储的,一个整型数据占用 4 字节。这两种形式如图 1.29 所示。

| | | | | |
|---|---|---|---|---|
| 字符串"234"的存储形式 | 00110010 | 00110011 | 00110100 | 00000000 |
| | '2' | '3' | '4' | '\0' |
| 整型数据234的存储形式 | 00000000 | 00000000 | 00000000 | 11101010 |

图 1.29　字符串与整型数在计算机内的存储形式比较

用一个字符数组存储数字字符串,由于字符是以 ASCII 码的形式存储的,所以,在进行转换时,首先应将数字字符的 ASCII 码转换成数字,然后再用其对应的权值将它们组合起来形成整型数。设 s 为数字字符串"234"对应的整型数据,则具体步骤如下：

(1) 第 1 个数字字符为'2'：s='2'－'0'=2。

(2) 第 2 个数字字符为'3'：s=s＊10＋'3'－'0'=2×10＋3=23。

(3) 第 3 个数字字符为'4'：s=s＊10＋'4'－'0'=23×10＋4=234。

(4) 第 4 个字符为'\0',表示转换结束。

S13_1.cpp 程序如下：

```
#include <iostream>
#include <string>
using namespace std;
int main()
{       char str[100];                    //定义一个字符数组,存放从键盘输入的数字字符串
        cout <<"请输入一串数字字符：";
        cin.getline(str,100);             //从键盘输入数字字符串到字符数组
        int i = 0,s = 0;
        while(str[i])                     //从数字字符串的首字母开始识别,到'\0'结束
        {      s = s * 10 + str[i] - '0'; //将字符的 ASCII 码转换成对应的数字并附加对应的权值
               i++;
        }
        cout << s << endl;                //输出转换后的整型数字
        return 0;
}
```

要求：

编译、运行程序，当输入为1234↙时，输出是________。

**2. 文件名：13_2.cpp**

**【题目】** 编写程序，将一个十进制数转换为其他进制的数。例如，输入45　16↙，表示将十进制数45转换为十六进制数，输出结果为2D；输入45　8↙，表示将十进制数45转换为八进制数，输出结果为55。请完善程序，编译、连接，并写出运行结果。

**算法提示：**

在主函数中完成输入数据和输出数据的功能，其中输出的数据应用字符串的形式表示；具体的转换用两个函数进行，函数void fun1(char *s, int n, int r)表示将十进制n用r进制进行转换，结果存放在字符串s中(首先求出的字符是低位数字字符)；函数void fun2(char *s)再将字符串s进行倒序排列。

注意，因为当进制大于10时，表示的字符不仅有数字字符，而且还有字母字符，所以，应该用字符串的形式表示多进制的数字。当将十进制数转化为n进制的数时，用的是S3_3.cpp中的算法，只不过是不断地余n除n而已。将n进制的余数求出后，将这个数字转换成字符形式，存储在字符数组中，当这个数字为大于10的数时，应该用'A', 'B', ……等字母替代。由于最先剥出的余数是最低位的数，所以剥出来的数的权值是由低位到高位排列的，因此，还要将其倒序排列。

S13_2.cpp程序如下：

```
#include<iostream>
#include<string>
using namespace std;
void fun1(char *s, int n, int r)        //将n转换为r进制，结果放在s所指向的数组中
{       int i = 0,t;
        while(n)            //转换的算法是除r取余，首先取出来的是低位数字，高位数字最后出来
        {     t = n % r;                //求余数
              if(t >= 10)               //余数有可能大于10(十六进制)
                     s[i++] = ________;  //大于10的数字转换成字符A～F
              else
                     s[i++] = ________;  //对于其余的数字，直接将数字变成字符的形式
              n = n/r;                  //n除r后继续取余转换，直到n为0为止
        }
        s[i] = '\0';                    //A
}
void fun2(char *s)
//由于上述转换算法转换出的结果低位在前，所以正确的结果应将字符串倒序排列
{       char ch;
        int len = strlen(s);            //字符串的长度
        for(int i = 0;i<________; i++) /*将第1个字符和最后一个字符交换，第2个字符和倒数
第2个字符交换，直至交换到字符串的中间位置*/
        {     ch = s[i];
              s[i] = s[len - i - 1];
              s[len - i - 1] = ch;
        }
```

```
}
int main( )
{       char s[200];              //因为转换后的数有可能出现字母 A～F，所以用字符串的形式存放
        int n, r;
        cout<<"请输入您想转换的十进制数: ";
        cin>>n;
        cout<<"您想将十进制数"<<n<<"转换成多少进制的数? ";
        cin>>r;
        fun1(s, n, r);            //将 n 转换为 r 进制的数,结果存放在 s 中，转换的算法是除 r 取余
        fun2(s);//由于转换首先存放的是数据的低位，所以将原始的转换结果要倒序排列,高位在前
        cout<<"十进制数"<<n<<"转换成"<<r<<"进制的数，结果为: "<<s<<endl;
        return 0;
}
```

要求：

(1) 完善程序。

(2) 编译、运行程序，将 123 分别转换为二进制、八进制和十六进制的数，程序的输出分别为________、________和________。

(3) 程序第 A 行的作用是什么？若要将此行删除，程序是否能正确运行？为什么？

**3. 文件名：S13_3.cpp**

**【题目】** 输入一个字符串，串内有数字和非数字字符。例如 abc456 sd78fd123s 789df，编写程序，将其中连续的数字作为一个整数，依次存放到另一个整型数组 b 中。例如上述例子，将 456 放入 b[0]中，78 放入 b[1]中，……，统计出整数的个数并输出这些整数。要求在主函数中完成输入和输出工作，设计一个函数，把指向字符串的指针和指向整数数组的指针作为函数的参数，完成从字符串中提取整数的工作，并将整数的个数作为函数值返回。

**4. 文件名：S13_4.cpp**

**【题目】** 编写一个函数 int fun( char *str, char *substr)，该函数可以统计子字符串 substr 在母字符串 str 中出现的次数，并将该次数作为函数值返回。例如，输入的母字符串为 asd asasdfg asd as zx67，输入的子字符串为 as，则 as 出现在母串中的次数应为 5。要求在主函数中分别输入母串和子串，并将它们作为实际参数调用函数 fun，同时将结果在主函数中输出。

**算法提示：**

从母串中寻找子串要首先比较母串的当前字符和子串的首字符，定义两个字符指针变量，p0 指向母串首地址，p2 指向子串的首地址，分以下两种情况：

(1) 如果母串的首字母与子串的首字母不同，即 *p0 和 *p2 不同，如图 1.30 所示，母串指针向后移动一位继续比较，如图 1.31 所示。

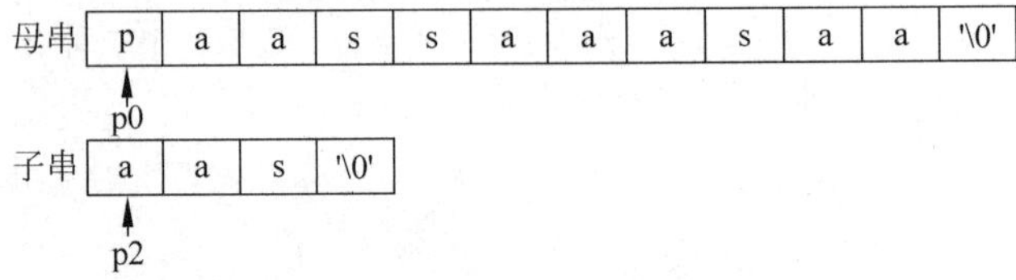


图 1.30　当 *p0 和 *p2 不同时

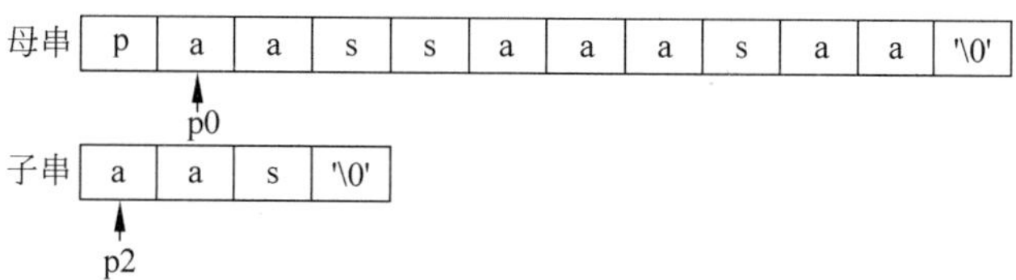


图 1.31　p0 移动到下一位继续比较

(2) 当找到第一个相同的字符时要逐个比较剩余的字符是否相同,此时有两种情况。

① 当剩余字符相同时,如图 1.32 所示,母串与子串对应字符依次比较,直至子串字符比较到'\0',表示从母串中找到子串,如图 1.33 所示。下一次在母串中继续寻找子串时,从母串中这个子串的结束位置处开始寻找,如图 1.34 所示。

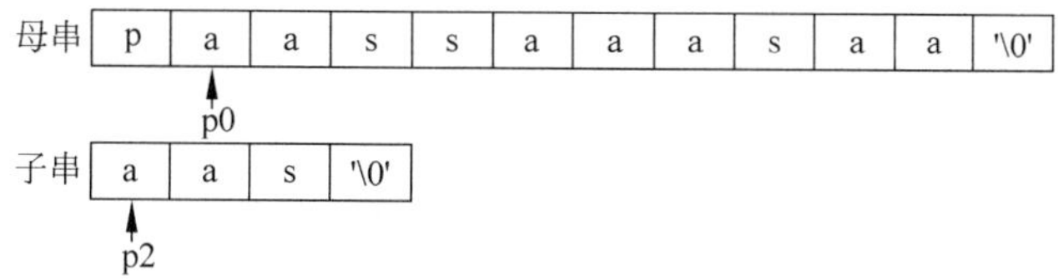


图 1.32　当 * p0 与 * p2 相同且剩余字符相同时

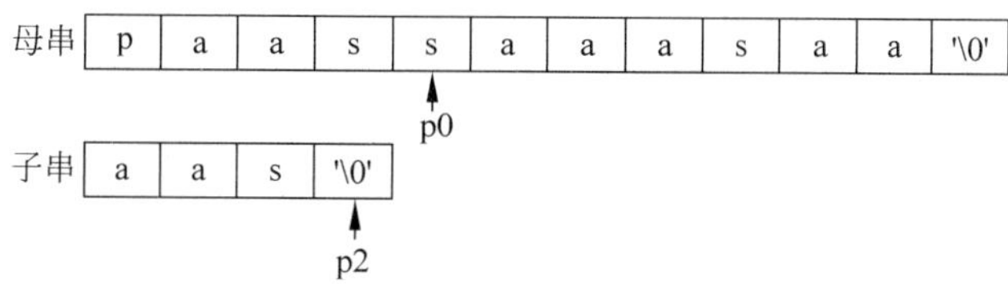


图 1.33　比较至 * p2 为'\0'时结束,表示在母串中找到子串

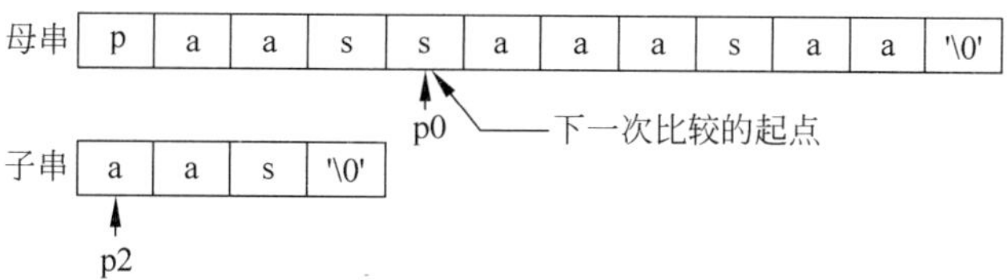


图 1.34　从母串结束上一次比较的位置处开始下一次比较

② 当除首字符外的剩余字符有不同时,如图 1.35 所示,比较循环在这个不同字符的位置上停下,如图 1.36 所示,此时,表示这次没有找到子串。下一次在母串中继续寻找子串时,应从母串与子串的第一个相同字符的下一个字符处开始比较,这样才不会有遗漏,如图 1.37 所示。

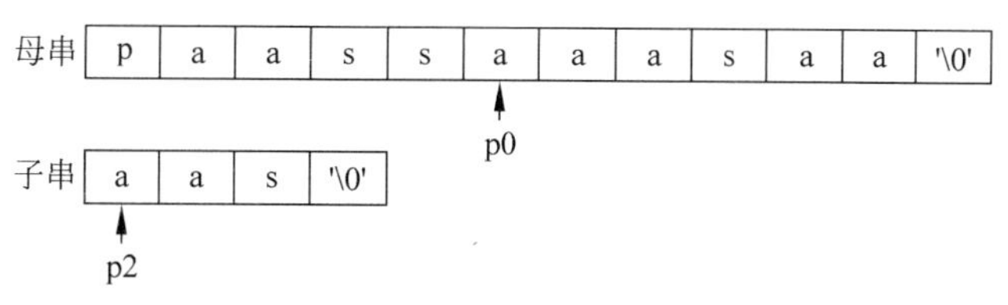


图 1.35　当 * p0 与 * p2 相同且剩余字符不相同时

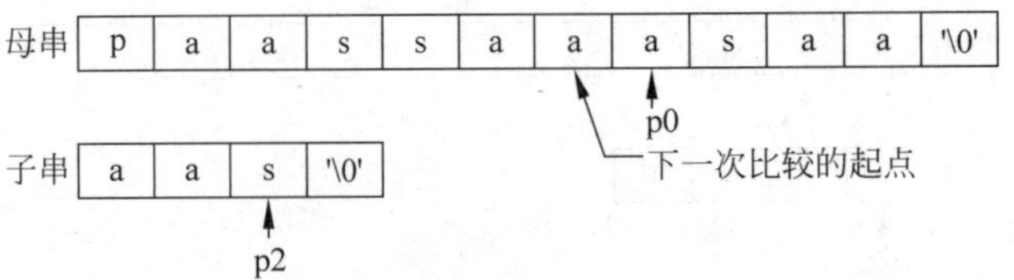


图 1.36　比较至不同字符时结束,表示未找到子串

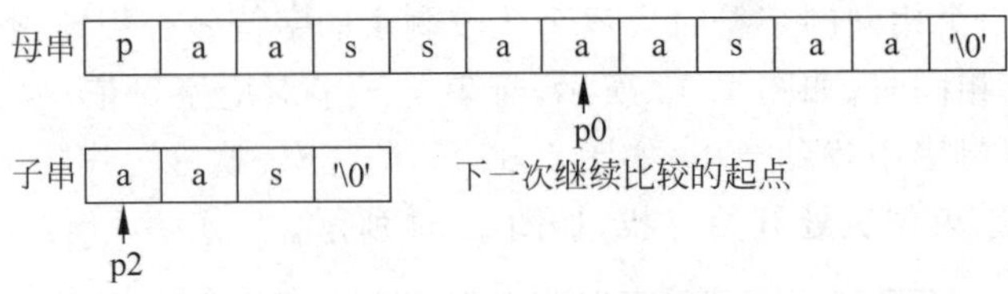


图 1.37　母串从图 1.35 的 p0 处的下一个位置开始继续比较

# 实验 14　类和对象(1)

## 一、实验目的

1. 掌握面向对象的基本概念、类和对象的基本概念和定义方法;
2. 掌握构造函数、析构函数及类成员函数与成员数据的定义和使用方法。

## 二、实验要求

1. 掌握面向对象的程序设计的基本方法;
2. 掌握类和对象的定义和使用方法;
3. 掌握构造函数、析构函数的定义和使用方法;
4. 掌握类成员的访问权限和访问类成员的方法。

## 三、实验内容

**1. 文件名:S14_1.cpp**

**【题目】** 定义一个描述三角形的类 Tri,具体要求如下:

(1) 私有数据成员。

double a, b, c:三角形的三边。

(2) 公有成员函数。

Tri(double x, double y, double z):构造函数,用 x, y, z 初始化 a, b,c,对指定的对象初始化。

double Peri():求三角形的周长。

double Area():求三角形的面积。

void Show():输出三角形的各种参数(边长、周长、面积)。

(3) 在主程序中定义两个三角形对象:三角形 tri1,边长分别为 3,4,5;三角形 tri2,边长分别为 5,6,7。用构造函数初始化这两个对象,然后输出这两个三角形的各种参数。

输入以下程序，并写出程序的输出结果。

**算法提示：**

面向对象的程序设计方法与面向过程的设计方法不同，分为类的设计和主程序的设计两个阶段。

首先是进行类的设计。类的设计是对该类的所有对象的共性进行设计，不涉及具体的对象，即所有的参数都没有具体的数值，如三角形类中的求周长的成员函数，无论是什么样的三角形，周长都是三边之和，即算法是一定的，至于要计算出具体的数值，则必须要由具体的三角形对象调用这个函数来确定，这与程序的具体运行次序有关，不是类的设计所考虑的问题。实际上类的设计是设计这一类对象的共同属性和性质。

其次，类的设计与程序的具体运行顺序无关，类的设计是独立于程序的运行过程的。控制整个程序运行的先后顺序的是主程序的设计。在主程序中可以根据需要定义类的对象，通过类的对象调用成员函数。例如定义具体的三角形对象，进而求这个具体三角形对象的各种参数，这些语句都是为了完成编程所提出的要求。所以说主程序决定了整个程序的运行过程和顺序。

S14_1.cpp 程序如下：

```
#include <iostream>
#include <cmath>
using namespace std;
class Tri
{      double a,b,c;                        //定义三角形的三边
public:
       Tri(double x, double y, double z)    //构造函数,初始化三边
       {     a = x; b = y;c = z;   }
       double Peri()                        //返回三角形的周长
       {     return (a + b + c);      }
       double Area()                        //返回三角形的面积
       {     double s = Peri()/2;
             double area = sqrt(s * (s - a) * (s - b) * (s - c));
             return area;
       }
       void Show()                          //输出三角形的参数
       {     cout <<"三角形的边长: "<< a <<'\t'<< b <<'\t'<< c << endl;
             cout <<"三角形的周长: "<< Peri()<< endl;
             cout <<"三角形的面积: "<< Area()<< endl << endl;
       }
}; //三角形类的定义结束,定义了三角形的各种属性和可实施的操作
int main()                                  //main 函数决定了程序运行的过程和顺序
{      Tri tri1(3,4,5),tri2(5,6,7);         //定义了两个具体的三角形
       tri1.Show();                         //输出这两个三角形的参数
       tri2.Show();
       return 0;
}
```

要求：

编译、运行程序，程序的输出是________。

**2. 文件名：S14_2. cpp**

【题目】 如果某个自然数除了1和它本身外还有其他因子，则这个自然数就是合数(非素数)。试定义一个类NUM，从3开始向上试探找出n个连续的自然数，且它们都是合数。当找到第一组连续n个合数后，即停止查找。

具体要求如下：

(1) 私有数据成员。

int n：存放满足条件的连续自然数的个数。

int *p：根据n的值申请一个动态数组用来存放求出的满足条件的n个自然数。

(2) 公有成员函数。

NUM(int n1)：构造函数，用n1初始化n，根据n的值申请动态数组空间，使p指向该动态数组空间。

int yes(int x)：判定x是否为合数。如果是，则返回1，否则返回0。

void fun()：从3开始向上试探找出n个连续的自然数，且它们都是合数，并依次放入动态数组。

void print()：输出满足条件的n个合数。

~NUM()：析构函数，释放动态数组所占用的存储空间。

(3) 在主函数中定义一个NUM类的对象num，通过调用成员函数求出10个连续的合数，并输出计算结果。

请完善程序，编译、连接，并写出运行结果。

S14_2. cpp程序如下：

```
#include <iostream>
using namespace std;
class NUM{                              //定义数据类 NUM
private:
      int n;
      int *p;
public:
      NUM(int n1)
      //构造函数，用n1初始化n，并且用p动态开辟n个整数空间，用来存放符合条件的合数
      {      n = n1;
             p = new ________;          //连续开辟n个整型空间，将整型空间的首地址赋给p
      }
      int yes(int x)                    //判断x是否为合数，若是则返回1，否则返回0
      {      for(int i = 2;i <= x/2;i++) //i从2循环到x/2，依次判断x能否整除i
                   if(x % i == 0)       //若能整除，说明x是合数
                         return 1;      //直接返回1
             return 0;                  //循环结束，说明不能整除，不是合数，返回0
      }
      void fun()                        //寻找n个连续的合数
      {     int j;
            for(int i = 3; 1 ;i++)      //从3开始向上找，因为未给上限，所以一直循环
                                        //(循环条件永远满足)
            {     j = 0;                //对连续的合数计数，所以在每次寻找之前清零
                  while(________ &&j < n) //当前的数i是合数且没有找到连续n个时，循环向后寻找
```

```
                {       p[j] = i;     //边找边将合数赋给动态开辟的数组空间,赋完值后序号加 1
                        j++;
                        i++;              //继续判断下一个连续的数是否满足条件
                }
                if(j == n)                //当找到 n 个连续的合数时,退出上面的 while 循环
                        break;            //操作完成, 用 break 强制退出 for 循环
            }
        }
        void print()                      //输出满足条件的连续的合数
        {       for(int i = 0;i < n;i++)
                        cout << p[i]<<'\t';
                cout << endl;
        }
        ~NUM()                            //析构函数, 释放在构造函数中动态开辟的数组空间
        {       if(p) delete[ ]p;    }
};
int main()
{       NUM num(10);                      //定义类的对象, 并调用构造函数动态开辟 10 个整型空间
        ________;
        //对这个对象完成寻找连续的合数的操作, 并把操作结果存放在动态开辟的空间中
        ________;                         //调用对象的成员函数, 输出连续的合数
        return 0;
}//函数结束, 对象 num 的作用域也结束, 调用析构函数释放对象所占用的空间
```

要求:

(1) 完善程序。

(2) 编译、运行程序,程序的输出为________。

**3. 文件名: S14_3.cpp**

**【题目】** 定义一个字符串类 STR,从左到右对字符串中每个字符删除其后所有相同的字符,只留下第一次出现的那一个。例如,若字符串为"cocoon",则删除重复出现的字符后,其结果是字符串"con"。

具体要求如下:

(1) 私有数据成员。

char * s1: 指向原字符串,存放字符串的空间需动态分配。

char * s2: 指向结果字符串,存放字符串的空间需动态分配。

(2) 公有成员函数。

STR(char * str): 构造函数,用 str 初始化 s1,动态分配 s1 和 s2 指向的空间。

void delsame(): 删除重复出现的字符。

void show(): 输出原字符串和结果字符串。

~STR(): 析构函数,释放动态分配的存储空间。

(3) 在主函数中定义一个 STR 类的对象 test,用字符串"concoon"初始化 test,通过调用成员函数完成删除工作,输出删除前后的两个字符串。

**4. 文件名: S14_4.cpp**

**【题目】** 圆盘找数问题。定义一个圆盘类 Circle,用 20 个小于 100 的随机数组成一个

圆(首尾相接),分别求出连续的 4 个数之和最大的 4 个数及其和值)以及连续的 4 个数之和最小的 4 个数及其和值(输出整个数列、最大、最小的 4 个数及其和值)。

具体要求如下。

(1) 私有数据成员。

int num[20]:存放生成的 20 个随机数。

int Max[4]:存放 20 个随机数中连续 4 个数之和最大的那 4 个连续的数。

int Min[4]:存放 20 个随机数中连续 4 个数之和最小的那 4 个连续的数。

int sum_max:存放 20 个随机数中连续 4 个数之和最大的和。

int sum_min:存放 20 个随机数中连续 4 个数之和最小的和。

(2) 公有成员函数。

Circle():构造函数,用 20 个随机数初始化圆盘中的 num 数组。

void Find_Max():圆盘类的主要操作,寻找符合条件(和为最大或最小)的连续的 4 个数。

void Show():输出圆盘类的整个数列和最大、最小的 4 个数及其和值。

(3) 在主函数中定义一个 Circle 类的对象 cir,用 20 个小于 100 的随机数初始化该对象 cir,通过调用成员函数完成题目要求的任务。

**算法提示:**

随机数的产生方法如下。

C++函数库中有专门产生随机数的函数 rand(),该函数产生的是一串固定序列的随机整数。因为随机数序列的顺序是固定的,如果每一次都从一个固定的位置开始输出这个序列,那么每次产生的随机数都是一样的,也就失去了随机数的意义了。因此,要产生真正意义上的随机数,关键是每次要从不同的位置处开始输出这个序列。函数 srand(n)便是用来选择初始位置的,称为"初始化随机数种子"。srand(100)是从序列的第 100 个数起开始输出,srand(1000)是从第 1000 个数起开始输出,……。一般用当前时间初始化随机数种子,因为每时每刻的当前时间都是不相同的,这样产生出的序列更接近真正的随机数。常用以下语句产生随机数:

```
#include <ctime>
srand(time(NULL));                    //初始化种子
x = rand() % 100 ;                    //产生不大于 100 的数
```

当产生随机数的初始位置为 0 时,即初始化随机数种子的函数取"srand(0);"时,程序的运行结果为:

```
圆盘中的 20 个随机数为:
38      19      38      37      55      97      65      85      50      12
53      0       42      81      37      21      45      85      97      80
Max = 307
45          85          97          80
Min = 107
12          53          0           42
```

# 实验 15　类和对象(2)

## 一、实验目的

1. 掌握面向对象的基本概念、类和对象的基本概念和定义方法；
2. 掌握构造函数、析构函数及类成员函数与成员数据的定义和使用方法。

## 二、实验要求

1. 掌握面向对象的程序设计的基本方法；
2. 掌握类和对象的定义和使用方法；
3. 掌握构造函数、析构函数的定义和使用方法；
4. 掌握类成员的访问权限和访问类成员的方法。

## 三、实验内容

**1. 文件名：S15_1.cpp**

**【题目】** 定义一个类 WORD，完成以下功能：将英文句子(字符串)中的单词(连续的英文字符)取出来存入二维数组，该二维数组的每行保存一个单词。再输出这些单词中的最长单词和最长单词的长度。假设每个单词的长度不超过 19，单词数不超过 100。具体要求如下：

(1) 私有数据成员。

- char * p：字符指针，指向存放英文句子(字符串)。
- char a[100][20]：二维字符数组，每行保存一个单词。
- int n：整型变量，存放英文句子中的单词个数。
- char maxword[20]：字符数组，存放英文句子中最长的英文单词。

(2) 公有成员函数。

- WORD(char * str)：构造函数，为数据成员 p 动态分配空间，并利用参数 str 初始化数据成员 p。
- int alph(char c)：辅助函数，判断字符 c 是否为英文字母，若是则函数返回 1，否则函数返回 0。
- void fun()：按要求将英文句子中的单词取出来存入二维数组，并将最长单词保存在指定的数组中。
- void print()：按输出示例格式输出英文句子、各个单词及最长单词和长度。
- ～WORD()：析构函数，释放动态内存。

(3) 在主函数中完成对 WORD 类的测试。

测试数据与运行结果：

```
测试字符串：I will pass the examination.Yes I can.
输出各个单词：
I
```

```
will
pass
the
examination
Yes
I
can
长度最长的单词: examination     长度是:11
```

请完善程序,编译、运行并写出运行结果。

S15_1.cpp 程序如下:

```
#include<iostream>
#include<string>
using namespace std;
class WORD
{      char *p;
       char a[100][20];
       int n;
       char maxword[20];
public:
       WORD(char *str)
       {     p=________;                         //动态开辟空间,存放英文句子
             strcpy(p,str);
       }
       int alph(char c)
       {     if(________)                        //判断字符c是否为英文字符
                    return 1;
             return 0;
       }
       void fun()
       {    int i,j,k,maxlength=0;
            j=0;
            for( i=0 ; *(p+i)!= '\0'; i++)
            {      for(k=0 ;alph( *(p+i)); i++,________)
                                                  //遍历字符串,将连续的英文字符放入二维数组
                          a[j][k] = *(p+i);
                   if(k>0)
                   {      a[j][k] = '\0';       //放入一个单词后结束字符串
                          if(k>maxlength)       //判断当前的单词是否为最长单词
                          {      strcpy(maxword,________);
                                 maxlength=k;
                          }
                          j++;
                          i--;
                   }
            }
            n=j;
       }
       void print()
       {     cout<<"测试字符串: "<<p<<endl;
```

```
            cout <<"输出各个单词: \n";
            for(int i = 0;i < n;i++)
                  cout <<________<< endl;     //输出存放在二维数组中的单词
            cout <<"长度最长的单词: "<< maxword <<'\t'<<"长度是:"<< strlen(maxword)<< endl;
      }
      ~WORD(){     if (p) delete [ ]p;    }
};
int main()
{     char source[100] = "I will pass the examination.Yes I can.";
      WORD word(source);
      word.fun();
      word.print ();
      return 0;
}
```

要求:

(1) 完善程序。

(2) 编译、运行程序,程序的输出为________。

**2. 文件名: S15_2.cpp**

**【题目】** 定义一个类 NUM,完成以下功能:统计不大于 n(n<10000)的自身数的个数,并输出这些自身数。自身数的定义:对于任意正整数 m,定义 d(m)为 m 加上它的每一位数字所得到的和,则称 m 为 d(m)的发生器,例如,d(75)=75+7+5=87,因此,75 为 87 的发生器。有些数可能会超过一个发生器,例如 101 的发生器可以为 91 或 100。一个没有发生器的正整数称为自身数,87 不是自身数。

具体要求如下:

(1) 私有数据成员。

- int n,count:整型变量,分别存放自身数的上限值 n 和不大于 n 的自身数的个数。
- int *p:指针变量,动态分配存储空间用来存放不大于 n 的自身数。

(2) 公有成员函数。

- NUM(int num):构造函数,用 num 初始化 n 和 count,为 p 动态分配内存空间。
- int d(int num):辅助函数,num 为 d(num)的发生器。
- void fun():按要求计算不大于 n 的所有自身数。
- void print():按输出示例格式输出结果。
- ~NUM():析构函数,释放动态内存。

(3) 在主函数中完成对 NUM 类的测试。

输入输出示例(下画线部分为键盘输入):

```
请输入一个正整数: 97↙
不大于 97 的自身数有 13 个:
1  3  5  7  9  20  31  42  53  64  75  86  97
```

请完善程序,编译、运行并写出运行结果。

S15_2.cpp 程序如下:

```
#include <iostream>
```

```
using namespace std;
class NUM
{    int n,count;
     int *p;
public:
     NUM(int num)
     {    n = num;
          p = new int[n + 1];
          for(int i = 1;i <= n;i++)
               *(p + i) = 0;
          count = n;
     }
     int d(int num)                              //函数的返回值不是自身数
     {    int t = num;
          while(num)
          {    t = ________;
               num = num/10;
          }
          return t;
     }
     void fun()
     {    int t;
          for(int i = 1;i <= n;i++)              //i为发生器,计算所有的非自身数
          {    t = ________;                     //t不是自身数
               if(t <= n&&p[t] == 0)
               {    p[t] = 1;                    //不是自身数,进行标记
                    count = ________;
               }
          }
     }
     void print()
     {    cout <<"不大于"<< n <<"的自身数有"<< count <<"个:\n";
          for(int i = 1;i <= n;i++)
               if(________)
                    cout << i <<'\t';            //输出所有的自身数
     }
     ~NUM(){  if(p) delete []p;   }
};
int main()
{    int x;
     cout <<"请输入一个正整数:";
     cin >> x;
     NUM num(x);
     num.fun();
     num.print ();
     return 0;
}
```

**3. 文件名:S15_3. cpp**

**【题目】** 试定义一个类STR,将一个字符串中指定位置的连续字符拼接到另一个字符

串的尾部,具体要求如下:

(1) 私有数据成员。

char *p;存放一个字符串。

(2) 公有成员函数。

- STR(char *s):构造函数。为数据成员 p 动态分配空间,并利用参数 s 初始化数据成员 p。
- void fun(char *s, int n1, int n2):将字符串 s 从第 n1(从 0 开始计数)个字符开始的连续 n2 个字符拼接到数据成员 p 所指向的字符串之后,形成一个新的字符串。注意,必须为 p 重新分配内存空间。
- void print():按输出示例格式输出数据成员 p。
- ~STR():析构函数,释放动态内存。

(3) 在主函数中完成对该类的测试。

输入输出示例(下画线部分为键盘输入):

```
字符串 1: abcdefg
字符串 2:12345678
输入起始的位置和字符个数: 2  5↙
处理后的字符串 1 为: abcdefg34567
```

**4. 文件名: S15_4.cpp**

**【题目】** 试定义一个类 NUM,完成以下功能:统计不大于 n(n<400)的所有满足下列条件的数 x,要求 x*x 的每位数字互不相同,且 x*x 的低位数字小于或等于其高位数字。例如,x 为 13,13*13 的值为 169,满足以上要求。

具体要求如下:

(1) 私有数据成员。

- int n,count:整型变量,分别存放数的上限 n 和满足条件的数的个数。
- int *p:指针变量,动态分配存储空间用来存放满足条件的数字。

(2) 公有成员函数。

- NUM(int num):构造函数,用 num 初始化 n 和 count,为 p 动态分配内存空间。
- int isdiff(int num):辅助函数,判断参数 num 的各位数字是否互不相同。
- int issort(int num):辅助函数,判断参数 num 是否低位数字小于或等于其高位数字。
- void process():按要求计算不大于 n 的所有满足要求的数字。
- void print():按输出示例格式输出结果。
- ~NUM():析构函数,释放动态内存。

(3) 在主函数中完成对 NUM 类的测试。

输入输出示例(下画线部分为键盘输入):

```
请输入 n 的值(不大于 400): 100↙
在不大于 100 的范围内满足条件的整数及其平方数如下:
x        x*x
1        1
```

```
2       4
3       9
4       16
5       25
6       36
7       49
13      169
16      256
17      289
37      1369
总数为: 11
```

# 实验 16 运算符重载和文件处理

## 一、实验目的

1. 掌握运算符重载为成员函数和友元函数的方法;
2. 掌握文本文件和二进制文件的使用方法。

## 二、实验要求

1. 掌握运算符重载为成员函数和友元函数的方法;
2. 掌握输入和输出运算符的重载方法;
3. 掌握文本文件的读/写方法;
4. 掌握二进制文件的随机读/写方法。

## 三、实验内容

**1. 文件名:S16_1.cpp**

**【题目】** 定义一个描述复数的类,其中成员数据包括实部和虚部,成员函数包括构造函数,输出函数,重载+、−、×、+=、输入输出运算符,实现复数类对象的直接输入输出和算术运算。输入以下程序,并写出程序的输出结果。

**算法提示:**

运算符重载是C++的一个重要的功能,指的是同一个运算符可以施加于不同类型的操作数上面。运算符重载的目的是将系统已经定义的运算符应用于新定义的数据类型中,如在本例中,"+、−、×、+="可以用于复数运算。运算符重载进一步提高了面向对象软件的灵活性和可扩充性。运算符可以重载成相应类的成员函数和友元函数。

同样,C++也允许重载输入">>"和输出"<<"运算符,实现新定义的数据类型直接的输入输出。注意,输入和输出运算符只能重载为友元函数。

S16_1.cpp 程序如下:

```
#include <iostream>
using namespace std;
class Complex{                          //类的定义
private:
```

```
        double real;                          //复数实部
        double image;                         //复数虚部
public:
        Complex(){}                           //构造函数
        Complex(double re, double im){ real = re; image = im; }
        Complex operator + (Complex &);                   //将" + "运算符重载为成员函数
        friend Complex operator - (Complex &, Complex &); //将" - "运算符重载为友元函数
        Complex operator += (Complex &);                  //将" += "运算符重载为成员函数
        friend Complex operator * (Complex &, Complex &); //将" * "运算符重载为友元函数
        friend istream& operator >>(istream&, Complex &); //将输入运算符">>"重载为友元函数
        friend ostream& operator <<(ostream&, Complex &); //将输出运算符"<<"重载为友元函数
};
Complex Complex:: operator + (Complex &c)           //重载运算符" + "的实现
{       Complex cc;                                 //新定义一个复数对象,存放运算后的结果
        cc.real = real + c.real;                    //实部与实部相加
        cc.image = image + c.image;                 //虚部与虚部相加
        return cc;                                  //将结果作为函数值返回
}
Complex Complex:: operator += (Complex &c)          //重载运算符" += "的实现
{       real = real + c.real;                       //实部相加
        image = image + c.image;                    //虚部相加
        return *this;                               //将调用本身的对象返回
}
Complex operator - (Complex &c1, Complex &c2)       //重载运算符" - "作为友元函数的实现
{       Complex cc;                                 //新定义一个复数对象,存放运算后的结果
        cc.real = c1.real - c2.real;                //实部与实部相减
        cc.image = c1.image - c2.image;             //虚部与虚部相减
        return cc;                                  //将结果作为函数值返回
}
Complex operator * (Complex &c1, Complex &c2)       //重载运算符" * "作为友元函数的实现
{       Complex cc;                                 //新定义一个复数对象,存放运算后的结果
        cc.real = c1.real * c2.real - c1.image * c2.image;    //相乘后的实部
        cc.image = c1.real * c2.image + c1.image * c2.real;   //相乘后的虚部
        return cc;                                  //将结果作为函数值返回
}
istream& operator >>(istream &is, Complex &c)       //重载输入运算符
{       cout <<"请输入复数数据的实部: ";
        is >> c.real;
        cout <<"请输入复数数据的虚部: ";
        is >> c.image;
        return is;
}
ostream& operator <<(ostream &os, Complex &c)       //重载输出运算符
{       if(c.image > 1e - 5)                        //虚部大于 0
              os << c.real <<"  +  "<< c.image <<"i"<< endl;
        else if(c.image < - 1e - 5)                 //虚部小于 0
              os << c.real <<"  -  "<<( - c.image)<<"i"<< endl;
        else                                        //虚部为 0
              os << c.real << endl;
        return os;
}
```

```
int main()                                          //验证 Complex 类中定义的重载运算符的正确性
{       Complex c1(1,2), c2(3,4), c3;
        c3 = c1 + c2;
        cout <<"c1 = "<< c1;
        cout <<"c2 = "<< c2;
        cout <<"c1 + c2 = "<< c3;
        c3 = c1 - c2;
        cout <<"c1 - c2 = "<< c3;
        c3 = c1 * c2;
        cout <<"c1 * c2 = "<< c3;
        c1 += c2 += c2;
        cout <<"c1 += c2 += c2: "<< c1 << endl;
        //以下验证输入重载运算符
        cin >> c1 >> c2;
        c3 = c1 + c2;
        cout <<"c1 = "<< c1;
        cout <<"c2 = "<< c2;
        cout <<"c1 + c2 = "<< c3;
        c3 = c1 - c2;
        cout <<"c1 - c2 = "<< c3;
        c3 = c1 * c2;
        cout <<"c1 * c2 = "<< c3;
        c1 += c2 += c2;
        cout <<"c1 += c2 += c2: "<< c1 << endl;
        return 0;
}
```

要求：

(1) 当输入为 4　−4↙,2　3↙时,写出程序的输出。

(2) 以上述程序为例,说明运算符重载为成员函数和友元函数的区别。

**2. 文件名：S16_2. cpp**

**【题目】** 定义一个人民币的类,其中成员数据包括元、角、分,成员函数包括构造及输出函数。要求增加适当的成员函数,重载+、−、输入输出流,实现人民币的直接运算。注意分、角、元的进位。

**算法提示：**

两个人民币对象相减之前要先判断大小,判断能否相减。如果不能相减,则给出提示后直接返回用默认的构造定义的对象(0 元 0 角 0 分)。

**3. 文件名：S16_3. cpp**

**【题目】** 建立一个学生成绩的文本文件 cj. txt,内有若干学生的成绩,形式如图 1. 38 所示,成绩为 0 表示输入结束。计算出学生人数、平均成绩及优、良、中、及格和不及格的比率,将计算结果输出至文本文件 cjout. txt,如图 1. 39 所示。

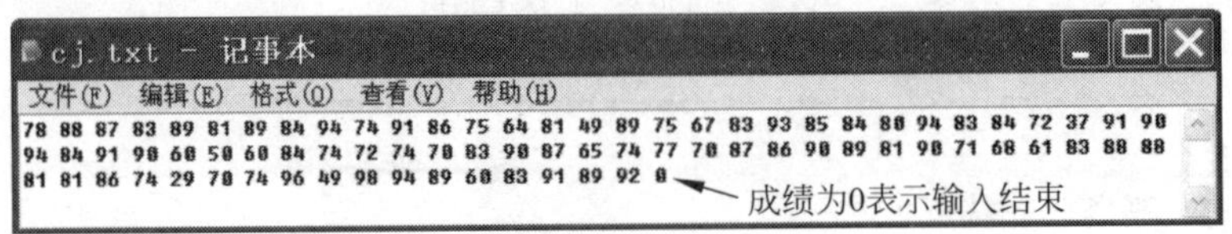


图 1. 38　输入的文本文件

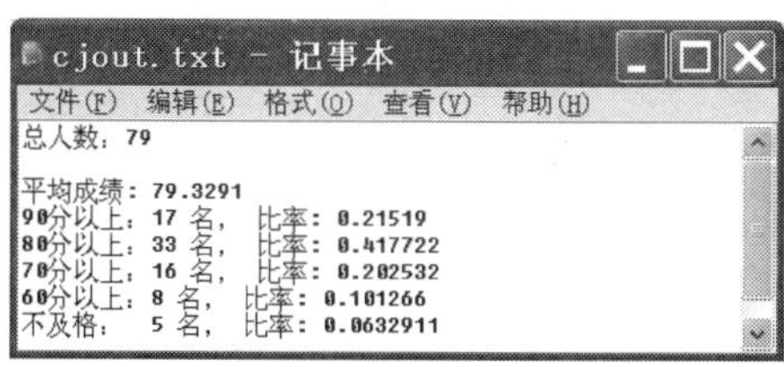


图 1.39　输出的文本文件

输入以下程序，并写出程序的输出结果。

**算法提示：**

磁盘文件操作是 C++程序设计的一个重要的概念。根据文件中的数据组织形式，可将文件分为 ASCII 文件和二进制文件。

ASCII 文件又称为文本文件或字符文件，它的数据形式是用相应的 ASCII 字符表示的，如 123 在 ASCII 文件中存储的形式是 0x31，0x32，0x33，用二进制形式表示如图 1.40 所示。可见，输出该文件时，显示的是对应的 ASCII 码的字符形式。

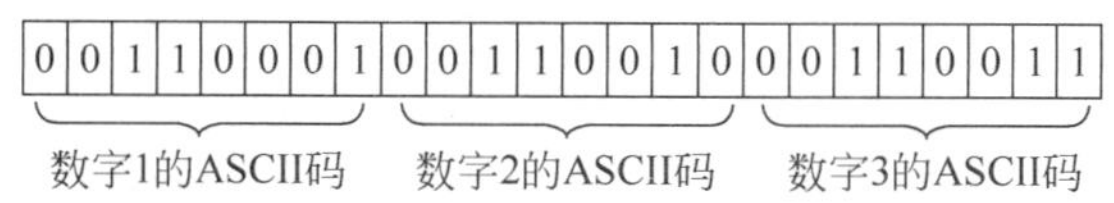


图 1.40　文本文件的数据表示

二进制文件又称为内部格式文件或字节文件，是把内存中的数据按其在内存中的存储形式原样输出到磁盘上存放。数据 123 是一个整型数，在内存中占用 4 字节，其在二进制文件中的存储形式如图 1.41 所示。这时，如果将该文件在编辑器中打开，显示的是乱码，即不能直接显示文件的内容。所以，二进制文件的内容不能直接在显示屏上观看。

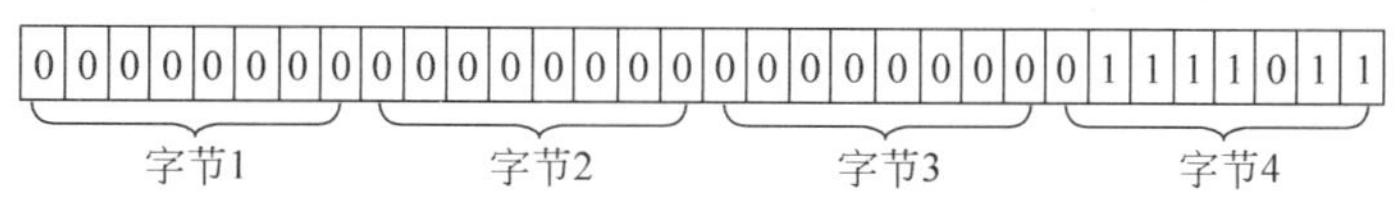


图 1.41　二进制文件的数据表示

C++对文本文件和二进制文件的操作方法不同。如果是文本文件，可以直接用流插入运算符“<<”和流提取运算符“>>”进行操作，即用对键盘或屏幕的方式对输入或输出文件进行读写；如果是二进制文件，就必须用库文件中定义的读写函数按规定的格式对文件进行读写。

S16_3.cpp 程序如下：

```
#include <iostream>
#include <fstream>
using namespace std;
int main()
{       ifstream infile("cj.txt");                    //建立输入文本文件对象,将输入文件打开
        ofstream outfile;                              //建立输出文本文件对象
        outfile.open("cjout.txt");                     //另一种将文件打开的方式
        float score[300],sum = 0;                      //在内存中定义存放成绩的数组
        int i = 0,n, n50 = 0,n60 = 0,n70 = 0,n80 = 0,n90 = 0;
```

```
    infile>> score[0];                      //将输入文本文件中的成绩输入到数组中
    while(score[i])                         //输入文本文件以 0 结束
    {   i++;
        infile>> score[i];
    }
    n = i;                                  //统计输入的成绩个数
    for(i = 0;i < n;i++)
    {   sum += score[i];                    //计算成绩累加和
        if(score[i]< 60)
            n50++;
        else if (score[i]< 70)
            n60++;
        else if (score[i]< 80)
            n70++;
        else if (score[i]< 90)
            n80++;
        else
            n90++;
    }
    float average;
    average = sum/n;                        //计算平均分数
    outfile<<"总人数: "<< n << endl;
    outfile<<"\n 平均成绩: "<< average << endl;
    outfile<<"90 分以上:"<< n90 <<"名,比率:"<<(1.0 * n90/n)<< endl;  //计算各类成绩的百分比
    outfile<<"80 分以上: "<< n80 <<" 名, 比率: "<<(1.0 * n80/n)<< endl;
    outfile<<"70 分以上: "<< n70 <<" 名, 比率: "<<(1.0 * n70/n)<< endl;
    outfile<<"60 分以上: "<< n60 <<" 名, 比率: "<<(1.0 * n60/n)<< endl;
    outfile<<"不及格: "<< n50 <<" 名, 比率: "<<(1.0 * n50/n)<< endl;
    infile.close();                         //关闭文件对象
    outfile.close();
    return 0;
}
```

要求：自己建立一个文本文件 cj.txt，输入若干数据，运行程序，验证程序的正确性。

**4. 文件名：S16_4.cpp**

**【题目】** 建立一个有若干个字符串的文本文件 str.txt，形式如图 1.42 所示，文件用"End of String"字符串结尾，计算出字符串的个数，同时对这些字符串进行排序，将排序的结果输出至文本文件 strout.txt 中，如图 1.43 所示。

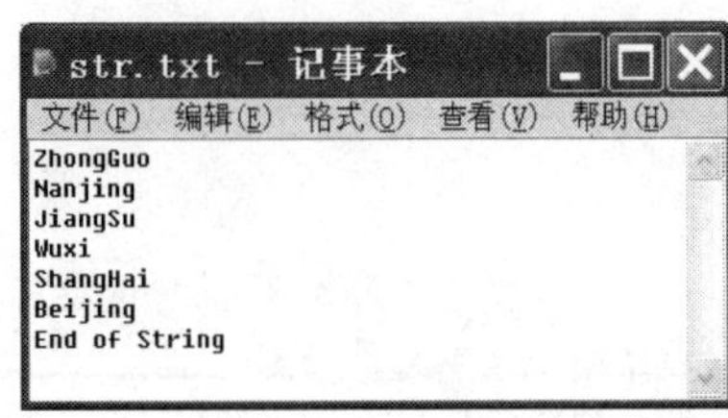


图 1.42 输入的文本文件

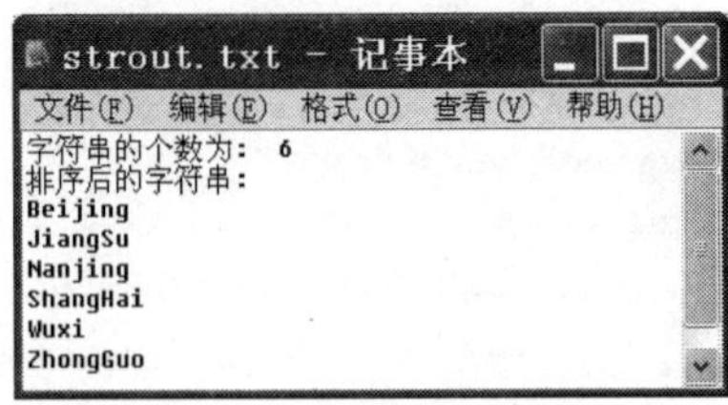


图 1.43 输出结果的文本文件

**算法提示：**

程序是以行为单位接收输入文件中的字符串，首先要在程序中定义一个足够大的多行字符串空间，如"string[100][30];"，然后用字符串输入函数"infile. getline(string[i], 30);"的形式从 str. txt 文本文件中接收字符串，同时与字符串"End of String"比较，判断输入文件是否结束。

**5. 文件名：S16_5. cpp**

**【题目】** 建立一个二进制文件 fsqrt. dat，文件内存放值为 1～100 的整数的平方根。在程序中输入一个 1～100 的任意整数，查出其平方根并显示在屏幕上。输入以下程序，并写出程序的输出结果。

**算法提示：**

本例中的二进制文件 fsqrt. dat 需要进行先写后读操作，所以应该用输入输出文件的格式建立文件，即文件的打开方式设定为 ios_base::in|ios_base::out|ios_base::binary|ios_base::trunc。

二进制文件可以进行随机读写，在 C++的文件系统中，定义了两个文件指针：一个是读指针，指出要读入的内容在文件中的当前位置；另一个是写指针，指出将写入的内容欲放置在文件中的当前位置。文件指针所依据的标准位置可以是文件头 ios::beg(默认)、文件尾 ios::end 或上次操作后的指针的当前位置 ios::cur。移动的单位为字节。具体函数如表 1.1 所示。

**表 1.1 与文件指针有关的操作函数**

| 函　数 | 说　明 |
| --- | --- |
| seekg(pos,origin) | 以 origin 位置为基础，将读指针移动 pos 字节的位置 |
| seekp(pos,origin) | 以 origin 位置为基础，将写指针移动 pos 字节的位置 |
| tellg() | 返回读指针的当前位置 |
| tellp() | 返回写指针的当前位置 |

其中，origin 就是上述所讲的标准位置，可以为 ios::beg(默认)、ios::end 和 ios::cur。S16_5. cpp 程序如下：

```
#include<iostream>
#include<fstream>
#include<cmath>
using namespace std;
int main()
{       double x;
        int n;
        fstream fio("fsqrt.dat", ios_base::in|ios_base::out|ios_base::binary|ios_base::
trunc);                                          //以读写形式建立二进制文件
        if(!fio)
        {       cout <<"File Operator Error!\n";
                exit(0);
        }
        for(int i=1;i<101;i++)                   //将 1～100 的平方根放到数据文件中
        {       x=sqrt((double)i);
```

```
                fio.write((char *)&x, sizeof(x));
        }
        cout<<"请输入一个 1~100 的整数:(输入 0 结束)"<<endl;
        cin>>n;
        while(1)
        {       if(n==0)                              //输入数据 0,结束程序
                {       cout<<"程序结束.\n";
                        exit(0);
                }
                while(n<1||n>100)                     //输入数据超界,提示重新输入
                {       cout<<"输入的数据错误,请重新输入:\n";
                        cin>>n;
                        if(n==0)
                        {       cout<<"程序结束.\n";
                                exit(0);
                        }
                }
                n=n-1;
                fio.seekg(n*sizeof(double),ios::beg);
                                                     //以文件头为标准放置文件指针到指定的位置
                fio.read((char *)&x, sizeof(double));
                                        /*将当前文件指针处的一个 double 型的数据读入到 x 中*/
                cout<<n+1<<"的平方根是:"<<x<<endl;
                cout<<"请输入一个 1~100 的整数:(输入 0 结束)"<<endl;
                cin>>n;
        }
        fio.close();                                  //关闭文件
        return 0;
}
```

要求:

(1) 运行程序,验证程序的正确性。

(2) 试用记事本的形式打开文件 fsqrt.dat,显示的文件内容是什么?为什么?

**6. 文件名:S16_6.cpp**

**【题目】** 建立一个二进制文件 ftrifun.dat,文件内存放值为 0°~90°的正弦及余弦的三角函数值。在程序中输入一个 0~90 的任意整数,查出其正弦及余弦的三角函数值并显示在屏幕上。输入−1 表示程序结束。

**算法提示:**

定义一个结构体数据类型 tri,形式如下。

```
struct tri
{       double sn;
        double cn;
};
```

该结构体数据类型 tri 存放对应角度的正弦及余弦函数值。相应的数据存取的单位也为 tri,代替上例中的 x 的单位 double。

数学函数库中的正弦及余弦的参数是弧度,计算时要将角度转换为弧度,转换公式为角度=弧度×180/3.1415926。

# 第2部分 习题解析与测试

## 第1章 C++基础知识

### 1.1 基础知识

**1. C++的字符集**

C++中的字符包括大小写英文字母、阿拉伯数字及标点符号、汉字等。使用它们的约定如下：大小写英文字母、阿拉伯数字、运算符均采用 ASCII 编码，存储每个字符均占用一个字节单元。

这些字符构成 C++语言的词汇，并构成关键字、标识符、常量、变量、运算符、标点符号等 C++的基本元素。

**2. 关键字**

关键字(keyword)又称保留字，是 C++系统定义的具有特定含义的英文单词，用来说明数据类型、存储类型、访问说明、语句、运算符及逻辑值等，如表 2.1 和表 2.2 所示。关键字不能由用户重新定义。在 C++中，区分字母的大小写，关键字全部由小写字母组成。标准 C++定义了 74 个关键字，但具体的 C++编译器还会对关键字做一些增删。

**表 2.1 常用关键字 1**

| 用于数据类型说明符及修饰符的关键字 | | 用于语句的关键字 | |
|---|---|---|---|
| 关键字 | 含义说明 | 关键字 | 含义说明 |
| bool | 逻辑型 | break | 退出循环 |
| char | 字符型 | case | 开关语句中的情况分支 |
| const | 常量说明 | continue | 退出本次循环 |
| double | 双精度 | default | 开关语句中的其他情况 |
| enum | 枚举型 | do | 与 while 一起构成循环 |
| float | 单精度 | else | 与 if 构成条件语句 |
| int | 整型 | for | 用于循环语句中 |
| long | 长整型 | goto | 无条件转向 |
| short int | 短整型 | if | 用于条件语句中 |
| signed short int | 有符号短整型 | return | 返回语句 |
| struct | 说明结构体 | switch | 多分支开关 |
| union | 共用体 | while | 用于循环语句 |

续表

| 用于数据类型说明符及修饰符的关键字 | | 用于语句的关键字 | |
|---|---|---|---|
| 关 键 字 | 含义说明 | 关 键 字 | 含义说明 |
| unsigned | 无符号 | | |
| void | 无返回值函数说明 | | |
| class | 类 | | |
| volatile | 说明 volatile 变量或函数 | | |
| typedef | 自定义数据类型 | | |
| virtual | 说明虚函数 | | |
| this | 对象的指针 | | |

**表 2.2 常用关键字 2**

| 存储类型说明符 | | 访问说明符 | | 运算符及逻辑值 | |
|---|---|---|---|---|---|
| 关 键 字 | 含义说明 | 关 键 字 | 含义说明 | 关 键 字 | 含义说明 |
| auto | 自动 | friend | 友元成员说明 | delete | 动态回收内存 |
| extern | 外部 | private | 私有 | false | 假 |
| inline | 内联函数说明 | protected | 保护 | true | 真 |
| register | 寄存器 | public | 公共 | new | 动态分配内存 |
| static | 静态 | | | sizeof | 求数据类型的长度 |
| | | | | operator | 重载运算符 |

**3. 标识符**

标识符(identifier,ID)是程序员定义的英文单词,用来对程序中涉及的实体如变量、函数、标号和其他各种用户自定义对象等命名。在 C++中,标识符长度没有限制,但其有效长度为 1~31 个字符,长度超过 31 个字符时只识别前 31 个字符。C++中规定:标识符的第一个字符必须是字母或下画线,其后若有字符则必须为字母、数字或下画线。例如,count2_x 是正确的标识符形式,而 hello!、3th 则是错误的。在 C++中标识符区分大小写,例如,ok、Ok、OK 是三个不同的标识符。用户自定义的标识符不能和 C++中的关键字相同,也不能和 C++编译器提供的资源(如库函数名、类名、对象名等)同名,否则那些资源将不能再被使用。

建议使用有意义的单词或拼音序列作为标识符,可大小写混用,以提高可读性;另外,C++系统本身自定义的内部符号一般以下画线"_"开始,所以自定义标识符时不提倡以下画线开始。

## 1.2 测试题

**1. 选择题**

(1) 关于 C++程序的执行过程,正确的说法是________。

A. 一定从 main 函数开始,直到 main 函数结束

B. 从程序的第一行开始,直到程序的最后一行结束

C. 从 main 函数开始,直到程序的最后一行结束

D. 从程序的第一个函数开始,直到程序的最后一个函数结束

(2) C++程序的基本组成单位是________。

A. 子程序　　B. 函数　　C. 语句　　D. 行

(3) 下列关于 C++程序的书写规则,不正确的是________。

A. 一行可以写若干条语句　　B. 一条语句可以写成若干行

C. 可以在程序中插入注释信息　　D. C++程序不区分大小写字母

(4) 在 VS 2010 集成环境下,系统默认的源程序扩展名为________。

A. .cpp　　B. .txt　　C. .exe　　D. .obj

(5) 下列可用于标识 VC++源程序注解的符号为________。

A. #　　B. //　　C. ;　　D. {}

(6) 一个完整的 VC++语言的源程序中,________。

A. 必须且只能有一个 main 函数　　B. 可以有多个 main 函数

C. 必须有 main 函数和其他函数　　D. 可以没有 main 函数

**2. 填空题**

(1) 一个 C++程序必须有且只能有一个________函数。

(2) 在 C++程序中,要使用库函数,必须用编译预处理指令将相应的头文件包含进来;如要进行标准输入输出,则该编译预处理指令为________。

(3) VC++源程序编辑好后,还必须经过__①__和__②__才能得到可执行的文件。

(4) VC++源程序中,函数体应置于________之内。

(5) 一个完整的 VC++功能语句应以________结束。

(6) VC++源程序默认的扩展名为__①__,经编译后生成的目标文件扩展名为__②__,再连接生成的可执行文件扩展名为__③__。

# 第 2 章　数据类型与表达式

## 2.1　习题解析

**【实例 2.1】** 下列不能定义成为用户标识符的是(　　)。

A. Main　　B. _0　　C. _int　　D. sizeof

**答案**:D

**【解析】** 标识符只能由字母、数字和下画线组成;首字符必须是字母和下画线,关键字不能作为标识符;大小写不通用;sizeof 是关键字,不能作为标识符。

**【实例 2.2】** 下列选项中可作为 C++语言合法常量的是(　　)。

A. −80　　B. −080　　C. −8e1.0　　D. −80.0e

**答案**:A

**【解析】** 0 开头的整数是八进制整数常量,0 后面只能是 0~7 的数字,所以选项 B 错;指数形式表示的实型常量 e 前面必须有数字,e 后面只能是整数,选项 C 中 e 后面是实数,选项 D 中 e 后面没有数字,所以选项 C 和选项 D 错。

**【实例 2.3】** 以下选项中正确的定义语句是(　　)。

A. double a; b;　　B. double a=b=7;

C. double a=7, b=7;　　　　D. double, a, b;

**答案**: C

**【解析】** 多个相同类型的变量在一起定义时,变量之间要用","号分隔。选项 A 中 a 和 b 之间是";"号,选项 B 中 a 和 b 之间是"="号,在编译时都会显示变量 b 未定义,选项 D 中 double 后有",",编译出错。

**【实例 2.4】** 下列不能正确计算代数式$\frac{1}{3}\sin^2\left(\frac{1}{2}\right)$值的 C++语言表达式是(　　)。

A. 1/3 * sin(1/2) * sin(1/2)　　　　B. sin(0.5) * sin(0.5)/3

C. pow(sin(0.5),2)/3　　　　D. 1/3.0 * pow(sin(1.0/2),2)

**答案**: A

**【解析】** 在 C++语言中规定两个整数相除结果为整数,所以 1/3 和 1/2 都是 0,不能正确求出代数式的值。

**【实例 2.5】** 若实型变量 x、y 已正确定义并赋值,下列符合 C++语言语法的表达式是(　　)。

A. ++x,y=x--　　　　B. x+1=y

C. x=x+10=x+y　　　　D. x%10

**答案**: A

**【解析】** 在 C++语言中规定"="的左边只能是变量,不能是常量或表达式,只有整型数才能做求余运算。

选项 A 是逗号表达式,合法; 选项 B 中"="左边是表达式,所以非法; 选项 C 是赋值表达式,应从右往左运算,即先做"x+10=x+y",再做表达式"x=x+10",而表达式"x+10=x+y"非法; 选项 D 由于 x、y 是实型变量,所以不能做求余运算。

**【实例 2.6】** 下列选项中,值为 1 的表达式是(　　)。

A. 1-'0'　　　　B. 1-'\0'　　　　C. '1'-0　　　　D. '\0'-'0'

**答案**: B

**【解析】** 字符在内存是以 ASCII 码的形式存储的,'0'的 ASCII 值为 48,'\0'的 ASCII 值为 0,所以选项 A 的值为-47,选项 B 的值为 1,选项 C 的值为 49,选项 D 的值为-48。

**【实例 2.7】** 当整型变量 c 的值不为 2、4、6 时,下列选项中值为 true 的表达式是(　　)。

A. (c==2)||(c==4) ||(c==6)

B. (c>=2&&c<=6)&&(c!=3)&&(c!=5)

C. (c>=2&&c<-6)&& !(c%2)

D. (c>=2&&c<=6)&&(c%2!=0)

**答案**: D

**【解析】** 选项 A 中变量 c 的值为 2、4、6 之一时,值为 true; 选项 B 中变量 c 的值是 2~6 的自然数,但 c!=3 或 c!=5,则 c 可取值为 2、4、6 时,表达式的值为 true; 选项 C 中变量 c 无论如何取值,表达式(c>=2&&c<-6)都为 false。

**【实例 2.8】** 有下列程序

```
#include< iostream >
using namespace std;
```

```
int main( )
{    int x,y,z;
     x = y = 1;
     z = x++, y++, ++y;
     cout << x <<','<< y <<','<< z << endl;
     return 0;
}
```

程序运行后的输出结果是(　　)。

A. 2,3,3　　B. 2,3,2　　C. 2,3,1　　D. 2,2,1

**答案**：C

**【程序解析】** 逗号表达式从左到右逐个表达式进行运算，其值是最后一个表达式的值，其优先级别最低，比赋值符"＝"还要低。

① 由于逗号表达式优先级别低于赋值符"＝"，则"z＝x＋＋，y＋＋，＋＋y"相当于先"z＝x＋＋"，然后"y＋＋"，然后再"＋＋y"，所以答案为 C。

② 如果将表达式改为"z＝(x＋＋,y＋＋,＋＋y)"，则应先运算"(x＋＋,y＋＋,＋＋y)"，再将结果赋值给 z，x、y、z 的值分别为 2、3、3。

**【实例 2.9】** 有下列程序

```
#include < iostream >
using namespace std;
int main( )
{    int x = 011;
     cout <<++x << endl;
     return 0;
}
```

程序运行后的输出结果是(　　)。

A. 12　　B. 11　　C. 10　　D. 9

**答案**：C

**【程序解析】** 整型常量分为十进制、八进制和十六进制。八进制以 0 开头，例如 0123；十六进制以 0x 开头，例如 0xaf。本题以八进制数赋值给 x，而 cout 默认是以十进制数输出，八进制数 11 的十进制数值是 9，＋＋x 是 x 先自加再输出，所以结果是 10。

**【实例 2.10】** 写出下列程序运行后的输出结果。

```
#include < iostream >
using namespace std;
int main( )
{     int a,b,c; a = b = c = 1;
      ++a&& -- b&&++c;                 //式①
      cout << a <<'\t'<< b <<'\t'<< c << endl;
      -- a||++b||++c;                  //式②
      cout << a <<'\t'<< b <<'\t'<< c << endl;
      a = b = c = -1;
      ++a&&++b||++c;                   //式③
      cout << a <<'\t'<< b <<'\t'<< c << endl;
      ++a||b&& -- c == c++;            //式④
```

```
    cout << a <<'\t'<< b <<'\t'<< c << endl;
    return 0;
}
```

**答案：**

```
2  0   1
1  0   1
0  -1  0
1  -1  0
```

**【程序解析】** 式①的计算方法是：++a 和--b 使得 a=2,b=0,逻辑与的结果为 0,0 和任何数逻辑与都为 0,第 2 个 && 后的++c 不计算。

式②的计算方法是：--a 使得 a=1, 1 和任何数逻辑或都为 1,表达式“--a||++b”的||后面的++b 不计算,逻辑或的结果为 1,同理,第 2 个||后的++c 不操作。

式③的计算方法是：++a 使得 a=0,&& 后面的++b 不计算,b 为-1,而逻辑与的结果为 0,逻辑或后面的++c 需要计算,执行结果为 c=0。

式④的计算方法是：由于逻辑与的优先级别高于逻辑或,式④相当于“++a||(--b&&--c==c++)”,++a 使得 a=1,1 和任何数逻辑或都为 1,逻辑或的结果为 1,后面的--b 不计算,保持为-1,而逻辑与后面的“--c==c++”也不需要计算,执行结果为 c=0。

**【实例 2.11】** 分析下列程序的执行结果。

```
#include <iostream>
using namespace std;
int main()
{   int a = 3,b = 4,c;
    c = a > b?++a:++b;              //式①
    cout << a <<","<< b <<","<< c << endl;
    c = a - b?a + b:a - 3?b:a;      //式②
    cout << a <<","<< b <<","<< c << endl;
    return 0;
}
```

**答案：**

3,5,5

3,5,8

**【程序解析】** 式①计算方法：因 a>b 不成立,条件表达式的值取第二个表达式++b 的值。

式②计算方法：因 a-b 的结果为-2,即非 0,因此条件表达式的值取第一个表达式 a+b 的值。

## 2.2 测试题

**1. 选择题**

(1) 设有“int i;char c; float f;”,以下结果为整数的表达式是________。

A. i+f　　B. i*c　　C. c+f　　D. i+c+f

(2) 假设整型变量 p、q 已正确定义并赋值，以下不正确的语句是________。

A. p*=3;　　B. p/=q;　　C. p+=3;　　D. p&&=q;

(3) 设有“char ch;”，以下不正确的赋值语句是________。

A. ch='123';　　B. ch='\xff';　　C. ch='\08';　　D. ch='\'';

(4) 设整型变量 n=10, i=4，则赋值运算 n%=i+1 执行后，n 的值是________。

A. 0　　B. 3　　C. 2　　D. 1

(5) 设“int m=1,n=2;”，则 m++==n 的结果是________。

A. false　　B. true　　C. 2　　D. 3

(6) 设“int m=1,n=2;”，则++m==n 的结果是________。

A. false　　B. true　　C. 2　　D. 3

(7) 语句“(1,2,3,4);”的结果是________。

A. 1　　B. 2　　C. 3　　D. 4

(8) 下列选项中，不全是 C++语言关键字的是________。

A. const, break, default　　B. long, void, auto

C. virtual, extern, include　　D. this, class, else

(9) 以下不正确的 C++语言标识符是________。

A. ABC　　B. abc　　C. a_bc　　D. ab.c

(10) 以下正确的 C++语言标识符是________。

A. %x　　B. a+b　　C. a123　　D. test!

(11) 转义字符是以________开头的。

A. %　　B. &　　C. #　　D. \

(12) 下列符号常量中非法的是________。

A. '\a'　　B. 'b'　　C. '\'　　D. '3'

**2. 填空题**

(1) 逗号表达式(a=3*5,a*4), a+15 的值是__①__，a 的值是__②__。

(2) 设“int n=2;”，则++n+1==4 的结果是__①__，n 的结果是__②__。

(3) 设“int a=2,b=2;”，则(a++)+b 的结果是__①__，a 的结果是__②__，b 的结果是__③__。

(4) 设“int a=2,b=2;”，则++a+b 的结果是__①__，a 的结果是__②__，b 的结果是__③__。

(5) 设“int a=2,b,c;”，则执行“c=b=a--;”语句后，a 的结果是__①__，b 的结果是__②__，c 的结果是__③__。

(6) 定义字符变量可选用的是________关键字。

(7) 表达式 10/3 的结果是________。

(8) 表达式 10%3 的结果是________。

(9) 定义“int x,y;”，执行“y=(x=1, ++x, x+2);”语句后，y 的值是________。

(10) 设“int x=9,y=8;”，表达式 x==y+1 的结果是________。

(11) 设“int x=10,y,z;”，执行“y=z=x;x=y==z;”后，变量 x 的结果是________。

(12) 设“int a=1,b=2,c,d;”，执行“c=(-a++)+(++b);”“d=(b--)+

(++a)-a;"后,变量 a、b、c、d 的结果分别是__①__、__②__、__③__、__④__。

(13) 执行下列语句"int a=12; a+=a-=a*a;"后,a 的值是________。

(14) 若已知 a=10,b=20,则表达式"!a<b"的值为________。

(15) 转义字符'\n'的含义是__①__,'\''的含义是__②__。

(16) 整型常量有__①__、__②__、__③__三种进制表示形式。

(17) 实型常量有__①__、__②__两种表示形式。实型变量有__③__、__④__两种类型。

(18) 字符常量是用__①__括起来的__②__个字符;字符串常量是用__③__括起来的__④__个字符;字符串的结束符是__⑤__。

(19) 变量在使用前必须先________。

(20) 下列字符序列________是 C++语言合法的变量名。

① pointer ② 5p ③ p*n ④ m3a ⑤ int ⑥ _work ⑦ print ⑧ w.c ⑨ Name ⑩ ab_c

(21) 下列数据中,整型常量有__①__;浮点型常量有__②__;字符型常量有__③__;字符串型常量有__④__。

a. -78 b. 38.40 c. 0137 d. 0x2a e. 1e5 f. 3.e-8 g. '\0' h. "x" i. '101' j. '\055'

(22) 在 C++语言中把整型常量 10 表示为八进制是__①__;表示为十六进制是__②__;表示为十进制是__③__。

(23) '\0'与'0'的区别是________。

(24) C++语言中字符串"boy"的长度为__①__,占用内存的字节数是__②__。

# 第3章 基本控制结构程序设计

## 3.1 习题解析

**【实例 3.1】** 有以下程序

```
#include <iostream>
using namespace std;
int main()
{   int x = 1, y = 2, z = 3;
      if(x > y)
            if(y < z) cout << ++z;
            else cout << ++y;
      cout << x++<< endl;                    //A
      return 0;
}
```

程序的运行结果是________。

A. 331　　B. 41　　C. 2　　D. 1

**答案:** D

【程序解析】 if (y < z)及 else 是 if(x > y)的内嵌语句，因为 x>y 为假，条件不成立，所以直接执行 A 语句。

【实例 3.2】 下列程序运行后的输出结果是________。

```
#include<iostream>
using namespace std;
int main( )
{    int a=1,b=2,c=3;
     if(c=a)  cout<<c<<endl;
     else  cout<<b<<endl;
     return 0;
}
```

**答案**：1

【程序解析】 if 语句括号内的表达式是 c=a，而不是 c==a。前者把 a 赋值给 c，c 的值为 1，表达式为真；后者是判断 c 是否等于 a。

【实例 3.3】 执行以下程序，输入 −10↙的结果是________，输入 5↙的结果是________，输入 10↙的结果是________，输入 30↙的结果是________，输入 20↙的结果是________，输入 40↙的结果是________。

```
#include<iostream>
using namespace std;
int main()
{       int x,c,m; float y;
        cout<<"请输入 x 的值: ";
        cin>>x;
        if (x<0) c= -1;
        else c=x/10;
        switch (c)
        {   case -1:   y=0;break;
            case 0:   y=x;break;
            case 1:   y=10;break;
            case 2:
            case 3:   y= -0.5*x+20; cout<<"y= "<<y<<'\t'; break;
            default:   y= -2;
        }
        if (y!= -2) cout<<"y= "<<y;
        else  cout<<"error"<<endl;
        return 0;
}
```

【程序解析】 此题输入和输出：

x=−10，c=−1，执行 case −1 子句，输出 y=0

x=5，c=0，执行 case 0 子句，输出 y=5

x=10，c=1，执行 case 1 子句，输出 y=10

x=30，c=3，执行 case 3 子句，y=−0.5*x+20=5，输出 y=5 y=5

x=20，c=2，执行 case 2 子句、case 3 子句，y=−0.5*x+20=10，输出 y=10 y=10

x=40,c=4,执行 default 子句,y=−2,再执行后续的 if 语句,输出 error

**【实例 3.4】** 以下语句中有语法错误的是________。

A. for(; ;); B. do ; while(1); C. while(); D. p: ; goto p;

**答案**:C

**【解析】** 在 C++的三个循环语句中,表达式可以省略的只有 for 循环,选项 C 中 while 语句的表达式省略是错的。

**【实例 3.5】** 有以下程序

```
#include <iostream>
using namespace std;
int main()
{    int x = 8;
     for(;x > 0;x -- )
       {    if(x % 3) {cout << x -- <<",";continue;}
            cout << -- x <<",";
       }
     return 0;
}
```

程序的运行结果是________。

A. 7,4,2, B. 8,7,5,2, C. 9,7,6,4, D. 8,5,4,2,

**答案**:D

**【程序解析】**

(1) 第 1 次进入循环时,for 循环的判断表达式 2“x>0”为真,执行循环体语句,判断其中的选择语句 if (x%3),x 的值为 8,对 3 取余,结果不为 0,因此输出 8,x 自减后变成 7,执行 continue 语句结束本次循环,再执行 for 循环的表达式 3,x 自减后变成 6;

(2) 程序进入第 2 次循环,表达式 2 为真,执行循环体语句,判断 6 对于 3 取余为 0,执行语句 cout <<−−x <<",",x 先自减后输出 5,执行表达式 3,x 自减后变成 4;

(3) 程序进入第 3 次循环,表达式 2 为真,执行循环体语句,判断 4 对于 3 取余为 1,因此输出 4,x 自减后变成 3,执行 continue 语句结束本次循环,执行表达式 3,x 自减后变成 2;

(4) 程序进入第 4 次循环,表达式 2 为真,执行循环体语句,判断 2 对于 3 取余为 2,因此输出 2,x 自减后变成 1,执行 continue 语句结束本次循环,执行 for 循环表达式 3,x 自减后变成 0,循环结束。

**【实例 3.6】** 下列程序的输出结果是________。

```
#include <iostream>
using namespace std;
int main()
{    int a = 1,b;
     for(b = 1;b <= 10;b++)
     {       if(a >= 8) break;                          //A
             if(a % 2 == 1)                             //B
             {      a += 5; continue;   }               //C
             a = 3;
     }
```

```
    cout << b << endl;;
    return 0;
}
```

A. 3　　　　B. 4　　　　C. 5　　　　D. 6

**答案**：B

**【程序解析】**

(1) 第 1 次进入循环时，for 循环的表达式 2"b<=10"为真，执行循环体语句，a>=8 为假，A 行不执行，执行 B 行，表达式 a%2 的值为 1，做 a+=5，a 的值变成 6，执行 continue 语句结束本次循环，执行 for 循环表达式 3，b 自加后变成 2。

(2) 进入第 2 次循环，for 循环的表达式 2"b<=10"为真，执行循环体语句，a>=8 为假，A 行不执行，执行 B 行，表达式 a%2 的值为 0，执行 C 行后面的语句，则 a 的值变成 3，执行 for 循环表达式 3，b 自加后变成 3。

(3) 进入第 3 次循环，for 循环的表达式 2"b<=10"为真，执行循环体语句，a>=8 为假，A 行不执行，执行 B 行，表达式 a%2 的值为 1，做 a+=5，a 的值变成 8，执行 continue 语句结束本次循环，执行 for 循环表达式 3，b 自加后变成 4。

(4) 进入第四次循环，for 循环的表达式 2"b<=10"为真，执行循环体语句，a>=8 为真，执行 A 行退出循环，输出 b 的值。

**【实例 3.7】** 有下列程序

```
#include <iostream>
using namespace std;
int main()
{   int i,j,x = 0;
    for(i = 0;i < 2;i++)
    {       x++;
        for(j = 0;j < 3;j++)
        {   if(j % 2) continue;
            x++;
        }
        x++;
    }
    cout <<"x = "<< x << endl;
    return 0;
}
```

程序执行后的输出结果是________。

A. x=4　　　　B. x=8　　　　C. x=6　　　　D. x=12

**答案**：B

**【程序解析】** 此题应用 for 的两重循环，执行过程如下：

```
初值 x = 0
  外循环
    i = 0 x = 1
      内循环 j = 0 j % 2 为 0, 做 x++, x = 2
             j = 1 j % 2 为 1, 执行 continue 语句结束本次循环
```

```
            j = 2 j % 2 为 0,做 x++, x = 3
            退出内循环,做 x++, x = 4
  外循环
    i = 1 x = 5
      内循环 j = 0 j % 2 为 0,做 x++, x = 6
            j = 1 j % 2 为 1, 执行 continue 语句结束本次循环
            j = 2 j % 2 为 0,做 x++, x = 7
            退出内循环,做 x++, x = 8
```

**【实例 3.8】** 计算下列程序的输出结果是________。

```
#include <iostream>
using namespace std;
int main()
{   int i;
    for (i = 1;i <= 5;i++)
    {     if (i % 2) cout <<" * ";
          else continue;
          cout <<" # ";
    }
    cout <<" $ "<< endl;
    return 0;
}
```

该程序运行的结果如下：

```
* # * # * # $
```

**【程序解析】** i 为奇数 1、3、5 时,i%2 表达式的值为真,输出 * #；i 为偶数 2、4 时,执行 continue 语句,结束本次循环,不再执行本循环内后面的语句,返回判断循环部分,继续执行循环,循环结束后,再输出 $ 。

**【实例 3.9】** 以下程序的输出结果是________。

```
#include <iostream>
using namespace std;
int main( )
{     int s = 0,k;
      for (k = 7;k >= 0;k -- )
      {     switch (k)
            {     case 1:
                  case 4:
                  case 7: s++; break;
                  case 2:
                  case 3:
                  case 6: break;
                  case 0:
                  case 5: s += 2; break;
            }
      }
      cout <<"s = "<< s << endl;
      return 0;
```

```
}
```

**答案**：s=7

**【程序解析】** 这个 for 循环的循环体是一个 switch 语句，执行如下：

```
初始化 s = 0
进入 for 循环:
    k = 7 执行 case 7: s++,使 s = s + 1 = 1,break 退出 switch,k --
    k = 6 执行 case 6: break 退出 switch,k --
    k = 5 执行 case 5: s += 2 使 s = s + 2 = 3,break 退出 switch,k --
    k = 4 执行 case 4: case 7: s = s + 1 = 4,break 退出 switch,k --
    k = 3 执行 case 3: case 6: break 退出 switch,k --
    k = 2 执行 case 2: case 3: case 6: break 退出 switch,k --
    k = 1 执行 case 1: case 4: case 7: s++,使 s = s + 1 = 5,break 退出 switch,k --
    k = 0 执行 case 0: case 5: s += 2 使 s = s + 2 = 7,break 退出 switch,k --
    k = - 1 结束 for 循环,退出 for 的循环体
    最后输出 s = 7
```

**【实例 3.10】** 下列程序的执行结果是________。

```
#include <iostream>
using namespace std;
int main( )
{       int a = 2,b = 7,c = 5;
        switch(a > 0)
        {
          case 1: switch(b < 0)                          //A
                       {     case 1: cout <<"@";break;
                             case 2: cout <<"!";break;
                       }
          case 0: switch(c == 5)                         //B
                       {     case 0: cout <<" * "; break;
                             case 1: cout <<" # "; break;
                             case 2: cout <<" $ "; break;
                       }
          default: cout <<"&";
        }
        cout << endl;
        return 0;
}
```

**答案**：#&

**【程序解析】** 此题是一个嵌套的 switch 语句，a 的值为 2，a>0 的值是 1，执行外层 switch 语句 case 1，即 A 行的 switch 语句，由于 b<0 的值为 0，在此语句中没有值为 0 的 case，退出此 switch 语句；继续执行外层的 case 0 子句，表达式 c==5 的值为 1，则执行 B 行 switch 语句中的 case 1，输出 #，遇 break 退出此 switch 语句，继续执行下面的语句输出 &。

**【实例 3.11】** 以下程序的执行结果是________。

```
#include <iostream>
using namespace std;
int main( )
```

```
{   int a = 1 , b = 2 , c = 2 , t ;
    while( a < b < c )
    {   t = a ;
        a = b ;
        b = t ;
        c -- ;
    }
    cout << a <<"\t"<< b <<"\t"<< c << endl;
    return 0;
}
```

**答案**：1　2　0

**【程序解析】** 考查关系表达式。

(1) 表达式 a<b<c 的运算顺序是从左到右，表达式 a<b 的值为 1，1<c 的值为 1，进入第 1 次循环，运行后 a=2，b=1，c=1。

(2) 第 2 次循环，先判断表达式 a<b<c，表达式 a<b 的值为 0，0<c 的值为 1，进入循环体，运行后 a=1，b=2，c=0。

(3) 再判断表达式 a<b<c，表达式 a<b 的值为 1，1<c 的值为 0，循环结束。注意表达式 a<b<c 和 a<b&&b<c 的区别。

**【实例 3.12】** 计算 $\sum_{i=1}^{20}\sum_{n=1}^{i} n!$ 的值，即求(1!)+(1!+2!)+(1!+2!+3!)+…+(1!+2!+3!+…+20!)，请完善程序。

```
#include < iostream >
using namespace std;
int main()
{   int i, n;
    double s = 0, t;
    for(i = 1;i <= 20;i++)
    {   ___(1)___;
        for(n = 1;___(2)___; n++)
        {   t = t * n;   s = s + t;  }
    }
    cout <<"(1!) + (1! + 2!) + … + (1!  + 2! + … + 20!) = "<< s <<"\n";
    return 0;
}
```

**答案**：(1) t=1

(2) n<=i

**【程序解析】** 此题考查的是求级数的和。依题意，外层的循环求级数前 20 项的和，内层循环用来求具体的某一项，即求(1!+2!+…+i!)，所以每次进行内循环时都要对 t 进行初始化，故(1)填 t=1，(2) 填 n<=i。

## 3.2 测试题

**1. 选择题**

(1) if 语句后的表达式应该是________。

A. 赋值表达式　　　　　　　　　　B. 关系表达式
C. 任意符合 C++语法的表达式　　　D. 算术表达式

(2) 语句“while (! e);”中的条件!e 等价于________。

A. e==0　　B. e!=1　　C. e!=0　　D. ~e

(3) 执行“for(x=0,y=0; (y!=123) && (x<4); x++);”,结果________。

A. 无限循环　　B. 循环次数不定　　C. 执行 4 次　　D. 执行 3 次

(4) 设有定义“int a=1,b=2,c=3;”,以下语句中执行效果与其他 3 个不同的是________。

A. if(a>b) c=a; a=b; b=c;　　B. if(a>b) {c=a, a=b, b=c;}
C. if(a>b) c=a, a=b, b=c;　　D. if(a>b) {c=a; a=b; b=c;}

(5) 对于 for(表达式 1; ;表达式 3),可理解为________。

A. for(表达式 1;0;表达式 3)　　B. for(表达式 1;1;表达式 3)
C. for(表达式 1;表达式 1;表达式 3)　　D. for(表达式 1;表达式 3;表达式 3)

(6) 有如下程序段:

```
int k = 5;
while( --k)
    cout <<(k -= 3)<< endl;
```

运行后输出结果是________。

A. 2　　B. 4　　C. 1　　D. 死循环

(7) 有如下程序段:

```
int a =- 2,b = 0;
while(a++) ++b;
cout << a <<'\t'<< b << endl;
```

运行后输出结果是________。

A. 0　2　　B. 1　2　　C. 1　3　　D. 2　3

(8) 以下程序段的输出结果是________。

```
x =  - 1; do {x = x * x;} while (!x);
```

A. 死循环　　B. 循环执行 2 次　　C. 循环执行 1 次　　D. 有语法错误

(9) 有如下程序段:

```
int a = 3;
do
    cout <<(a -= 2)<<'\t';
while(!( -- a));
```

运行后输出结果是________。

A. 1　　B. 1　-2　　C. 3　0　　D. 1　0

(10) 下列程序段的执行结果是________。

```
# include < iostream >
using namespace std;
```

```
int main()
{   int i = 1;
    switch (i)
    {   case 0:i++;
        case 1:
        case 2:i++;
        case 3:i++; break;
        default: i++;
    }
    cout << i;
    return 0;
}
```

A. 2　　B. 3　　C. 4　　D. 5

(11) 执行下列程序段后,输出字符"＊"的个数是________。

```
for(int i = 50;i > 1;i -= 2) cout <<' * ';
```

A. 24　　B. 25　　C. 26　　D. 50

(12) 有如下程序段:

```
int a = 6,b = 0,c = 0;
for(; a; )
{    b += a;
     a -= ++c;
}
cout << a <<'\t'<< b <<'\t'<< c << endl;
```

运行后输出结果是________。

A. 1　14　3　　B. 0　18　3　　C. 0　14　3　　D. 0　14　6

(13) 有如下程序段:

```
int a = 6,b = 0,c = 0;
for(; a&&(b == 0); )
{    b += a;
     a -= ++c;
}
cout << a <<'\t'<< b <<'\t'<< c << endl;
```

运行后输出结果是________。

A. 6　0　0　　B. 5　6　0　　C. 6　6　1　　D. 5　6　1

**2. 填空题**

(1) 以下程序的输出结果是________。

```
#include <iostream>
using namespace std;
int main()
{   int i(1),j(0),m(1),n(2);
    switch(++i)
    {    case 1: m++;n++;
         case 2:switch(j++)
                {     case 1: m++;
```

```
                    case 2: n++;
                }
            case 3: m++; n++;break;
            case 4: m++;n++;
    }
    cout << m <<','<< n << endl;
    return 0;
}
```

(2) 下列程序代码的执行结果是________。

```
#include <iostream>
using namespace std;
int main()
{   int j, x;
    for(j = 1,x = 1;j <= 50;j++)
    {     if(x >= 10) break;
          if(x % 2 == 1) { x += 2; continue; }
    }
    cout << j;
    return 0;
}
```

(3) 下列程序代码的执行结果是________。

```
#include <iostream>
using namespace std;
int main()
{   int j,k,s,m;
    for(k = 1;k < 10;k++)
    {   s = 1;m = k + 2;
        for(j = k;j < m;j++,k++)
            s += j;
    }
    cout <<"s = "<< s <<" , k = "<< k << endl;
    return 0;
}
```

(4) 以下程序求出 $1-\frac{1}{2}+\frac{1}{3}-\frac{1}{4}+\cdots+\frac{1}{99}-\frac{1}{100}$ 的值。

```
#include <iostream>
using namespace std;
int main()
{   int i = 1;
    double s = 0;
    for(;i <= 100;)
    {     if(___①___) s = s - 1.0/i;
          else s = s + 1.0/i;
          ___②___;
    }
    cout << s << endl;
    return 0;
}
```

(5) 以下程序的执行结果是________。

```
#include<iostream>
using namespace std;
int main()
{    int w = 0, i;
     for ( i = 0 ; i<3 ; i++)
         switch ( w++ )
         {
         case 0:
         case 1:
         case 2:
         case 3: cout << w++;
         }
     cout <<'\n';
     return 0;
}
```

(6) 以下程序的执行结果是________。

```
#include<iostream>
using namespace std;
int main()
{    int sum;
     for(int i = 0;i < 6;i += 3)
     {     sum = i;
           for(int j = i;j < 6;j++) sum += j;
     }
     cout << sum << endl;
     return 0;
}
```

(7) 以下程序的执行结果是________。

```
#include<iostream>
using namespace std;
int main()
{    int i = 5;
     do
     {    if(i % 3 == 1)
               if(i % 5 == 2)
               {    cout <<" * "<< i;   break;   }
          i++;
     }while(i!= 0);
     return 0;
}
```

# 第4章　函　　数

## 4.1　习题解析

**【实例4.1】** 有下列程序：

```
#include <iostream>
using namespace std;
int fun1(double a){   return a* = a;}
int fun2(double x,double y)
{    double a = 0,b = 0;
     a = fun1(x);b = fun1(y);
     return(int)(a + b);
}
int main( )
{    double w;
     w = fun2(1.1,2.0);
     cout << w << endl;
     return 0;
}
```

程序执行后变量 w 的值是(　　)。

A. 5.21　　　　B. 5　　　　C. 5.0　　　　D. 0.0

**答案**：C

**【程序解析】** 函数值返回的类型决定于函数定义时的类型，所以函数 fun1 和 fun2 的返回值都是整型，在调用 fun1 函数后 a=1，b=4，在调用 fun2 函数后，返回值是整型数 5，转换成 double 型后赋值给 w，程序输出 5，w 的值是 double 值 5.0。

**【实例 4.2】** 下列程序运行后的输出结果是________。

```
#include <iostream>
using namespace std;
void swap(int x,int y)
{    int t;
     t = x;x = y;y = t;
     cout << x <<" "<< y << endl;
}
int main( )
{    int a = 3,b = 4;
     swap(a,b);
     cout << a <<" "<< b << endl;
     return 0;
}
```

**答案**：4　3

　　　3　4

**【程序解析】** 实参 a 传递给形参 x、实参 b 传递给形参 y，变量都是值传递，值传递是单向传递，形参和实参分别占用不同的存储单元，形参值变化并不导致实参值变化。

**【实例 4.3】** 以下程序运行时输出的第 1 行是________，第 2 行是________。

```
#include <iostream>
#include <string>
using namespace std;
int convert(char s1[], char s2[])
{     int i = 0, j,s;
```

```
    char tab[8][4] = {"000","001","010","011","100","101","110","111"};
    for(i = 0,j = 0;s1[i]!= '\0';i++,j = j + 3) //A
        strcpy(&s2[j], tab[s1[i] - '0']);
    for(i = 0,s = 0;i < strlen(s2);i++)        //B
        s = s * 2 + s2[i] - '0';
    return s;
}
int main()
{   char ss1[] = "15",ss2[80];
    int y;
    y = convert(ss1,ss2);
    cout << y <<"\n"<< ss2 << endl;
    return 0;
}
```

**答案**：13

001101

**【程序解析】** 考查进制转换算法。

(1) 函数调用后字符数组 s1 值为"15",则 s1[0]－'0'的值为 1,s1[1]－'0'的值为 5,那么 A 行的循环语句实现 tab[1]和 tab[5]两个字符串连接后复制到 s2 数组中,s2 中的值为"001101"。

(2) B 行循环实现将字符数组 s2 中的内容转换为十进制整数,并返回给主函数的 y,故第 1 行输出的 y 值为 13。由于主函数中的 ss2 与 s2 共占同一内存单元,所以第 2 行输出 s2 的内容 001101。

**【实例 4.4】** 求下列程序的运行结果。

```
#include< iostream >
using namespace std;
void recu(char c)
{   cout << c;
    if(c <'4') recu(c + 1);  //调用函数自身,就是直接递归调用
    cout << c;
}
int main()
{   recu('0');
    return 0;
}
```

**答案**：0123443210

**【程序解析】** 程序中的子函数 recu(char c)是递归调用,其调用过程如图 2.1 所示。

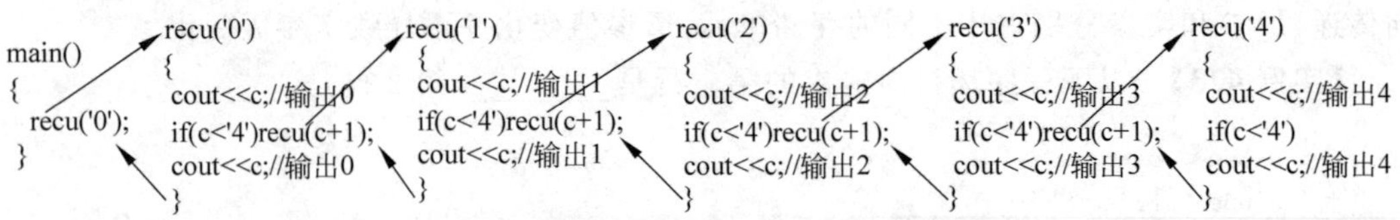


图 2.1 实例 4.4 的调用过程

从图 2.1 可见，递归过程由递推和回归两个阶段构成，当出现递归结束条件后就开始回归。本程序的递归结束条件是 c=='4'，当满足这一条件时，就不再向下递推，而是开始回归，直到回归到第 1 次调用处为止。

**【实例 4.5】** 有下列程序，问若输入 3　4↙后，输出的结果是__(1)__，该程序所计算的表达式是__(2)__，函数 fac()中变量 n1 的作用是__(3)__。

```
#include < iostream >
using namespace std;
long fac(int m,int n)
{    static long result;
     static int n1;
     long k;
     n1++;
     if(n == 1) k = m;
     else k = fac(m,n - 1) * 10 + m;
     n1 -- ;
     result = result + k;
     if(n1 == 0)
           cout <<"The result is:"<< result;
     return k;
}
int main( )
{    int x,y;
     cout <<"Please input x and y:";
     cin >> x >> y;
     fac(x,y);
     return 0;
}
```

**答案**：运行程序，当输入 3　4↙后，屏幕输出 The result is:3702。

该程序所计算的表达式是：

$$\text{result} = m + mm + mmm + \cdots + \overbrace{mm\cdots m}^{n\text{个}m}$$

函数 fac()中的变量 n1 是记录递归的深度。

**【程序解析】** 该程序中的 fac()函数是递归函数，递归调用的过程如图 2.2 所示。

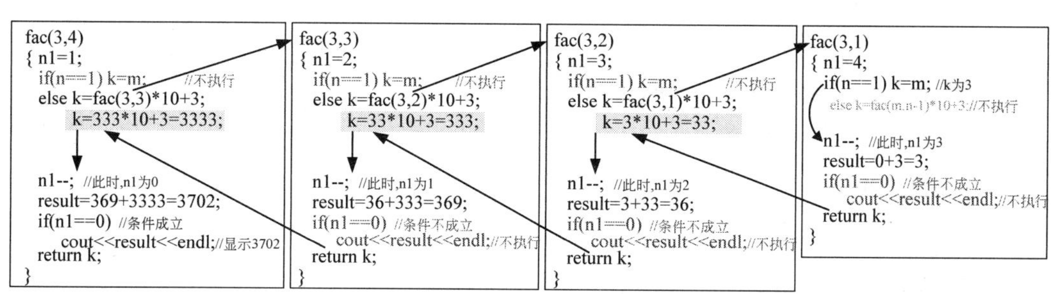


图 2.2　实例 4.5 的递归调用关系

函数 fac()中的变量 n1 记录递归深度，并且控制只有在回归到 n1=0 时，才显示最后结果,所以 n1 这个变量必须设置为静态变量才行,如果将程序中的 result 和 n1 前的 static 关键字去除(当然还必须给它们赋初值为 0),这时程序的输出就成为:

```
The result is:3
The result is:33
The result is:333
The result is:3333
```

**【实例 4.6】** 有以下程序:

```
#include<iostream>
using namespace std;
void fun (int a,int b,int &c)
{    a=1; b=2; c=3;}
int main()
{    int x=10, y=20,z=30;
     fun (x,y,z);
     cout<<z<<','<<y<<','<<x<<endl;
     return 0;
}
```

输出结果是(　　)

A. 3,20,10　　B. 30,20,10　　C. 1,2,3　　D. 3,2,1

**答案**:A

**【程序解析】** fun()函数中的形参 c 是 main()函数中实参 z 的引用,即 c 与 z 在内存中共占同一空间,c 值的变化导致 main()函数内 z 值的变化。而其他两个参数是值传递,形参的变化与实参没有关系。

**【实例 4.7】** 以下程序运行时输出的第 1 行是________,第 2 行是________。

```
#include<iostream>
using namespace std;
void change(int x, int m)
{    char ch[]={'0','1','2','3','4','5','6','7','8','9'},b[80];
     int i=0,r;
     while(x)
     {    r=x%m;
          x/=m;
          b[i++]=ch[r];
     }
     for(--i;i>=0;i--)cout<<b[i];
}
int main()
{    change(10,2);
     cout<<"\n";
     change(10,8);
     return 0;
}
```

**答案**:1010

12

【程序解析】 此题考查进制转换算法。调用 change(10,2)时,把整数 10 转换成二进制输出,调用 change(10,8)时把整数 10 转换成八进制输出。

【实例 4.8】 写出下列程序的运行结果。

```
#include <iostream>
using namespace std;
int add(int a, int b = 8)
{   int s = a + b;
    return s;
}
int main()
{   int a = 5;
    cout << add(a)<<'\t';
    cout << add(a, add(a))<<'\t';
    cout << add(a, add(a, add(a)))<< endl;
    return 0;
}
```

**答案**:13　18　23

【程序解析】 函数 add()中有一个参数是默认的,当执行 add(a)时,默认值有效,s=5+8=13,函数值为 13。表达式 add(a, add(a))实际调用的是 add(5, 13),同样表达式 add(a, add(a, add(a)))实际调用的是 add(5, add(5, 13)),均未用到参数的默认值。

【实例 4.9】 写出下列程序的运行结果。

```
#include <iostream>
using namespace std;
int a = 2;                                  //A
int f(int n)
{     static int a = 3;                     //B
      int t = 0;
      if(n % 2){   static int a = 4; t += a++;}  //C
      else{   static int a = 5; t += a++;}       //D
      return t + a++;
}
int main( )
{     int s = a, i;
      for(i = 0;i < 3;i++)   s += f(i);
      cout << s << endl;
      return 0;
}
```

**答案**:29

【程序解析】 当全局变量与局部变量同名且作用域重合时,局部变量优先。当在函数中出现静态局部变量时,该局部变量只初始化一次,该变量保留函数上一次调用的结果。程序定义了 4 个 a 变量,虽然变量名都是 a,但是其作用域各不相同,即 4 个 a 分别有 4 个独立的变量空间。其中 A 行定义的是全局变量,B 行、C 行和 D 行定义的 a 都是在不同作用域的局部静态变量。此题全局变量仅在主函数中有效,在 f()函数中无效,B 行定义的 a 在 C 行和 D 行中无效。

(1) i=0,第1次调用,B行定义的a=3;

执行D行的else语句,在复合语句中D行的定义a有效,t=t+a++=0+5=5, a=6;

执行return语句,return语句表达式中的a是B行定义的a,所以返回值是5+3=8,运算完后a=4,s=2+8=10。

(2) i=1,第2次调用,B行定义的a=4;

执行C行的if语句,在复合语句中C行的定义a有效,t=t+a++=4, a=5;

执行return语句,return语句表达式中的a是B行定义的a,所以返回值是4+4=8,运算完后a=5,s=10+8=18。

(3) i=2,第3次调用,B行定义的a=5;

执行D行的else语句,在复合语句中D行的定义a有效,t=t+a++=0+6=6, a=7;

执行return语句,return语句表达式中的a是B行定义的a,所以返回值是5+6=11,运算完后a=5,s=18+11=29,循环结束,程序输出29。

**【实例4.10】** 以下程序验证一个猜想:任意一个十进制正整数与其反序数相加后得到一个新的正整数,重复该步骤最终可得到一个回文数(反序数是指按原数从右向左读所得到的数,例如123的反序数是321。回文数是指一个数从左向右读的值与从右向左读的值相等,例如12321、234432都是回文数)。试完善程序。

```
#include<iostream>
using namespace std;
long invert(long x);
int main()
{    long n, c = 0;
     cout <<"input a number: ";
     cin >> n;
     while(____(1)____)
     {    cout <<"input a number: ";
          cin >> n;
     }
     n = n + invert(n);
     c++;
     while(____(2)____)
     {    n = n + invert(n);
          c++;
     }
     cout <<"count = "<< n <<","<< c;
     return 0;
}
long invert(long x)
{    long s;
     for(s = 0; x > 0; ____(3)____)
          s = s * 10 + x % 10;
     return s;
}
```

**答案:** (1) n<=0  (2) n!=invert(n)  (3) x=x/10

**【程序解析】**

(1) 根据题意 n 必须是正整数，所以填 n<=0。

(2) 依题意，任意一个十进制正整数与其反序数相加后得到一个新的正整数，重复该步骤最终可得到一个回文数，故此循环应是当没有得到回文数时继续重复前面的步骤，所以填 n!=invert(n)。

(3) 根据题意，invert 函数是求一个正整数的倒序数，依前面介绍的整数位分离的算法，此空填 x=x/10。

**【实例 4.11】** 如果一个两位数是质数，将组成它的两个数字交换位置后形成的整数仍为质数，则称这样的数为绝对质数。例如，13 就是一个绝对质数。以下程序用于找出所有两位绝对质数。

```
#include <iostream>
using namespace std;
int a_prime(int n)
{   int j,k,m[2];
    m[0] = n;
    m[1] = ___(1)___;
    for(j = 0;j < 2;j++)
          for(k = m[j]/2;k > 1;k -- )
              if(___(2)___) return 0;
    return 1;
}
int main()
{   int i;
    for(i = 10; i < 100;i++)
          if(a_prime(i)) cout << i <<"\t";
    return 0;
}
```

**答案**：(1) n%10 * 10+n/10 (2) m[j]%k==0

**【程序解析】** 根据程序把整数 n 赋值给 m[0]，把 n 的倒序数赋给 m[1]，由于 n 是两位数，所以(1)填 n%10 * 10+n/10(例如 12 的倒序数是 2 * 10+1)；画线部分(2)所在的循环是判断 m[0]和 m[1]是否为素数，根据前面章节介绍的求素数算法，此空填 m[j]%k==0。

## 4.2 测试题

### 1. 选择题

(1) 已知函数声明“int test( int a , int b=1, int c=0);”，下列不合法调用的个数是________。

```
test(0);  test( 0, 0 );  test( );  test( 0, 0, 0 );
```

A. 0　　B. 1　　C. 2　　D. 3

(2) 有下列函数调用语句，其实参的个数是________。

```
fun(a_b,(y = 9,y * x),fun(y,n,k));
```

A. 3　　B. 4　　C. 5　　D. 6

(3) 以下程序的输出结果是________。

```
#include<iostream>
using namespace std;
void s_value(int x,int y)
{    cout<<"x = "<<x<<","<<"y = "<<y<<endl;
     x = 3,y = 4;
}
int main()
{    int x = 1,y = 2;
     s_value(x,y);
     cout<<"x = "<<x<<","<<"y = "<<y<<endl;
     return 0;
}
```

A. x=1, y=2<br>x=1, y=2　　B. x=1, y=2<br>x=3, y=4　　C. x=2, y=1<br>x=3, y=4　　D. x=2, y=1<br>x=1, y=2

(4) 以下叙述正确的是________。

A. 建立内联函数的主要目的是提高程序的执行效率

B. 建立内联函数的主要目的是减少程序文件占用的内存

C. 内联函数的参数传递关系与一般函数的参数传递关系不同

D. 任意函数均可以定义成为内联函数

(5) 以下叙述正确的是________。

A. C++程序中各函数之间不允许直接递归调用也不允许间接递归调用

B. C++程序中各函数之间允许直接递归调用但不允许间接递归调用

C. C++程序中各函数之间不允许直接递归调用但允许间接递归调用

D. C++程序中各函数之间既允许直接递归调用也允许间接递归调用

(6) 以下说法不正确的为________。

A. 在不同函数中可以使用相同名字的变量

B. 形参是局部变量

C. 在函数内定义的变量只在本函数范围内有效

D. 在函数内的复合语句中定义的变量在本函数范围内有效

(7) 以下函数定义编译不出错的为________。

A. double fun(int x, int y) {z=x+y;return z;}

B. fun(int x, y){int z=x+y;return z;}

C. fun(int x, int y){int x,y;double z;z=x+y;return z;}

D. double fun(int x, int y){double z=x+y;return z;}

(8) 有如下程序:

```
#include<iostream>
using namespace std;
int f(int x)
{ return x*2; }
int main()
{    int n = 1,m;
     m = f(f(f(n)));
```

```
    cout << m << endl;
    return 0;
}
```

运行后输出结果是________。

A. 1　　B. 2　　C. 4　　D. 8

(9) 有如下程序：

```
#include <iostream>
using namespace std;
int f(int x, int y)
{   return ((y - x) * x); }
int main()
{   int a = 3,b = 4,c = 5,d;
    d = f(f(a,b),f(a,c));
    cout << d << endl;
    return 0;
}
```

运行后输出结果是________。

A. 10　　B. 9　　C. 8　　D. 7

(10) 有如下程序：

```
#include <iostream>
using namespace std;
void f1(int &x, int &y){ int z = x; x = y; y = z;}
void f2(int x, int y) {  int z = x; x = y; y = z;}
int main()
{   int x = 10,y = 26;
    f1(x,y);
    f2(x,y);
    cout << y << endl;
    return 0;
}
```

运行后输出结果是________。

A. 10　　B. 16　　C. 26　　D. 36

(11) 下列程序的运行结果为________。

```
#include <iostream>
using namespace std;
int x, y;
void num()
{   int a = 15, b = 10;
    x = a - b;
    y = a + b;
}
int main()
{   int a = 7, b = 5;
    x += a + b;
```

```
    y -= a - b;
    cout << x <<'\t'<< y << endl;
    return 0;
}
```

A. 12　−2　　B. 不确定　　C. 5　25　　D. 17　23

(12) 下列程序的运行结果为________。

```
#include <iostream>
using namespace std;
int w = 3;
int fun(int k)
{   if(k == 0) return w;
    return (fun(k - 1) * k);
}
int main()
{   int w = 10;
    cout << fun(5) * w << endl;
    return 0;
}
```

A. 360　　B. 3600　　C. 1080　　D. 1200

(13) 下列程序的运行结果为________。

```
#include <iostream>
using namespace std;
int func(int a, int b)
{   static int m = 0, i = 2;
    i += m + 1;
    m = i + a + b;
    return (m);
}
int main()
{   int k = 4, m = 1, p;
    p = func(k, m); cout << p <<'\t';
    p = func(k,m); cout << p << endl;
    return 0;
}
```

A. 8　16　　B. 8　20　　C. 8　8　　D. 8　17

(14) 有如下程序：

```
#include <iostream>
using namespace std;
void fun(int n)
{   static int num = 1;
    num = num + n;
    cout << num;
}
int main()
```

```
{    fun(3);fun(4); return 0;}
```

运行后输出结果是________。

A. 45　　B. 35　　C. 48　　D. 34

**2. 填空题**

（1）主调函数是__①__；被调函数是__②__。

（2）内联函数是__①__；内联函数的特点是__②__。

（3）以下程序的运行结果是________。

```
#include<iostream>
using namespace std;
int &f1()
{    static int count;
     return ++count;
}
int index;
int &f2(){return index;}
int main()
{    f1() = 100;
     for(int i = 0;i<5;i++)  cout<<f1()<<" ";
     cout<<endl;
     int n;
     f2() = 200;
     n = f2();
     cout<<"n = "<<n<<endl;
     f2() = 300;
     cout<<"index = "<<index<<endl;
     return 0;
}
```

**提示**：返回为引用的函数调用表达式既可作为右值又可作为左值使用。此程序中的"f1()=100;f2()=200;f2()=300;"语句就是将函数的返回值作为左值使用，即对变量count、index进行赋值。

（4）执行下列程序后，输出的第1行为__①__，第2行为__②__。

```
#include<iostream>
using namespace std;
void f(int a)
{    if(a<0)
     {    cout<<"-";
          a = -a;
     }
     cout<<char(a%10+'0');
     if((a = a/10)!= 0) f(a);
}
int main()
{    int b = -3567;
     f(b);
```

```
    cout <<'\n';
    b = 3456;
    f(b);
    cout << endl;
    return 0;
}
```

(5) 执行下列程序后,输出的第 1 行为__①__,第 2 行为__②__。

```
#include <iostream>
using namespace std;
int i, j = 2;
void p()
{   for(i = 0;i < 4;i++)
    {   cout <<++j;
        if((i + 1) % 2 == 0) cout << endl;
    }
}
int main()
{   for(i = 0;i < 3;i++) p();
    cout << i << endl;
    return 0;
}
```

(6) 下列程序的运行结果为________。

```
#include <iostream>
using namespace std;
int f(int a)
{   int b = 0;
    static int c = 3;
    b++; c++;
    return (a + b + c);
}
int main()
{   int a = 2,i;
    for(i = 0;i < 3;i++) cout << f(a)<<'\t';
    cout << endl;
    return 0;
}
```

(7) 执行下列程序后,输出的第 1 行为__①__,第 2 行为__②__,第 3 行为__③__。

```
#include <iostream>
using namespace std;
int a = 2;
int main()
{   int b = 2,c = 3;
    ++a;
```

```
    c += ++b;
    if(++a||++b||++c)
        cout << a <<'\t'<< b <<'\t'<< c << endl;
    {   int a = 3,c;
        c = b * 3;
        a += c;
        cout << a <<'\t'<< b <<'\t'<< c << endl;
    }
    a += c;
    cout << a <<'\t'<< b <<'\t'<< c << endl;
    return 0;
}
```

(8) 以下程序的功能是用二分法求方程 $2x^3-4x^2+3x-6=0$ 的根，要求绝对误差不超过 0.001。请完善程序。

```
#include < iostream >
#include < cmath >
using namespace std;
float f(float x)
{   return 2 * x * x * x - 4 * x * x + 3 * x - 6;  }
int main()
{   float m = - 200,n = 90,r;
    r = (m + n)/2;
    while(f(r) * f(n)!= 0)
    {   if(  ①  ) m = r;
        else n = r;
        if(  ②  ) break;
        r = (m + n)/2;
    }
    cout <<"方程的根为: "<< r << endl;
    return 0;
}
```

(9) 以下程序的功能是求三个数的最小公倍数，请完善程序。

```
#include < iostream >
#include < cmath >
using namespace std;
int max(int x, int y, int z)
{   if(x > y&&x > z) return x;
    else if(  ①  ) return y;
    else return z;
}
int main()
{   int x1,x2,x3,k = 1,j,x0;
    cout <<"Input 3 number: \n";
    cin >> x1 >> x2 >> x3;
```

```
    x0 = max(x1,x2,x3);
    while(1)
    {   j = x0 * k;
        if(  ②  ) break;
        k++;
    }
    cout <<"最小公倍数为: "<< j <<'\n';
    return 0;
}
```

(10) 函数 g()的功能是计算级数 $\sum_{n=1}^{\infty}\left(\frac{n^2+1}{n!}\left(\frac{x}{2}\right)^n\right)$ 的值,当通项的绝对值小于 eps 时计算停止。请完善程序。

```
#include< iostream >
#include< cmath >
using namespace std;
float g(float x, float eps)
{   int n = 1;
    float s, t;
    s = 1; t = 1;
    do
    {   t = t *  ①  ;
        s = s + (n * n + 1) * t;
         ②  ;
    }while(  ③  > eps);
    return s;
}
int main()
{   float x,eps;
    cin >> x >> eps;
    cout << x <<'\t'<< g(x,eps)<< endl;
    return 0;
}
```

(11) 以下程序的功能是求前 $n$ 个自然数的和的递归函数(即求 $1+2+3+\cdots+n$)。请完善程序。

```
#include< iostream >
using namespace std;
int sum(int n)
{   if(  ①  ) return 1;
    else return  ②  ;
}
int main()
{   int n;
    cin >> n;
    cout << sum(n)<< endl;
    return 0;
}
```

(12) 以下程序的功能是求三角函数 sin(x)的近似值。sin(x)近似值的计算公式为：

$$\sin(x)=x-\frac{x^3}{3!}+\frac{x^5}{5!}-\frac{x^7}{7!}+\cdots+(-1)^{n+1}\frac{x^{2n-1}}{(2n-1)!}$$

其中，$x$ 的值为弧度。当输入 $x$ 值为度数时，要求出 sin(x)的近似值，必须将角度转换为弧度。转换公式为 $y=3.1415926*x/180$。要求计算精度达到 0.000001。

```
#include<iostream>
#include<cmath>
using namespace std;
double sin(double x, double eps)
{     double term, sum, y;
      int n = 1;
      y = x * x;
      term = ___①___;
      sum = 0;
      while(fabs(term)> eps)
      {     sum += ___②___;
            n++;
            term = term * y/ ___③___;
            term * = - 1;
      }
      return ___④___;
}
int main()
{     double x,y;
      cout <<"输入 x 的值(角度): ";
      cin>> x;
      while (x > 360) x -= 360;
      y = 3.1415926 * x/180;
      cout <<"度数为: "<< x <<" 其 sin 值为: "<< sin(y,1e - 6)<< endl;
      return 0;
}
```

# 第 5 章　编译预处理

## 5.1　习题解析

**【实例 5.1】** 分析下列程序的运行结果。

```
#include<iostream>
using namespace std;
#define ADD(x,y) x + y
int main()
{   int a = 15, b = 10, c = 20, d = 5;
    cout << ADD(a, b)/ADD(c, d)<< endl;
    return 0;
}
```

**答案：** 20

【程序解析】 宏展开是简单的机械替换，此题中表达式 ADD(a, b)/ADD(c, d)宏展开后的宏代换是 a+b/c+d=15+10/20+5=20。

【实例 5.2】 对比下列两个程序的运行结果。

程序 1：

```
#include <iostream>
using namespace std;
#define MAX(a,b) (a)>(b)?(a):(b)
int main()
{    int m(4),n(2),p(1),q;
     q = MAX(m,n + p) * 10;
     cout << q << endl;
     return 0;
}
```

运行结果为：4

程序 2：

```
#include <iostream>
using namespace std;
#define MAX(a,b) ((a)>(b)?(a):(b))
int main()
{    int m(4),n(2),p(1),q;
     q = MAX(m,n + p) * 10;
     cout << q << endl;
     return 0;
}
```

运行结果为：40

【程序解析】 这两个程序的宏代换处理是不同的，因为程序 2 是在宏定义的条件表达式外加了一个圆括号，这样在宏代换时，条件表达式被看作一个整体。而程序 1 并不是这样。

程序 1 的宏代换：

```
q = m>(n + p)?m: (n + p) * 10 = 4 > 3?4: (2 + 1) * 10 = 4
```

程序 2 的宏代换：

```
q = (m>(n + p)?m: (n + p)) * 10 = (4 > 3?4: (2 + 1)) * 10 = 40
```

【实例 5.3】 分析下列程序的运行结果。

文件 qL5-11.cpp 的内容：

```
#include <iostream>
#include "f1.h"
using namespace std;
int main()
{    int a(5),b;
     b = f1(a);
     cout <<"b = "<< b << endl;
     return 0;
}
```

文件 f1.h 的内容：

```
#define M(m) m * m
int f1(int x)
{    int a(3);
     return - M(x + a);
}
```

**答案**：b=13

【程序解析】 源文件 qL5-11.cpp 的第 2 句就是 #include "f1.h"，即包含另一个源文件 f1.h。编译预处理就会将 f1.h 的内容嵌入 #include "f1.h"宏命令占据的位置，作为 qL5-11.cpp 文件的一部分，整体进行编译。遇到其中的宏定义命令 #define M(m) m * m，进行宏代换。也就是说，执行到 b=f(a)时，f(a)函数返回的结果是：−M(x+a)=−x+a * x+a=−5+3 * 5+3=13。

【实例 5.4】 分析下列程序的运行结果，假如将程序中的宏定义 2 改为 #define M  N+1，则运行结果又是什么？

```
#include<iostream>
using namespace std;
#define  N  2                      //宏定义 1
#define  M  (N+1)                  //宏定义 2
#define NUM  ((M+1)*M/2)           //宏定义 3
int main()
{   int i,n=0;
    for (i=1; i<=NUM; i++)
    {      n++;
           cout<<n;
    }
    cout<<"\n";
    return 0;
}
```

**答案**：123456

修改宏定义 2 后的输出是：

```
12345678
```

**【程序解析】** 本程序的循环次数控制量 NUM 是通过宏定义给定的，宏代换的过程是：

```
NUM=((M+1)*M/2)=(((N+1)+1)*(N+1)/2)=(((2+1)+1)*(2+1)/2)=6
```

因此循环输出的结果是 123456。

修改宏定义 2 后的宏代换过程是：

```
NUM=((M+1)*M/2)=(( N+1+1)* N+1/2)=(( 2+1+1)* 2+1/2)=8
```

因此循环输出的结果是 12345678。

## 5.2 测试题

### 1. 选择题

(1) 以下叙述中正确的是________。

A. 用#include 包含的头文件的扩展名不可以是.a

B. 在对某个含有错误的头文件进行修改后，包含此头文件的源程序不必重新进行编译

C. 宏名必须用大写字母

D. 宏替换不占用运行时间

(2) C++语言编译系统对宏命令的处理为________。

A. 在程序运行时进行

B. 在程序连接时进行

C. 跟其他语句同时进行编译

D. 在对源程序中其他语句正式编译前进行

(3) 下列程序的运行结果是________。

```
#include<iostream>
using namespace std;
#define X   5
#define Y   X+1
#define Z   Y*X/2
int main()
{    int a=Y;
     cout<<Z<<'\t';
     cout<<a--;
     cout<<endl;
     return 0;
}
```

A. 7　6　　　B. 12　6　　　C. 12　5　　　D. 7　5

(4) 下列程序的运行结果为________。

```
#include<iostream>
using namespace std;
#define M(y)   2.84+y
#define PR(a)   cout<<(int)(a)
#define PRINT1(a)   PR(a);   cout<<'\n'
int main()
{    int   x=2;
     PRINT1(M(5)*x);
     return 0;
}
```

A. 11　　　B. 12　　　C. 13　　　D. 15

(5) 下列程序的运行结果为________。

```
#include<iostream>
using namespace std;
#define SQR(X) (X)*(X)
int main()
{    int a=10, k=2, m=1;
     a/=SQR(k+m)/SQR(k+m);
     cout<<"a="<<a<<endl;
     return 0;
}
```

A. a=0　　　B. a=1　　　C. a=9　　　D. a=10

**2. 填空题**

(1) 下列程序的运行结果为________。

```
#include<iostream>
#define MUL(z) (z)*z
int main()
{    std::cout<<MUL(1+2)+3<<std::endl;
     return 0;
```

```
}
```

(2) 若有宏定义：

```
#define  N  2
#define  Y(n)  ((N+1)*n)
```

则执行语句“z=2*(N+Y(N+2));”后，z 的值是________。

(3) 以下程序的输出结果为________。

```
#include <iostream>
#define T(x,y,z)  x*y*z/4
int main()
{   int a=1, b=3,c=5;
    std::cout << T(b+a, a*b, a+b+c)<<'\n';
    return 0;
}
```

# 第6章 数　　组

## 6.1 习题解析

**【实例 6.1】** 若要求定义具有 10 个 int 型元素的一维数组 a，则下列定义语句中错误的是(　　)。

A. #define N 10
int a[N];

B. #define n 5
int a[2*n];

C. int a[5+5];

D. int n=10,a[n];

**答案：** D

**【程序解析】** 在定义一维数组时，数组名后面的方括号中必须是整型常量或常量表达式，选项 D 中的 n 是变量，虽然已经有值，但还是非法的。

**【实例 6.2】** 下列数组定义中错误的是(　　)。

A. int x[ ][3]={0};

B. int x[2][3]={{1,2},{3,4},{5,6}};

C. int x[ ][3]={{1,2,3},{4,5,6}};

D. int x[2][3]={1,2,3,4,5,6};

**答案：** B

**【程序解析】** 二维数组如果定义时就进行初始化，可以省略定义数组的行数，故选项 A 正确。如果定义时指定了数组的行数，在初始化列表中给出的行数必须等于或小于定义时给出的行数。选项 B 中定义的数组行数为 2，但初始化列表中给出了 3 行，所以发生错误。

**【实例 6.3】** 有下列程序：

```
#include <iostream>
using namespace std;
int main( )
{   int a[4][4]={{1,4,3,2},{8,6,5,7},{3,7,2,5},{4,8,6,1}},i,j,k,t;
    for(i=0;i<4;i++)
          for(j=0;j<3;j++)
                for(k=j+1;k<4;k++)
```

```
                    if(a[j][i]>a[k][i]){t = a[j][i];a[j][i] = a[k][i];a[k][i] = t;}
                                                                      /*按列排序*/
    for(i = 0;i < 4;i++) cout << a[i][i]<<",";
    return 0;
}
```

程序运行后的输出结果是(　　)。

A. 1,6,5,7,　　B. 8,7,3,1,　　C. 4,7,5,2,　　D. 1,6,2,1,

**答案**：A

**【程序解析】** 程序的功能是先将 a 数组的所有列用起泡法由小到大进行排序,然后输出数组对角线的值,变换前后的数组如下：

| 原数组 | | | | 变换后的数组(每一列升序排列) | | | |
|---|---|---|---|---|---|---|---|
| 1 | 4 | 3 | 2 | 1 | 4 | 2 | 1 |
| 8 | 6 | 5 | 7 | 3 | 6 | 3 | 2 |
| 3 | 7 | 2 | 5 | 4 | 7 | 5 | 5 |
| 4 | 8 | 6 | 1 | 8 | 8 | 6 | 7 |

所以输出 1,6,5,7,。

**【实例 6.4】** 下列程序的输出结果是(　　)。

```
#include <iostream>
#include <string>
using namespace std;
int main( )
{   char a[7] = "a0\0a0\0";
    int i,j;
    i = sizeof(a);
    j = strlen(a);
    cout << i <<" "<< j;
    return 0;
}
```

A. 2　2　　B. 7　6　　C. 7　2　　D. 6　2

**答案**：C

**【程序解析】** sizeof 用来求数组的长度,是定义时数组的长度,故为 7；strlen 函数用来求字符串的长度,到'\0'结束,不包括'\0',故为 2。

**【实例 6.5】** 已知有声明“char a[6], *p=a;”,现需要在程序运行过程中将字符串"Hello"保存到 a 数组中,则下列选项中能正确完成此操作的表达式是________。

A. a[6]="Hello"　　B. a="Hello"

C. p="Hello"　　D. strcpy(a,"Hello");

**答案**：D

**【程序解析】** 主要考查字符数组操作。

选项 A：数组定义有 6 个元素,因此数组的元素是 a[0]～a[5],a[6]是非法引用。

选项 B：a 是数组名,数组名代表数组在内存中存放的首地址,是一个常量,不能被赋值。

选项 C：p 是指向字符变量的指针变量，"Hello"代表字符串在内存中的首地址，把地址赋给指针变量是正确的，但并不是把字符串保存到 a 数组中。

选项 D：利用字符串复制函数将字符串"Hello"保存到 a 数组中。

**【实例 6.6】** 以下程序运行后输出结果的第 1 行是___(1)___；第 2 行是___(2)___；第 3 行是___(3)___。

```
#include<iostream>
using namespace std;
void sot( int a[3][3])
{   int i,j,i0,j1,min,max,temp;
    min = max = a[0][0];
    for(i = 0;i<3;i++)
    {   for( j = 0;j<3;j++)
      {     if(a[i][j]<= min)                   //找最小值的所在的行
                { min = a[i][j];i0 = i;}
            if(a[i][j]>= max)                   //找最大值的所在的列
                { max = a[i][j];j1 = j;}
        }
    }
    for(j = 0;j<3;j++)                          //最小值所在行与最后一行数据交换
    {   temp = a[i0][j];
        a[i0][j] = a[2][j];
        a[2][j] = temp;
    }
    for(i = 0;i<3;i++)                          //最大值所在列与最后一列数据交换
    {   temp = a[i][j1];
        a[i][j1] = a[i][2];
        a[i][2] = temp;
    }
    for(i = 0;i<3;i++)
    {   for(j = 0;j<3;j++)  cout<<a[i][j]<<"  ";
        cout<<endl;
    }
}
int main()
{   int b[3][3] = {{3,2,1},{6,5,4},{9,8,7}};
    sot(b);
    return 0;
}
```

**答案：**(1) 7　8　9

(2) 4　5　6

(3) 1　2　3

**【程序解析】** 此程序实现二维数组数据变换：最小值所在行与最后一行数据交换，最大值所在列与最后一列数据交换。变换前后的数组如下：

原数组　　　　　　变换后的数组

3　2　1　　　　　　7　8　9

```
6  5  4            4  5  6
9  8  7            1  2  3
```

【实例 6.7】 运行下列返回值为引用型的函数的调用,并分析结果。

```
#include< iostream >
using namespace std;
int& f5(int a[], int n)            //定义引用型函数 f5(),求出给定数组中值最大的元素变量
{   int k = 0;
    for(int i = 1;i < n;i++)
        if(a[i]> a[k]) k = i;
    return a[k];                   //返回引用型参数 -- 值最大的数组元素变量
}
int main()
{   int b[8] = {25,37,18,69,54,73,62,31};     //定义实参数组,并赋值
    cout << f5(b,8)<< endl;        //调用 f5(b,8)函数求数组中最大值的元素,并输出到屏幕
    f5(b,4) = 86;       //调用 f5(b,4)函数,返回值为数组中值最大的元素变量,并将 86 赋值给它
    for(int i = 0;i < 8;i++) cout << b[i]<<" "; //显示 b 数组中的内容
    cout << endl;
    return 0;
}
```

**答案:**

73

25  37  18  86  54  73  62  31

**【程序解析】** 被调函数 f5()的功能是求出给定数组中给定元素个数中的最大值的那个元素,并且返回这个元素。

输出结果中的第 1 行为求出数组 b 中 8 个元素中值最大的那个元素 b[5],其值为 73;第 2 行执行"f5(b,4)=86;"语句调用语句后,求出 b 数组中前 4 个元素中值最大的那个元素 b[3],其值为 69,并将它置换为 86。注意,如果执行"f5(b,5)=86;"语句也会输出同样结果。

【实例 6.8】 输入一行字符,统计其中有多少个单词,单词之间用空格分隔。

```
#include< iostream >
using namespace std;
int main()
{   char string[81];
    int i,num = 0,word = 0;
    char c;
    cin.getline(string,80);
    for (i = 0;(c = string[i])!= '\0';i++)    //变量 i 作为查找输入字符串中字符的循环变量
        if (c == ' ')
            word = 0;
                //word 为进入单词标志, word = 0 表示未进入单词,word = 1 表示已进入单词
        else if (word == 0)
        {   word = 1;
            num++;                        //num 变量用来统计单词个数
        }
    cout <<"输入的一行字符中有"<< num <<"个单词"<< endl;
```

```
    return 0;
}
```

程序运行后等待键盘输入，若从键盘输入：This is a C++ program.↙
屏幕显示：

```
输入的一行字符中有 5 个单词
```

**【程序解析】** 程序中变量 i 作为查找输入字符串中字符的循环变量；变量 num 用来统计单词个数，查出一个单词，该变量加 1；word 是进入单词的标志，word＝0 表示未进入单词，word＝1 表示已进入单词，此时就不再统计这个单词。

**【实例 6.9】** 分析下列程序功能，运行程序，若从键盘输入 10↙，15↙，A1↙，a1↙，屏幕上输出什么？

```
#include <iostream>
using namespace std;
int htoi(char s[])                          //从十六进制转换为十进制的函数
{   int n = 0;
    for(int i = 0;s[i]!= '\0';i++)
    {   if (s[i]>= '0' && s[i]<= '9')
            n = n * 16 + s[i] - '0';        //对十六进制中的'0'～'9'字符进行转换
        else if (s[i]>= 'a' && s[i]<= 'f')
            n = n * 16 + s[i] - 'a' + 10;   //对十六进制中的'a'～'f'字符进行转换
        else if (s[i]>= 'A' && s[i]<= 'F')
            n = n * 16 + s[i] - 'A' + 10;   //对十六进制中的'A'～'F'字符进行转换
        else
        {   cout <<"输入数据错误"<< endl;
            break;
        }
    }
    return n;
}
int main()
{   cout <<"输入一个十六进制数: ";
    char s1[20] = "";
    cin >> s1;
    int n = htoi(s1);
    cout <<"该数转换为十进制数"<< n << endl;
    return 0;
}
```

**答案**：当输入 10↙，输出 16(十进制)；输入 15↙，输出 21(十进制)；输入 A1↙，输出 161(十进制)；输入 a1↙，输出 161(十进制)。

**【程序解析】** 该程序的功能是：将从键盘输入的十六进制数转换为十进制数输出在屏幕上。其中，int htoi(char s[])为转换函数，其形参为字符型数组，存放输入的十六进制数，输出值为十进制整型数。

**【实例 6.10】** 下面程序的功能是：从终端输入字符，直到输入＃为止，统计输入的字符中每个大写字母的个数，存放在 num 数组中，其中 num[0]表示字母 A 的个数，num[1]表示字母B的个数,以此类推。请填空。

```
#include <iostream>
using namespace std;
int main( )
{     int num[26] = {0} , i ;
      char c ;
      while(  (1)  )
            if( c >= 'A' && c <= 'Z' )
                  (2)  ;
      for( i = 0 ; i < 26 ; i++)
            if( num[i] )
                  cout <<(char)( i + 'A' )<<":"<< num[i]<< endl ;
      return 0;
}
```

**答案**:(1) (c=cin.get())!='#'  (2) num[c-'A']++

**【程序解析】** 根据题意,程序中while循环输入并统计大写字母的个数,因此(1)空既要完成字符的输入,而且要判断输入的结束条件,故填(c=cin.get())!='#'。根据num[0]表示字母A的个数,num[1]表示字母B的个数可推知,(2)空填num[c-'A']++。

**【实例6.11】** 下列程序中函数find_replace的功能是:在s1指向的字符串中查找s2指向的字符串,并用s3指向的字符串替换在s1中找到的所有s2字符串。

例如,s1字符串的内容为"This is a test program and a test data.",s2字符串的内容为"test",s3字符串的内容为"actual",则替换后s1字符串的内容为"This is a actual program and a actual data."。

若s1字符串中没有出现s2字符串,则不做替换并使函数返回0,否则函数返回1。试完善程序以达到要求的功能。

```
#include <iostream>
#include <string>
using namespace std;
int find_replace(char s1[],char s2[],char s3[])
{     int i,j,k,t = 0; char temp[80];
      if(s1[0] == '\0'||s2[0] == '\0')return t;     //A
      for(i = 0;s1[i]!= '\0';i++)                    //B
      {     k = 0; j = i;
            while(s1[j] == s2[k]&&s2[k]!= '\0')      //C
            {     j++;
                  (1)  ;
            }
            if(s2[k] == '\0')                        //D
            {     strcpy(temp,&s1[j]);
                  (2)  ;
                  i = i + strlen(s3);
                  (3)  ;
                  t = 1;
            }
      }
```

```
    return t;
}
int main()
{   char line[80] = "This is a test program and a test data.";
    char substr1[10] = "test",substr2[10] = "actual";
    int k;
    k = find_replace(line,substr1,substr2);
    if(k)  ___(4)___ ;
    else cout <<"not found\n";
    return 0;
}
```

**答案**：(1) k++　(2) strcpy(&s1[i],s3)　(3) strcat(s1,temp)　(4) cout << line

**【程序解析】** 程序中 A 行的功能：当数组 s1 和 s2 都是空字符串时结束函数 find_replace 的运行并回到 main()执行相应的程序。B 行的循环用来遍历 s1 字符串，完成题目所规定的操作。C 行的循环判断 s1 数组从下标 j 开始的若干字符是否和 s2 数组下标从 0 开始的对应字符相等，所以(1)空填 k++；D 行为退出该循环后，如果 s2 字符串全部比较匹配完毕，即 s2[k]=='\0'，说明 s2 是 s1 的子串，则在此完成字符串的替代。替代的具体算法是：找到第一个子串后下标 i 和 j 位置如图 2.3 所示。

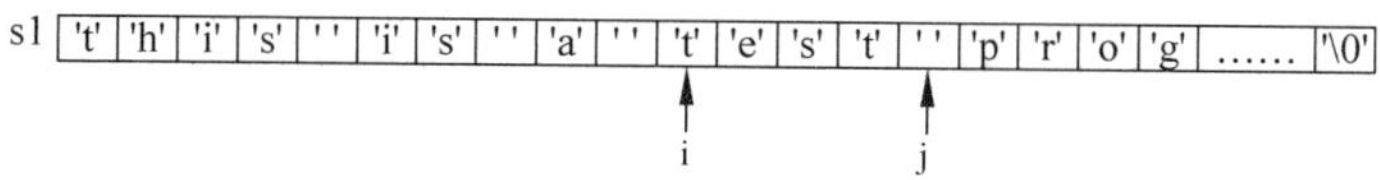


图 2.3　找到第一个子串后下标 i 和 j 的位置

先将 s1 数组下标 j 后面的字符串复制到 temp 数组中，包括 s1[j]，则 temp 中内容为"program and a test data."。下面应该用 s3 进行替代，因此(2)空应填 strcpy(&s1[i],s3)，执行完这一语句后，s1 数组的内容是"This is a actual"，从而可知只要将 temp 数组中的内容连接过来就可实现替换，所以(3)空填 strcat(s1,temp)。替换完第 1 个字符串后，继续遍历 s1 字符串，查找下一个与 s2 相同的字符串并用同样的算法进行替换。

**【实例 6.12】** 以下程序完成两个长正整数的加法运算并输出计算结果。函数 add 模拟手工加法运算的过程，将 a 和 b 指向的数组中存储的两个以字符串形式表示的 n 位正整数相加，并将运算结果以字符串形式保存到 c 指向的数组中。main 函数中 p1 和 p2 数组分别存放被加数字符串和加数字符串，p3 数组存放运算结果字符串。若 p1 中的字符串为"1000000001"、p2 中的字符串为"9000000009"，调用 add 函数后 p3 得到的是以字符串表示的这两个整数相加的结果"10000000010"。试完善程序以达到要求的功能。

```
#include <iostream>
#include <string>
using namespace std;
void add(char a[],char b[],char c[], ___(1)___ )
{   int i,k;
    c[n] = '\0'; k = 0;
    for(i = n - 1;i >= 0;i -- )                    //A
    {   c[i] = (a[i] - '0') + (b[i] - '0') + k;
        k = ___(2)___ ;
```

```
        c[i] = c[i] % 10 + '0';
    }
    if(k)                                   //B
    {   for(i = n + 1;i > 0;i -- )
            c[i] =  (3)  ;
        c[i] = k + '0';
    }
}
int main()
{   char p1[80] = "1000000001",p2[80] = "9000000009",p3[80];
    int i,x = strlen(p1),y = strlen(p2);
    if(x < y)                               //C
    {   for(i = x;i > = 0;i -- )
        {   p1[i + y - x] = p1[i]; p1[i] = '0'; }
        (4)  ;
    }
    if(x > y)
      for(i = y;i > = 0;i -- )
      {   p2[i + x - y] = p2[i]; p2[i] = '0'; }
    add(p1,p2,p3,x);
    cout << p3;
    return 0;
}
```

**答案**：(1) int n　(2) c[i]/10　(3) c[i－1]　(4) x＝y

**【程序解析】** 一般要求函数的形参和实参个数相等且类型一致，所以根据程序，(1)空填 int n；再分析 main 函数，C 行开始的两个 if 语句程序段实现当两个长正整数长度不相等时右对齐，即使两个数组的长度相等，如果 x＜y，p1 数组的元素向后移动 x－y 位，并在前面补 0，所以(4)空填 x＝y；A 行所在的循环完成 a、b 数组从右到左对应元素转换成整型数后相加，如果和大于 10，个位相加后赋给 c[i]，十位数赋给 k，所以(2)空填 c[i]/10；B 行所在的 if 语句用来实现当两个数的最左边一位的和大于 10 时的进位，即把数组 c 的每一位向后移一位，最左一位填进位，所以(3)空填 c[i－1]。

**【实例 6.13】** 以下程序中函数 long fun(char ＊str)的功能是：自左至右取出非空字符串 str 中的所有数字字符，将这些数字字符组成一个不超过 8 位的十进制整数并输出。例如，字符串 str 为"efg32gh76.jbejing08t5y4u2"，程序输出：32760854。

```
#include < iostream >
using namespace std;
long fun(char p[ ])
{   int i = 0,j = 0; long k = 0;
    while(p[j]!= '\0'&&  (1)  )
    {   if(p[j]> = '0'&&p[j]< = '9')
        {   k =  (2)  + p[j] - '0';
            ++i;
        }
        (3)  ;
    }
    return k;
```

```
}
int main( )
{   char x[] = "efg32gh76.jbejing08t5y4u2";
    cout << fun(x)<< endl;
    return 0;
}
```

**答案**：(1) i<8　(2) k*10　(3) j++

**【程序解析】** 主要考查数字字符串转换为整数算法。题目要求将这些数字字符组成一个不超过8位的十进制整数并输出，所以(1)空填 i<8，根据相关算法(2)空填 k*10，依题意(3)空填 j++。

**【实例 6.14】** 以下程序求一组整数的最大公约数，请完善程序。

```
#include< iostream >
using namespace std;
int gcd(int a,int b)
{    int r;
     while(  (1)  )
     {  r = a % b; a = b;  (2)  ; }
     return a;
}
int main()
{    int x,i,a[6] = {12,56,48,32,16,24};
     x =  (3)  ;
     for(i = 1;i < 6;i++)
         x = gcd(  (4)  ,a[i]);
     cout << a[0]<< ",";
     for(i = 1;i < 5;i++)  cout << a[i]<< ",";
     cout << a[5]<< ","<< x;
     return 0;
}
```

**答案**：(1) b!=0　(2) b=r　(3) a[0]　(4) x

**【程序解析】** 主要考查求最大公约数算法。根据本书前面介绍的辗转相除法求最大公约数的算法，(1)空填 b!=0；(2)空填 b=r；题目要求一组数的最大公约数，所以根据程序(3)空填 a[0]，(4)空填 x。

## 6.2 测试题

### 1. 选择题

(1) 以下关于数组的描述正确的是________。

A. 数组的大小是固定的，但可以有不同类型的数组元素

B. 数组的大小是可变的，但所有数组元素的类型必须相同

C. 数组的大小是固定的，所有数组元素的类型也必须相同

D. 数组的大小是可变的，可以有不同类型的数组元素

(2) 以下一维数组 a 的正确定义是________。

A. int a(10);　　B. int n=10,a[n];

C. int n; cin >> n; int a[n];　　　D. #define SIZE 10
int a[SIZE];

(3) 在定义“int a[10];”之后,对 a 的正确使用是________。

A. a[10]　　B. a[6;3]　　C. a(6)　　D. a[10－10]

(4) 以下对一维数组 a 全部元素初始化成相同的数值的是________。

A. int a[10]＝(0,0,0,0);　　B. int a[10]＝{2,2,…,2};

C. int a[]＝{0};　　D. int a[10]＝{2 * 10};

(5) 以下对二维数组 a 进行正确初始化的是________。

A. int a[2][3]＝{{1,2},{3,4},{5,6}};　　B. int a[][3]＝{1,2,3,4,5,6};

C. int a[2][]＝{1,2,3,4,5,6};　　D. int a[2][]＝{{1,2},{3,4}};

(6) 以下对二维数组 a 初始化不正确的是________。

A. int a[ ][3]＝{3,2,1,1,2,3}　　B. int a[ ][3]＝{{3,2,1},{1,2,3}}

C. int a[2][3]＝{{3,2,1},{1,2,3}}　　D. int a[ ][ ]＝{{3,2,1},{1,2,3}}

(7) 以下对字符数组 word 进行不正确初始化的是________。

A. char word[ ]＝'C++\0';　　B. char word[ ]＝{'C','＋','＋','\0'};

C. char word[ ]＝{"C++\0"};　　D. char word[ ]＝"C++\0";

(8) 在定义“int a[5][4];”之后,对 a 的正确使用是________。

A. a(1,2)　　B. a[5][0]　　C. a[0][0]　　D. a[0.0]

(9) 在定义“int a[2][3];”之后,对 a 的正确引用是________。

A. a(1,2)　　B. a[1.3]　　C. a[1>2][!1]　　D. a[2][0]

(10) 以下正确的定义语句是________。

A. int A['a'];　　B. int A[3,4];　　C. int A[ ][3];　　D. int A[10.0]

(11) 以下给字符数组 str 定义和赋值正确的是________。

A. char str[10]; str＝{"China"};　　B. char str[ ]＝{"China"};

C. char str[10]; str＝"China";　　D. char str[10]＝{"abcdefghijklmn"};

(12) 在执行“int a[ ][3]＝{1,2,3,4,5,6};”语句后,a[1][0]的值是________。

A. 4　　B. 1　　C. 2　　D. 5

(13) 在执行“int a[ ][3]＝{{1,2},{3,4}};”语句后,a[1][2]的值是________。

A. 3　　B. 4　　C. 0　　D. 2

(14) 在定义“int a[5][6];”后,第 10 个元素是________。

A. a[2][5]　　B. a[2][4];　　C. a[1][3];　　D. a[1][4];

(15) 在定义“int a[3][4][2];”后,第 10 个元素是________。

A. a[2][1][2]　　B. a[1][0][1];　　C. a[2][0][1];　　D. a[2][2][1];

(16) 定义如下变量和数组:

```
int k;
int a[3][3] = {1,2,3,4,5,6,7,8,9};
```

则下面语句的输出结果是________。

```
for(k = 0;k < 3;k++)        cout << a[k][2 - k];
```

A. 357　　B. 369　　C. 159　　D. 147

(17) 下面程序段的运行结果为________。

```
#include <iostream>
#include <string>
using namespace std;
int main()
{      char a[7] = "abcdef";
       char b[4] = "ABC";
       strcpy(a,b);
       cout << a[5];
       return 0;
}
```

A. 输出空格　　B. \0　　C. e　　D. f

**2. 填空题**

(1) 以下程序执行的结果是________。

```
#include <iostream>
using namespace std;
int main( )
{     int a[ ] = {1,2,3,4},i,j,s = 0; j = 1;
      for (i = 3;i >= 0;i -- )
      {     s = s + a[i] * j;   j = j * 10;   cout << a[i]; }
      cout << endl;
      return 0;
}
```

(2) 以下程序执行的结果是________。

```
#include <iostream>
using namespace std;
int main( )
{     char str[ ] = {"1a2b3c"}; int i;
      for (i = 0;str[i]!= '\0';i++)
            if (str[i]>= '0' && str[i]<= '9')     cout << str[i];
      cout << endl;
      return 0;
}
```

(3) 以下程序执行的结果是________。

```
#include <iostream>
using namespace std;
int main( )
{     int a[3][3] = {1,2,3,4,5,6,7,8,9},i, s = 0;
      for (i = 0;i <= 2;i++)    s = s + a[i][i];
      cout <<"s = "<< s;
```

```
    return 0;
}
```

(4) 以下程序执行的结果是________。

```
#include<iostream>
using namespace std;
int main( )
{   int a[3][3]={1,2,3,4,5,6,7,8,9},i, s=1;
    for (i=0;i<=2;i++)  s=s*a[i][i];
    cout<<"s="<<s<<endl;
    return 0;
}
```

(5) 以下程序执行的结果是________。

```
#include<iostream>
using namespace std;
int main( )
{   int y=290, b[10],i;
    for(i=0;y; i++)
    {    b[i]=y%16;
         y=y/16;
    }
    for(int j=0;j<i;j++)  cout<<b[j];
    cout<<endl;
    cout<<"y="<<y<<endl;
    return 0;
}
```

(6) 以下程序执行的结果是________。

```
#include<iostream>
#include<string>
using namespace std;
int main( )
{   char str[40]="How do you do";
    strcpy(str+strlen(str)/2,"es she");
    cout<<str<<endl;
    return 0;
}
```

(7) 以下程序执行的结果是________。

```
#include<iostream>
using namespace std;
int main( )
{   char a[]="BBCCDA";
    char s;
    for(int i=1;(s=a[i])!='\0';i++)
    {   switch(s)
        {   case 'A': cout<<"%";continue;
            case 'B': ++i; break;
```

```
            default: cout <<" * ";
            case 'C': cout <<"&"; continue;
        }
        cout <<"#";
    }
    cout << endl;
    return 0;
}
```

(8) 以下程序执行的结果是________。

```
#include <iostream>
using namespace std;
int main( )
{   int i = 0;
    char a[ ] = "asd",b[ ] = "aqzx",c[10];
    while(a[i]!= '\0'&&b[i]!= '\0')
        if(a[i]> b[i]) c[i] = a[i++] - 32;
        else c[i] = b[i++] - 32;
    c[i] = '\0';
    cout << c << endl;
    return 0;
}
```

(9) 以下程序执行的结果是________。

```
#include <iostream>
using namespace std;
int main( )
{   int a[5][5],i,j;
    for(i = 1;i < 5;i++)
        for(j = 1;j < 5;j++)  a[i][j] = (i/j) * (j/i);
    for( i = 1;i < 5;i++)
    {   for(j = 1;j < 5;j++)  cout << a[i][j]<<'\t';
        cout << endl;
    }
    return 0;
}
```

(10) 以下程序执行的结果是________。

```
#include <iostream>
using namespace std;
int main( )
{   int i = 1,j,k = 3,n = 3;
    int a[5] = {1,4,6};
    while(i < n&&k > a[i])  i++;
    for(j = n - 1;j >= i;j -- )  a[j + 1] = a[j];
    a[i] = k;
    for(i = 0;i <= n;i++)  cout << a[i]<<'\t';
    cout << endl;
```

```
    return 0;
}
```

(11) 以下程序读入 20 个整数,统计非负数的个数,并计算非负数之和。请完善程序。

```
#include< iostream >
using namespace std;
int main( )
{   int i,a[20],s, count;
    s = count = 0;
    for(i = 0;i < 20;i++)
        ___①___;
    for(i = 0;i < 20;i++)
    {   if(a[i]< 0)
            ___②___;
        s += a[i];
        count++;
    }
    cout <<"s = "<< s <<'\t'<<"count = "<< count << endl;
    return 0;
}
```

(12) 下面函数 invert()的功能是将一个字符串的内容颠倒过来。请完善程序。

```
#include< iostream >
#include< string >
using namespace std;
void invert(char str[])
{   int i,j, ___①___;
    for(i = 0,j = ___②___; i < j;i++,j -- )
    {   k = str[i];
        ___③___;
        str[j] = k;
    }
}
int main( )
{   char s[] = "I am a student!";
    cout << s << endl;
    invert( ___④___ );
    cout << s << endl;
    return 0;
}
```

(13) 以下函数 Count()的功能是统计子串 str1 在母串 str 中出现的次数。请完善程序。

```
int Count(char str[],char str1[])
{   int i,j,k,num = 0;
    for(i = 0; ___①___;i++)
        for( ___②___,k = 0;str1[k] == str[j];k++,j++)
            if(str1[ ___③___ ] == '\0')
            {   num++;
```

```
                i += k;
                break;
            }
    return num;
}
```

(14) 以下程序实现将 a 数组中后 8 个元素从大到小排序。请完善程序。

```
#include< iostream >
using namespace std;
void sort(int b[ ], int n)
{   int j,t;
    if(n == 1) return;
    for(j = 1;j < n;j++)
        if(  ①  )
        {  t = b[0];
           b[0] = b[j];
           b[j] = t;
        }
        sort(b + 1,  ②  );
}
int main( )
{   int a[12] = {5,3,7,4,2,9,8,32,54,21,6,43},k;
    sort(  ③  ,8);
    for(k = 0;k < 12;k++) cout << a[k]<<'\t';
    cout << endl;
    return 0;
}
```

(15) 下列程序将字符串 a 中下标为偶数的元素由小到大排列,其他元素不变。请完善程序。

```
#include< iostream >
using namespace std;
int main( )
{   char a[ ] = "9k8d7f605h4w3s2a1",c;
    for(int i = 0;a[i]!= '\0';i++)
    {     if((i % 2)!= 0) continue;
          for(int j = i + 2;a[j]!= '\0';j++,j++)
          {   if(  ①  ) break;
              if(  ②  )
              {   c = a[i]; a[i] = a[j]; a[j] = c;  }
          }
    }
    cout << a << endl;
    return 0;
}
```

# 第 7 章　指　　针



## 7.1　习题解析

**【实例 7.1】** 以下声明语句中,用于声明一个行指针变量的是________。

A. int *p(int);　　　　B. int *p;

C. int (*p)[3];　　　　D. int (*p)(int);

答案:C

**【试题解析】**

选项A定义p是一个返回指向整型变量指针的函数,p为函数名,代表函数的入口地址,是一个常量。

选项B定义p是指向整型变量的指针变量,p是列指针。

选项C定义p是指向一维数组的指针变量,所指向的一维数组有3个整型元素,p是行指针。

选项D定义p是指向函数的指针变量,所指向的函数有一个整型形参,返回值为整型。

**【实例7.2】** 有下列程序:

```
#include <iostream>
using namespace std;
int main( )
{   int a = 1, b = 3,c = 5, *p;
    int *p1 = &a, *p2 = &b, *p3 = &c;
    *p = *p1 * ( *p2);
    cout << *p;
    return 0;
}
```

执行后的输出结果是(　　)。

A. 1　　B. 2　　C. 3　　D. 运行错误

答案:D

**【程序解析】** C++规定指针变量在引用前必须有一个固定的指向,此题的指针变量p没有指向一个固定的地址,就做指向运算,程序运行错误。

**【实例7.3】** 有下列函数:

```
int fun(char *a, char *b)
{   while(( *a!= '\0')&&( *b!= '\0')&&( *a == *b))
    { a++; b++;}
    return( *a - *b);
}
```

该函数的功能是(　　)。

A. 计算a和b所指字符串的长度之差

B. 将b所指字符串复制到a所指字符串中

C. 将b所指字符串连接到a所指字符串后面

D. 比较a和b所指字符串的大小

答案:D

**【程序解析】** 当*a!= '\0'并且*b!= '\0'时,如果*a== *b进行循环,循环条件不满足时返回值为两个对应字符的差,所以是比较a和b所指字符串的大小。

**【实例7.4】** 有下列程序:

```
#include<iostream>
using namespace std;
void fun(char *t,char *s)
{    while(*t!=0) t++;
     while((*t++ = *s++)!=0);
}
int main( )
{    char ss[10] = "acc",aa[10] = "bbxxyy";
     fun(ss,aa);
     cout<<ss<<","<<aa<<endl;
     return 0;
}
```

程序运行后的输出结果是________。

A. accxyy,bbxxyy　　　　B. acc,bbxxyy

C. accxxyy,bbxxyy　　　　D. accbbxxyy,bbxxyy

**答案**：D

**【程序解析】** fun 函数中第 1 个 while 循环使指针 t 指向 ss 数组的尾部，第 2 个 while 循环实现当指针 s 没有指到数组 aa 的结束标志时将 aa 数组的字符一一连接到 ss 数组中。

**【实例 7.5】** 指针数组、二级指针的应用。

```
#include<iostream>
using namespace std;
int main( )
{   int a[] = {0,1,2,3,4};                      //定义一个整型数组 a
    int *p[] = {a+4,a+3,a+2,a+1,a};  //定义一个整型指针数组 p,并倒序指向数组 a 的元素
    int **pp = p;                               //定义一个二级指针 pp,见图 2.4
    cout<<" *a = "<<*a<<",  **p = "<<**p<<",  **pp = "<<**pp<<endl;
    pp++;
    cout<<" **pp = "<<**pp<<endl;
    ++*pp;
    cout<<" *p[1] = "<<*p[1]<<endl;
    return 0;
}
```

**答案**：

*a=0,　**p=4,　**pp=4

**pp=3

*p[1]=4

**【程序解析】** 此题中定义的数组 a、指针数组 p、二级指针 pp 的关系如图 2.4(a)所示。输出 *a 就是输出 a 数组的第 0 个元素，即为 0；输出 **p 就是输出指针数组 p 的第 0 个元素 p[0]所指向的内容，即为 4；输出 **pp 就是输出二级指针指向的内容的内容，即为 a+4 的内容，就是 4。

而 pp++就是二级指针向前移动一个元素，即指向指针数组的 p+1 元素，**pp 就是输出这个元素所指向的内容，即为 3；而++*pp 就是将指针数组 p+1 元素的内容自加 1，即 p[1]的内容由 a+3 成为 a+4，此时，p[1]存放的是 a[4]的地址，如图 2.4(b)所示。因

此,后一步输出 * p[1]就是 4。

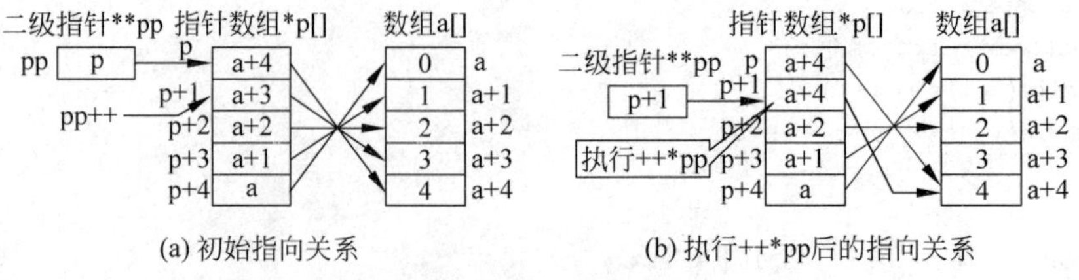


图 2.4　实例 7.5 的指针、数组关系示意图

**【实例 7.6】** 阅读下列程序,判断程序的输出。

```
#include< iostream >
using namespace std;
int main( )
{    int a[ ] = {1,3,5,7,9};
     int * p[ ] = {a,a + 1,a + 2,a + 3,a + 4};
     cout << a[4]<< * (a + 2)<< * p[1]<< endl;
     cout << ** (p + 1) + a[2]<< * (p + 4) - * (p + 0)<< * (a + 3) % a[4]<< endl;
     return 0;
}
```

**答案:**

953

847

**【程序解析】** 此题中定义的数组 a、指针数组 p 的关系如图 2.5 所示。第 1 行输出 a[4]是输出第 4 个元素的内容,即 9;第 2 个数据 *(a+2)是输出第 2 个元素的内容,即 5;第 3 个数据是用指针来输出第 1 个元素的内容,即 3。第 2 行的第 1 个数据是第 1 个元素和第 2 元素的内容和,即 3+5,结果为 8;第 2 个数据是指向第 4 个元素的指针与指向第 0 个元素的指针(地址)的差,结果为 4;第 3 个数据是第 3 个元素内容对第 4 个元素内容求余,即 7%9,结果为 7。

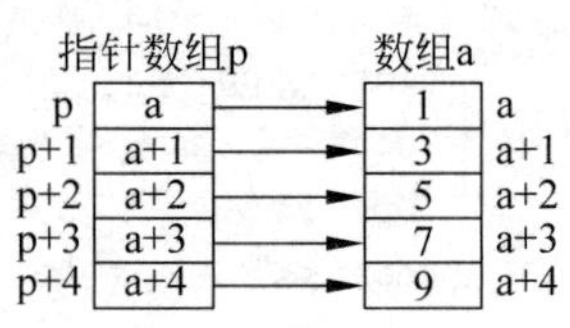


图 2.5　实例 7.6 的指针、数组关系示意图

**【实例 7.7】** 求下列程序的运行结果。

```
#include< iostream >
using namespace std;
int inv(int * x, int n)
{     int * p, t, * i, * j, m = (n - 1)/2;
      i = x; j = x + n - 1; p = x + m;
      for(; i <= p; i++, j-- )
      {  t = * i; * i = * j; * j = t; }
      return 0;
}
int main( )
{     static int i, a[ ] = {1,3,5,7,9,11,13,15};
      inv(a,5);
      for(i = 1; i <= 5; i++)   cout << * (a + i);
      return 0;
```

```
}
```

程序运行结果为：

```
753111
```

**【程序解析】** 子函数 int inv(int ＊x, int n){…}的功能是将实参给定的数组的内容逆序排列。程序中设置了头指针 i 和尾指针 j，在 for 循环中进行头尾交换，如图 2.6(a)所示；主函数 main()中设定实参数组 a[]，并执行调用语句“inv(a,5);”完成逆序操作，最后在 for 循环中显示数组逆序后指定的内容，如图 2.6(b)所示。

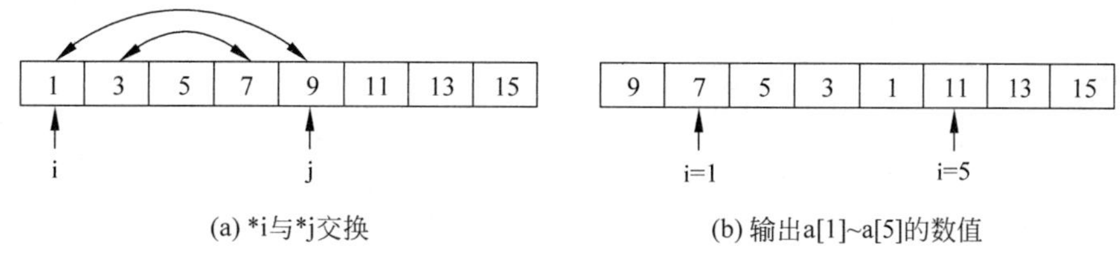


图 2.6 实例 7.7 的操作示意图

**【实例 7.8】** 求下列程序的运行结果。

```
#include <iostream>
using namespace std;
int f1(int *k)
{     *k = *k + 2;
      return(*k + 2);
}
int main( )
{     int i,j;
      for(i = 1;i < 6;i++)
      {     switch(i)
            {
            case 1:
            case 2:
            case 3:j = f1(&i);break;
            case 4:
            case 5:
            case 6:j = f1(&j);break;
            }
      cout << "j = "<< j << endl;
      }
      return 0;
}
```

**答案：**

j=5

j=9

j=13

**【程序解析】** 此题要注意当主函数中传递一个变量的地址时，被调函数如果改变了这个地址里的内容,则主函数的变量也随之改变。

(1) i=1时,执行case 3,调用f1函数,把i的地址传递给指针变量k,调用前后i的值如图2.7所示。

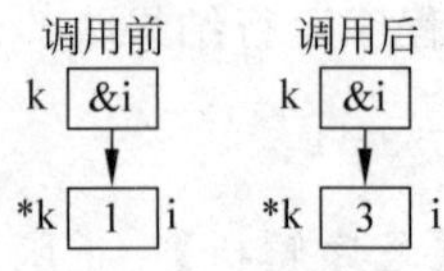


图2.7 调用前后i的值

由于*k值变成3,则i的值也变成了3,返回值为5,输出j=5。再执行for循环的表达式3后,i=4。

(2) i=4时,执行case 6,调用f1函数,将j的地址传递给指针变量k,返回值为9并赋值给j,输出j=9,i++后,i=5。

(3) i=5时,执行case 6,调用f1函数,将j的地址传递给指针变量k,返回值为13并赋值给j,输出j=13,i++后,i=6,结束循环。

**【实例7.9】** 以下程序运行时的结果是________。

```
#include<iostream>
#include<string>
using namespace std;
int convert(char s1[], char s2[], int *n1)
{   int i=0,j=0,k,s=0,len;
    int value=0;
    char tab[17]="0123456789ABCDEF";
    len=strlen(s1);
    if(len%4)                              //A
    {      for(i=0;i<len%4; i++)      s=s*2+s1[i]-'0';
           s2[j++]=tab[s];
           value=value*16+s;
    }
    while(i<len)                           //B
    {      for(k=i,s=0;k<i+4;k++)      s=s*2+s1[k]-'0';
           s2[j++]=tab[s];
           value=value*16+s;
           i=i+4;
    }
    s2[j]='\0';
    *n1=strlen(s2);
    return  value;
}
int main()
{   char ss1[]="1001010", ss2[10];
    int x,y;
    y=convert(ss1,ss2,&x);
    cout<<x<<"\n"<<y<<"\n"<<ss2<<endl;
    return 0;
}
```

**答案**:2

74

4A

**【程序解析】** 此题考查的是将二进制字符串转换成十六进制字符串形式,同时将此数转换成十进制的整数。二进制转换成十六进制数的算法是:从右到左每四位二进制数作为一个十六进制数，不满四位左边补零。len 是二进制字符串的长度，值为 7，len%4=3，所以 A 行的 if 程序段先将二进制字符串左边不足四位的字符转换为十进制数 s，把 s 作为 tab 数组的下标，将 tab 数组中对应的十六进制字符赋值给数组 s2，再利用 s 求出相应的十进制整数 value。B 行将其余的二进制数 4 位一组，转换为十六进制数，并继续转换成对应的十进制数 value。*n1 记录的是数组 s2 的长度。

**【实例 7.10】** 函数 loop(s, m, n,str)的功能是：对字符串 str，从下标为 s 的字符开始的所有间隔为 m 的字符进行循环左移，即 str[s]←str[s+m]，str[s+m]←str[s+2m]，…，str[s+(k-1)m]←str[s+km]，str[s+km]←str[s](k 为整数，下标 s+km 不越界)，共做 n 次。

例如，调用 loop(1,2,1,str)前后 str 中数据的变化情况如图 2.8 所示。

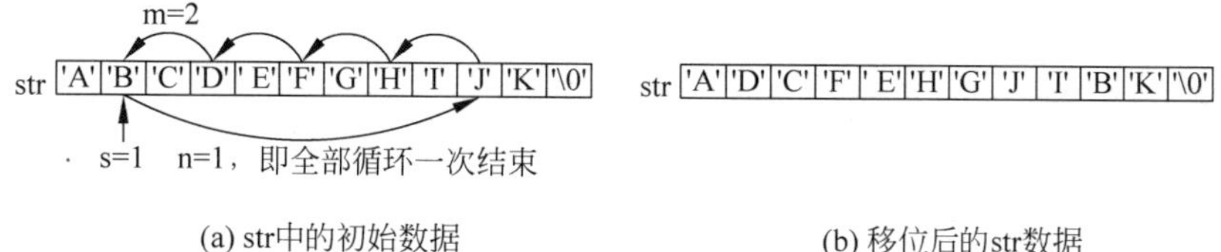


(a) str中的初始数据　　(b) 移位后的str数据

图 2.8 移位前后 str 中数据的变化情况

程序如下，请完善程序。

```
#include<iostream>
#include<string>
using namespace std;
void loop(int s, int m, int n, char *str);
int main()
{   char buf[81];
    strcpy(buf, "ABCDEFGHIJK");
    cout << buf;
    loop(1,2,2,buf);
    cout << buf;
    return 0;
}
void loop(int s, int m, int n, char *str)
{   char c;
    int k,i,len;
    len = strlen(str);
    for(i = 0;i < n;i++)
    {       k = ___(1)___;
            c = str[k];
            while(k + m < ___(2)___ )
            {       str[k] = str[k + m];
                    k = ___(3)___ ;
            }
            ___(4)___ = c;
    }
}
```

**答案**：(1) s　(2) len　(3) k+m　(4) str[k]

【程序解析】 此题考查字符串处理。根据题意,(1)空填 s; loop 函数中 while 循环完成从下标为 s 的字符开始的所有间隔为 m 的字符的左移,应该在整个字符串里循环,所以(2)填 len; 循环中 k 的位置按 m 个字符间隔往后移动,如图 2.8 所示,所以(3)空填 k+m; 循环结束后把字符串下标 s 位置的字符放到最后一个 k 的位置,所以(4)空填 str[k]。

【实例 7.11】 写出下列程序的运行结果。

```
#include< iostream >
using namespace std;
char *search(char *str, char c)
{   char *p = str;
    while( *p&& *p!= c) p++;
    return ( *p?p:NULL);
}
int main()
{   char a[ ] = "abcdefghijklmnopq";
    char k = 'c', *q;
    q = search(a,k);
    q = q + 4;
    for(; *(q + 5)!= 0;q++) cout << *q;
    cout << endl;
    return 0;
}
```

答案: ghijkl

【程序解析】 函数 serach()的返回值是字符指针,即某个字符的地址。在函数 search()中,当指针 p 指向字符'c'时,while 循环不成立,函数 search()返回指针 p 所指向的地址,并赋给 main()中的指针 q,如图 2.9 所示。

```
q = search(a,k);                    //q 指向字符'c'
q = q + 4;                          //q 指向字符'g',如图 2.10 所示
```

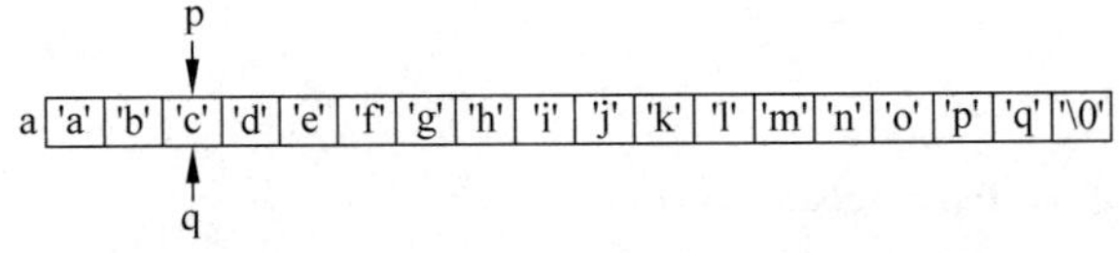


图 2.9 执行语句 q=search(a,k)后的结果

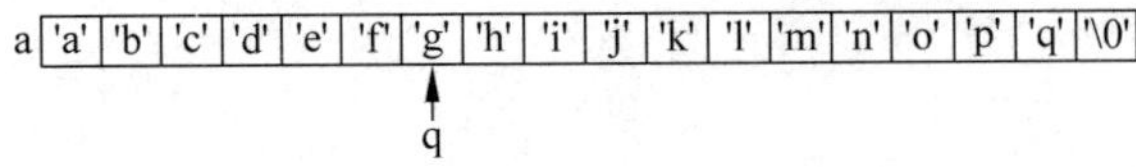


图 2.10 执行语句 q=q+4 后的结果

在随后的 for 循环中,q 不断向后移动,当 q+5 指向字符串结束标志'\0'时,q 指向字符'm',所以,for 循环中最后输出的字符是'l',如图 2.11 所示。

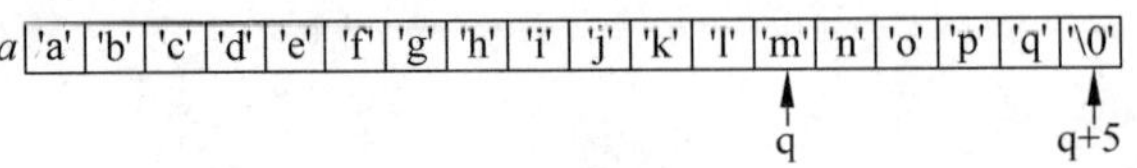


图 2.11 q+5 指向'\0'时循环结束

【实例 7.12】 有下列程序：

```
#include<iostream>
using namespace std;
int main( )
{    char *p[ ] = {"3697", "2584"};
     int i, j;
     long num = 0;
     for(i = 0;i<2;i++)
     {       j = 0;
             while(p[i][j]!= '\0')
             {       if((p[i][j] - '0') % 2)    num = 10 * num + p[i][j] - '0';
                     j += 2;
             }
     }
     cout << num << endl;
     return 0;
}
```

程序执行后的输出结果是________。

A. 35　　　　B. 37　　　　C. 39　　　　D. 3975

**答案**：C

**【程序解析】** 此题将指针数组两个字符串下标为偶数位且字符本身为奇数字符的数字字符转换成一个整型数输出，故结果为 39。

**【实例 7.13】** 分析下列程序，写出执行结果。

```
#include<iostream>
using namespace std;
int fun0(int x){   return x + 1 ;}
int fun1(int x){   return x + 3 ;}
int fun(int ( * f)(int),int n)
int i,sum;
{    int i,sum;
     for(i = 1,sum = 1;i<= n;i++) sum * = f(i);
     return sum;
}
int main( )
{    cout << fun(fun0,3)<< endl;
     cout << fun(fun1,3)<< endl;
     return 0;
}
```

**答案**：

24

120

**【程序解析】** 本程序中的函数 fun(int ( * f)(int),int n)的形参是指向函数的指针 f 和一个整型变量。调用该函数时，只要在实参处写上另一个需要执行的函数的函数名，就会执行该函数的功能。因此,此题运行到"fun(fun0,3);"语句时,就是执行函数名为 fun0、n=3 的如下操作。

```
int fun(fun0,3)
{ int i,sum;
  for(i = 1,sum = 1;i <= n;i++)
     sum * = f(i);
  return sum;
}
```

执行f(i)就是执行fun0(i)函数
i=1,sum=sum*fun0(1)=1*2=2;
i=2,sum=sum*fun0(2)=2*3=6;
i=3,sum=sum*fun0(1)=6*4=24;

所以,这次调用的输出结果为 24,同理下面调用 fun(fun1,3)的输出结果为 120。

这种以函数指针为参数的函数常常作为接口函数,可以通过它来执行其他同类型的所有函数。

## 7.2 测试题

**1. 选择题**

(1) 定义"int i, * p=&i;"后,以下语句正确的是________。

A. p=10; B. i=p; C. i= * p; D. p=2 * p+1;

(2) 定义"char s[10]; int i=2;",以下语句不正确的是________。

A. cout << s[i+2]; B. cout << *(s+i);

C. cout << s+i; D. cout << * ((s++)+i);

(3) 设"char s[10], * p=s;",以下不正确的表达式是________。

A. p=s+5; B. s=p+s; C. s[2]=p[4]; D. * p=s[0];

(4) 定义"char ** s;"并为 s 正确赋值后,以下表达式正确的是________。

A. s="computer"; B. * s="computer";

C. ** s="computer"; D. * s='c';

(5) 设有语句"int a[10]={0,1,2,3,4,5,6,7,8,9}, * p=a;,",以下对 a 数组元素引用不正确的是________。

A. a[p-a] B. * (& a[i]) C. p[i] D. * ( * a(a+i))

(6) 已知"const int M=10,N=2; int a[M][N], ( * ptr)[M];",其中 ptr 是________。

A. M 个指向整型变量的指针

B. 指向 M 个整型变量的函数指针

C. 具有 M 个指针元素的一维指针数组,每个元素都只能指向整型量

D. 一个指向具有 M 个整型元素的一维数组的指针

(7) 有"int i;char * s="a\045+045\'b"; for(i=0; * s++;i++);"程序段,执行后 i 的正确结果是________。

A. 5 B. 8 C. 11 D. 12

(8) 如下程序的执行结果是________。

```
#include < iostream >
using namespace std;
int main()
{    int i; char * s = "a\n35\b";
```

```
    for(i = 0; * s++ ; i++ );   cout <<"i = "<< i;
    return 0;
}
```

A. i=5　　B. i=6　　C. i=7　　D. i=8

(9) 如下程序的执行结果是________。

```
#include < iostream >
using namespace std;
int main()
{   int i;
    char * s = "a\\\\\n";
    for (i = 0;s[i]!= '\0';i++) cout << * (s + i);
    return 0;
}
```

A. a　　B. a\　　C. a\\　　D. a\\\\

(10) 有如下语句系列：

```
int x = 100, &r = x;
cout << x <<' - '<< r << endl;
```

已知其中变量 x 的地址为 0012FF7C,则该语句序列实际上输出的是________。

A. 100-100　　B. 100-0012FF7C

C. 0012FF7C-100　　D. 0012FF7C-0012FF7C

(11) 以下程序的运行结果是________。

```
#include < iostream >
using namespace std;
void sub( int x, int * y, int * z)
{   * y = * y - 10;
    * y = * z + x;
}
int main()
{   int a = 10, b = 12, * pa, * pb;
    pa = &a; pb = &b;
    sub(b - a, pa, pa);
    cout << a << endl;
    return 0;
}
```

A. 9　　B. 4　　C. 7　　D. 2

(12) 如下程序的执行结果是________。

```
#include < iostream >
using namespace std;
int main()
{   int a[ ] = {1,2,3,4,5,6}, * p;
    p = a;
    * (p + 3) += 2;
```

```
    cout << * p << * (p + 3) << endl;
    return 0;
}
```



A. 13　　B. 16　　C. 36　　D. 14

(13) 如下程序的执行结果是________。

```
#include < iostream >
using namespace std;
int main()
{   int a[ ][4] = {1,3,5,7,9,11,13,15,17,19,21,23};
    int ( * p)[4], i = 1, j = 2;
    p = a;
    cout << * ( * (p + i) + j);
    return 0;
}
```

A. 9　　B. 11　　C. 13　　D. 17

(14) 以下程序的执行结果是________。

```
#include < iostream >
using namespace std;
void f(int * q)
{   for(int i = 0;i < 5;i++)  ( * q)++;
}
int main()
{   int a[5] = {1,2,3,4,5}, i;
    f(a);
    for(i = 0;i < 5;i++) cout << a[i]<<',';
    return 0;
}
```

A. 2,2,3,4,5,　　B. 6,2,3,4,5,　　C. 1,2,3,4,5,　　D. 2,3,4,5,6,

(15) 以下 delnum 函数的功能是删除字符串 s 中的数字字符。请选择正确的编号填空。

```
void delnum (char * s)
{   int i,j;
    for (i = 0, j = 0; s[i]!= '\0'; i++)
        if ( ___①___ ) { s[j] = s[i]; j++; }
    ___②___;
}
```

选择项如下：

① A. s[j]<'0'||s[j]>'9'　　B. s[i]<'0'||s[i]>'9'

　C. s[j]<'0'&&s[j]>'9'　　D. s[i]<'0'&&s[i]>'9'

② A. s[j]='\0'　　B. s[i]='\0'

　C. s[++j]='\0'　　D. s[++i]='\0'

(16) 以下 comp 函数的功能是按字典顺序比较两个字符串 s 和 t 的大小。如果 s 大于 t,则返回正值,如果 s 等于 t 则返回 0,如果 s 小于 t 则返回负值。请选择正确的编号填空。

```
int comp (char * s,char * t)
{   for (; * s== * t;________)
         if ( * s== '\0') return (0);
    return ( * s- * t);
}
```

A. s++　　B. t++　　C. s++;t++　　D. s++,t++

(17) 以下 conj 函数的功能是将两个字符串 s 和 t 连接起来，连接后的字符串在 s 中。请选择正确的编号填空。

```
char * conj (char * s, char * t)
{   char * p = s;
    while ( * s) __①__ ;
    while ( * t) { * s = __②__ ; s++;t++;  }
     * s = '\0'; __③__ ;
}
```

选择项如下：

① A. s− −　　B. s++　　C. s　　D. * s

② A. * t　　B. t　　C. t− −　　D. * t++

③ A. return(s)　　B. return(t)　　C. return(p)　　D. return(p−t)

**2. 填空题**

(1) 定义“int a[ ]={1,3,5,7,9,11}, * p=a;”，表达式( * ++p)++的值是________。

(2) 如下程序的执行结果是________。

```
#include<iostream>
using namespace std;
int main()
{    int a[ ] = {1,2,3,4,5,6}; int * p;
     p = a; * (p + 3) += 2;
     cout <<"n1 = "<< * p <<" , n2 = "<< * (p + 3)<< endl;
     return 0;
}
```

(3) 如下程序的执行结果是________。

```
#include<iostream>
using namespace std;
int main()
{    int ** p, * q, i = 10;
     q = &i; p = &q;
     cout << ** p << endl;
     return 0;
}
```

(4) 如下程序的执行结果是________。

```
#include<iostream>
using namespace std;
```

```
int main()
{    int i,j;
     int *p, *q;
     i=2; j=10; p=&i; q=&j; *p=10; *q=2;
     cout<<"i="<<i<<", j="<<j<<endl;
     return 0;
}
```

(5) 如下程序的执行结果是________。

```
#include<iostream>
using namespace std;
int main()
{    int a[2], *p;
     p=a; *p=2; p++; *p=5;
     cout<< *p; p--;
     cout<< *p<<endl;
     return 0;
}
```

(6) 以下程序运行后输出的结果是________。

```
#include<iostream>
using namespace std;
void f(int *x, int y)
{    *x=y+1; y= *x+2;   }
int main()
{    int a=2, b=2;
   f(&a, b);
   cout<<a<<'\t'<<b<<endl;
   return 0;
}
```

(7) 如下程序的执行结果是________。

```
#include<iostream>
using namespace std;
int main()
{    char s[ ]="abcdefg";
     char *p;
     p=s;
     cout<<"ch="<< *(p+5)<<endl;
     return 0;
}
```

(8) 以下程序运行后输出的结果是________。

```
#include<iostream>
using namespace std;
void f(int *p, int n)
{    int t;
     t= *p; *p= *(p+n-1);   *(p+n-1)=t;
}
```

```
int main()
{   int a[5] = {1,2,3,4,5},i;
    f(&a[1], 3);
    for(i = 0;i < 5;i++) cout << a[i]<<'\t';
    return 0;
}
```

(9) 以下程序运行后输出的结果是________。

```
#include < iostream >
using namespace std;
void f(int a[], int n, int x, int *c)
{  if(n == 0)  return;
   if(a[0]> = x) ( *c)++;
   f(a + 1, n - 1, x, c);
}
int main()
{  int a[10] = {1,3,5,2,3,5,3,7,4,1}, t = 0;
   f(a,10,5,&t);
   cout << t << endl;
   return 0;
}
```

(10) 如下程序的执行结果是________。

```
#include < iostream >
using namespace std;
int main()
{   int a[12] = {1,2,3,4,5,6,7,8,9,10,11,12}, * p[4],i;
    for (i = 0;i < 4;i++) p[i] =  &a[i * 3];
    cout << p[3][2]<< endl;
    return 0;
}
```

(11) 如下程序的执行结果是________。

```
#include < iostream >
using namespace std;
int main()
{   char ch[2][5] = {"6935","8254"},  * p[2];
    int i,j,s = 0;
    for (i = 0;i < 2;i++) p[i] = ch[i];
    for (i = 0;i < 2;i++)
           for (j = 0; p[i][j]> = '0' && p[i][j]< = '9'; j += 2)
               s = 10 * s + p[i][j] - '0';
    cout << s << endl;
    return 0;
}
```

(12) 下列程序的运行结果是________。

```
#include < iostream >
using namespace std;
```

```
void sub(int *x,int i,int n)            //提示: sub 函数为递归函数
{    if(n<=i) sub(x,i,3*n);
     *x+=n++;
}
int main()
{    int x=0;
     sub(&x,12,2);
     cout<<x<<endl;
     return 0;
}
```

(13) 执行下列程序段后,sa 的内容为________。

```
#include<iostream>
#include<string>
using namespace std;
int main()
{    char sa[8], *sb="aa\0bb\0";
     cout<<strcpy(sa,sb)<<endl;
     return 0;
}
```

(14) 以下程序运行后输出的结果是________。

```
#include<iostream>
using namespace std;
int funa(int a, int b){   return a+b;}
int funb(int a, int b){return a-b;}
int sss(int (*t)(int, int), int x, int y){return (*t)(x,y);}
int main()
{    int x;
     x=sss(funa, 9,3);
     x+=sss(funb,8,3);
     cout<<x<<endl;
     return 0;
}
```

(15) 下列程序的运行结果是________。

```
#include<iostream>
using namespace std;
void fun( int *x, int y)
{    y= *x+y;
     *x=y%4;
     cout<<*x<<','<<y<<endl;
}
int main()
{    int x=4, y=5;
     fun(&y, x);
     cout<<x<<','<<y<<endl;
     fun(&x, y);
     cout<<x<<','<<y<<endl;
```

```
    return 0;
}
```

(16) 下列程序的运行结果是________。

```
#include <iostream>
using namespace std;
void fun(int *a, int *b)
{   (*a)++;   *b++;
    *a++;     (*b)++;
    cout << *a << '\t' << *b << endl;
}
int main()
{   int c1[3] = {10, 20, 30}, c2[3] = {40, 50, 60};
    fun(c1, c2);
    cout << c1[0] << '\t' << c1[1] << endl;
    cout << c2[0] << '\t' << c2[2] << endl;
    return 0;
}
```

(17) 下列程序的运行结果是________。

```
#include <iostream>
using namespace std;
float *f( float *p, float x[ ], int n)
{   float sum = 0;
    for(int i = 0; i < n; i++)   sum += x[i];
    p = &sum;    x[n] = sum;
    return x + n;
}
int main()
{   float x[ ] = {1, 2, 5, 7, 0}, s = 0, *p1, *p2 = &s;
    p1 = f(p2, x, 4);
    cout << " *p1 = " << *p1 << endl;
    cout << " *p2 = " << *p2 << endl;
    return 0;
}
```

(18) 下列程序的运行结果是________。

```
#include <iostream>
using namespace std;
int main()
{   int a[20], *p[4], i, k = 0;
    for(i = 0;i < 20;i++)   a[i] = i;
    for(i = 0;i < 4;i++)   p[i] = &a[i * (i + 1)];
    for(i = 0;i < 4;i++)   k += p[i][i];
   cout << k << endl;
   return 0;
}
```

(19) 以下程序建立一个如下所示的二维数组,并按如下格式输出,请填空。

```
1  0  0  0  1
0  1  0  1  0
0  0  1  0  0
0  1  0  1  0
1  0  0  0  1
```

```
#include <iostream>
using namespace std;
int main()
{   int a[5][5] = {0}, *p[5], i,j;
    for(i = 0;i<5;i++) ___①___;
    for(i = 0;i<5;i++)
    {   *(p[i] + ___②___) = 1;
        *(p[i] + 5 - ___③___ ) = 1;
    }
    for(i = 0;i<5;i++)
    {   for(j = 0;j<5;j++) cout << p[i][j]<<'\t';
        ___④___;
    }
    return 0;
}
```

(20) 下列函数的功能是计算函数 H()的值,设 H()的定义如下。请完善程序。

$$H(a,b)=\frac{\sin(a+b)}{\cos(a-b)}\times\frac{\cos(a+b)}{\sin(a-b)}$$

```
#include <iostream>
#include <cmath>
using namespace std;
const double PAI = 3.1415926534;
double fun1(double (*fp1)(double a), double (*fp2)(double b), double x, double y)
{  return ___①___ ; }
double fun2(double m, double n)
{  return fun1(sin,cos,m,n) * fun1( ___②___ );}
int main()
{  double a1 = PAI/8, a2 = PAI/16,t;
   t = fun2(a1,a2);
   cout << t << endl;
   return 0;
}
```

(21) 以下程序的功能是删除一个字符串中的所有非数字字符,并将剩下的数字字符串逆序转化为一个整数。如字符串"2hf34##56"经程序处理后的数字字符串为"23456",程序的运行结果为65432。请完善程序。

```
#include <iostream>
#include <string>
using namespace std;
char *del (char *str)
{   char *p1, *p2;
```

```
    for(p1 = str,p2 = str; * p1;p1++)
        if(  ①  ) * p2++ = * p1;
      ②  ;
    return str;
}
int val(char * str)
{   int len = strlen(str);
    int s = 0;
    for(char * p = str + len - 1;  ③  ; p-- )
        s = s * 10 + * p - '0';
    return s;
}
int main()
{   char s[ ] = "2hf34##56";
    cout << s << endl;
    cout << del(s)<< endl;
    cout << val(s)<< endl;
    return 0;
}
```

# 第 8 章　结构体、共用体与链表

## 8.1 习题解析

**【实例 8.1】** 有下列程序段：

```
typedef struct NODE
{   int num; struct NODE * next;
} OLD;
```

下列叙述中正确的是________。

A. 以上的说明形式非法　　　　B. NODE 是一个结构体变量

C. OLD 是一个结构体类型　　　D. OLD 是一个结构体变量

**答案**：C

**【程序解析】** 关键字 typedef 用来给已有的数据类型重新定义一个名字，所以本题的 OLD 是一个结构体类型，如果该程序段去掉 typedef，则 OLD 就是一个结构体变量。

**【实例 8.2】** 有下列程序：

```
#include < iostream >
typedef struct{   int b,p;}A;
void f(A c)                                //注意：c 是结构变量名
{   c.b += 1; c.p += 2;}
int main( )
{   A a = {1,2};
    f(a);
    std::cout << a.b <<","<< a.p <<'\n';
    return 0;
}
```

程序运行后的输出结果是________。

A. 2,3　　B. 2,4　　C. 1,4　　D. 1,2

**答案**：D

**【程序解析】** 本题的实参和形参都是结构体变量，结构体变量的传递是值传递，是单向传递，所以函数调用后，结构体变量 a 的值不变。

**【实例 8.3】** 若有枚举类型定义"enum list1{x1,x2,x3,x4=6,x5,x6};"，则枚举常量 x2 和 x6 代表的值分别是________。

A. 1, 6　　B. 1, 8　　C. 2, 6　　D. 2, 8

**答案**：B

**【程序解析】** 枚举类型定义列表中，枚举常量的值默认第 1 个为 0，第 2 个为 1，后面的依次加 1。如果某一个枚举常量被赋予了整数值，则该枚举常量值为该整数值，后面的枚举常量在这个值的基础上依次加 1。

**【实例 8.4】** 阅读下列程序，写出输出结果。

```
#include<iostream>
using namespace std;
int main( )
{    union un
     {    short int a;
          char c[2];
     } w;
     cout << sizeof(w)<< endl;                    //A
     w.c[0] = 'A';    w.c[1] = 'a';
     cout << oct << w.a << endl;
     return 0;
}
```

**答案**：

2

60501

**【程序解析】** 本程序中定义的共用体类型 un 是由短整型变量 a 和字符型数组 c[2]所共有，它们占有的内存字节数都是 2 字节，因此 A 行输出为 2。

程序中对"w.c[0]='A'; w.c[1]='a';"的操作，使数组 c[0]的内容为 01000001、c[1]的内容为 01100001，如图 2.12(a)所示。而输出语句是按短整型变量 a 来输出，在 Intel 系列的微处理器中，短整型数据在内存的存放原则是"数据高位字节存于高地址，低位字节存于低地址"，因此，c[1]为变量 a 的高位字节，c[0]为变量 a 的低位字节，作为具有两个字节的整数，排列如图 2.12(b)所示。可见变量 a 的八进制的值为 60501。

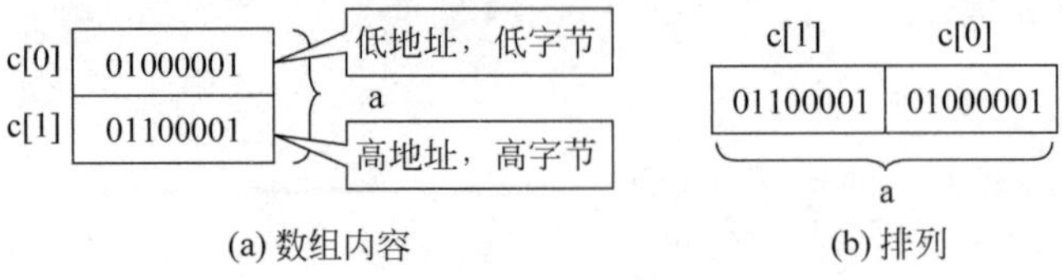


(a) 数组内容　　(b) 排列

图 2.12　实例 8.4 的数据结构示意图

**【实例 8.5】** 阅读下列程序,写出输出结果。

```
#include <iostream>
using namespace std;
int main( )
{    union example                                //定义共用体类型
     {    struct {int x,y;}in;                    //又定义结构体变量 in 作为共用体的成员
          int a,b;                                //定义整型变量 a,b 作为共用体的成员
     }e;
     cout << sizeof(e.in)<<'\t'<< sizeof(e) << endl; //A
     e.a = 2; e.b = 4; e.in.x = e.a * e.b;
     e.in.y = e.a + e.b;
     cout << e.in.x <<'\t'<< e.in.y << endl;      //B
     return 0;
}
```

**答案:**

8　　8

16　　32

**【程序解析】** 此题的数据结构如图 2.13 所示。共用体 example 由 3 个成员 e.in、e.a、e.b 组成,此 3 个成员的存储空间重合,所以整型变量 e.in.x,e.a 和 e.b 共占一段存储空间。因此程序 A 行输出变量 e.in 和 e 的字节数为 8 和 8。后面几句操作,使共用体的分量 e.in.x 为 16,分量 e.a 和 e.b 同样也是 16,因此,分量 e.in.y 为 32,故 B 行的输出为 16 和 32。

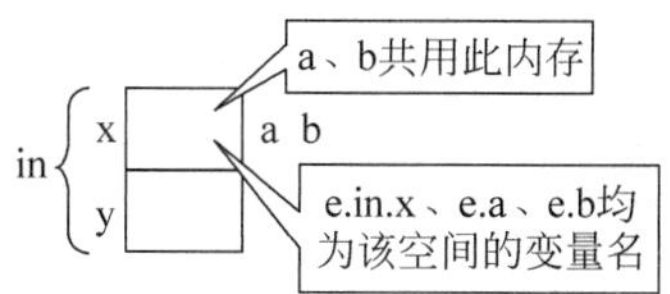


图 2.13　实例 8.5 的数据结构示意图

**【实例 8.6】** 以下程序的功能是:函数 struct node * insert(struct node * head, struct node * p)将 p 指向的结点作为首结点插入 head 指向的链表中。main()函数接收从键盘输入的一行字符,每接收一个字符后,申请一个新结点保存该字符,并调用 insert()函数将新结点插入链表中。最后从表头开始依次输出该链表各结点成员 c 的值。试完善程序以达到要求的功能。

```
#include <iostream>
using namespace std;
struct node
{    char c;
     struct node * next;
};
int main( )
{    struct node * insert(struct node * head, struct node * p);
     char ch;
     struct node * head, * p;
     head = NULL;
     while((ch = cin.get( ))!= '\n')
     {  p = new node;
        ___(1)___ = ch;
        p -> next = NULL;
```

```
        (2)   ;
    }
    p = head;
    while(p!= NULL)
    {   cout << p -> c;
        (3)   ;
    }
    return 0;
}
struct node * insert(struct node * head, struct node * p)
{   if(head == NULL)    head = p;
    else
    {    (4)   ;
        head = p;
    }
    return head;
}
```

**答案**：(1) p—> c　(2) head＝insert(head,p)　(3) p＝p—> next　(4) p—> next＝head

**【程序解析】** 从程序可以看出，创建链表函数 insert()首先创建的是尾结点，最后创建的结点作为首结点，即头指针指向这个结点，如果从键盘输入 ab <CR>，则链表的建立过程如图 2.14 和图 2.15 所示。所以显示的链表内容与给定数组的元素顺序相反。

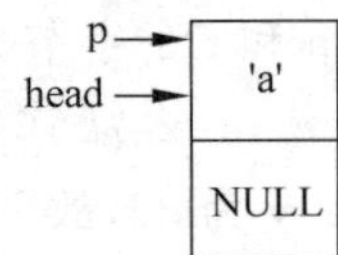


图 2.14　建立第 1 个结点

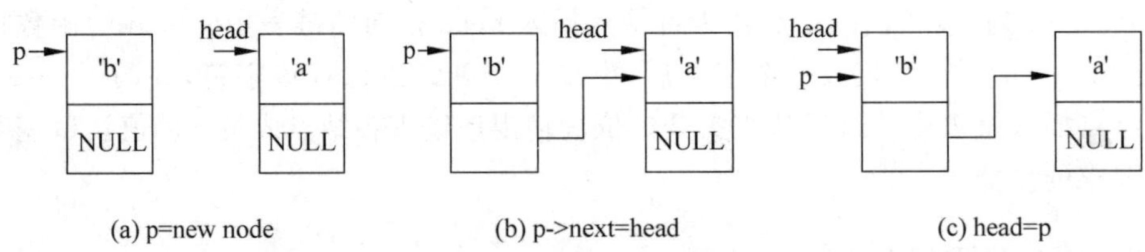


图 2.15　建立第 2 个结点

根据图和程序，(1)空所在的语句是为结点的数据域赋值，所以填 p—> c，(2)空是调用函数插入结点，所以填 head＝insert(head,p)，(3)空所在语句完成在输出当前结点时，使 p 指针指向下一个结点，所以填 p＝p—> next，(4)空所在语句完成创建第 2 个结点及后面的结点时与前一结点进行连接，所以填 p—> next＝head。

**【实例 8.7】** 设一个单向链表结点的数据类型定义为：

```
struct node
{   int x;
    struct node * next;
};
```

fun 函数从 h 指向的链表第二个结点开始遍历所有结点，当遇到 x 值为奇数的结点时，将该结点移到 h 链表第一个结点之前,函数返回链表首结点地址。print 函数输出 p 指向的链表中所有结点的 x 值。程序运行后的输出结果是"1　3　4　2"。试完善程序以达到要求的功能。

```
#include<iostream>
using namespace std;
const int N=4;
struct node
{   int x;
    struct node *next;
};
void print(struct node *p)
{   while(__(1)__)
    {  cout<< __(2)__ <<"\t"; p=p->next;}
    cout<<endl;
}
struct node *fun(struct node *h)
{   struct node *p1, *p2, *p3;
    p1=h; p2=p1->next;
    while(p2)
    {  if(p2->x%2)
       {  p3=p2;
          p1->next= __(3)__ ;
          p2=p1->next;
          p3->next=h;
          __(4)__;
       }
       else
        {  p1=p2;  p2=p2->next;  }
    }
  return h;
}
int main()
{   struct node a[N]={{4},{3},{2},{1}}, *head=a;
    int i;
    for(i=0;i<N-1;i++)  a[i].next=&a[i+1];
    a[i].next=0;
    head=fun(head);
    print(head);
    return 0;
}
```

**答案**:(1) p　(2) p—>x　(3) p2—>next 或 p3—>next　(4) h=p3

**【程序解析】** 根据程序,print 函数完成链表的输出,所以(1)填 p,(2)填 p—>x; fun 函数完成题目要求的功能,第 1 次执行该函数中的 while 循环时,指向结构体指针 p1、p2、p3 的指向如图 2.16 所示。

根据题意,要将 p2 指向的结点从链表中删除并连接到首结点之前,所以(3)填 p2—>next 或 p3—>next(见图 2.16 的虚线部分),接着(4)应填 h=p3,即 h 继续指向首结点,执行完后链表的状态如图 2.17 所示,后面执行过程同上。

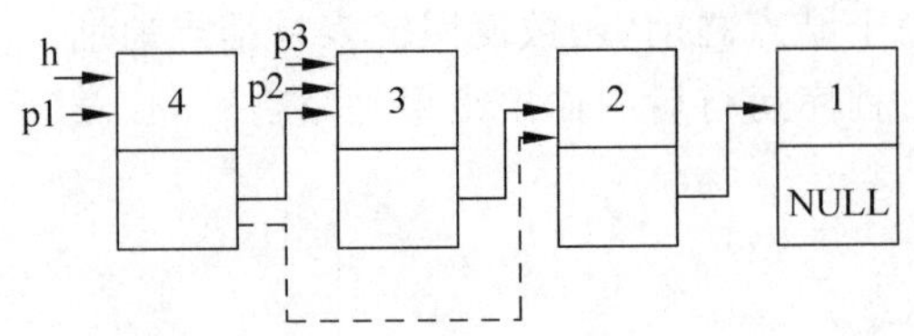


图 2.16　第一次执行 while 循环时,p1、p2、p3 的指向

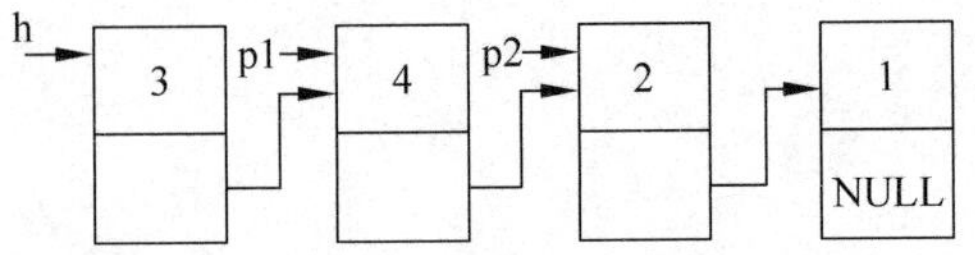


图 2.17　完成第 1 次操作后链表的状态

**【实例 8.8】** 设某链表上每个结点的数据结构为:

```
typedef struct node
{    int d;
     struct node * next;
}NODE;
```

函数 NODE * invert(NODE * head)的功能是:将 head 指向的单链表逆置,即原链表最后一个结点变为第 1 个结点,原来倒数第 2 个结点变成第 2 个结点,以此类推。在逆置过程中不建立新的链表。

```
NODE   * invert(NODE * head)
{  NODE   * p,  * q,  * r;
   if(head == 0|| ___(1)___ )  return head;
   p = head;
   q = p -> next;
   while(q!= 0)
   {    r = ___(2)___ ;
        q -> next = p; p = q;   q = r;
   }
   ___(3)___ = 0;
   head = ___(4)___ ;
   return head;
}
```

**答案**:(1) head—>next==0　(2) q—>next　(3) head—>next　(4) p

**【程序解析】** 做这种链表题目一定要画出链表示意图,根据图和题意分析该如何填空。图 2.18 是还没有逆置时的链表的初始状态。根据题意,如果链表为空或者只有一个结点时不存在倒序的问题,所以(1)空填 head—>next==0(只有一个结点的情况)。

while 语句的第 1 次循环第 1 个结点和第 2 个结点倒序,q—>next=p 语句实现 q 结点地址存放到 p 结点的指针成员处,用 p 指针记录 q 的当前位置,指针 q 应该指向下一个结点,所以(2)空填 q—>next;第 1 次循环完成后链表的状态如图 2.19 所示,把每一个结点操作完后,把 head 指针作为链表尾,所以(3)空填 head—>next;把 p 所指的结点作为链表首,所以(4)空填 p。

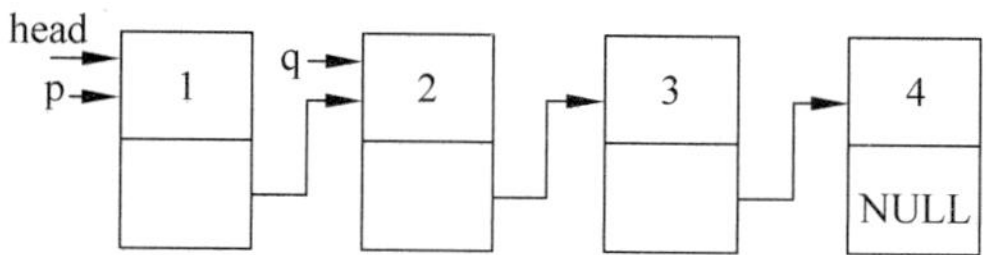

图 2.18　第 1 次执行 while 时,链表的初始状态

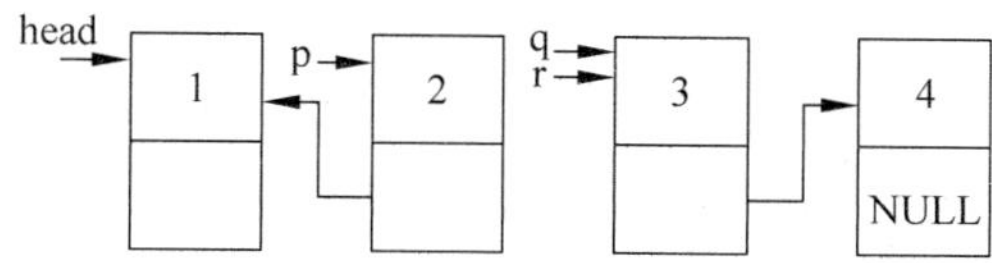

图 2.19　完成第 1 次逆置操作后链表的状态

## 8.2　测试题

**1. 选择题**

(1) 下列关于结构体的说法错误的是________。

A. 结构体是用户自定义的一种数据类型

B. 结构体中可以设定若干个不同数据类型的成员

C. 结构体中成员的数据类型可以是另一个已定义的结构体

D. 在定义结构体时,可以为成员设置默认值

(2) 若有以下定义:

```
struct ex
{int a; float b; char c;}example;
```

下列说法错误的是________。

A. struct 是结构体类型的关键字　　B. example 是结构体类型名

C. a,b,c 是结构体成员名　　D. example 是用户声明的结构体变量

(3) 若有以下定义:

```
struct st
{    int a;
     char b;
     double c;
};
```

结构体变量初始化的正确语句是________。

A. st d[2]={5,'A',10.2;6,'B',9.8};　　B. st d[2]={{5, A,10.2},{6,B,9.8}};

C. st d[2]={{5, 'A'},{6,'B'}};　　D. st d[2]={{5,'A',10.2}{6,'B',9.8}};

(4) 若有以下程序段,对结构体变量的成员引用正确的是________。

```
struct date{int y; int m; int n;};
struct person{int num; char name[10]; date birthday;};
person st;
```

A. num　　B. st.name　　C. st.birthday　　D. st.date.m

(5) 有以下定义,值为's'的表达式是________。

```
struct aa
{    int a; char b[5];};
int main()
{    aa x[2] = {100,"Jack",200,"Rose"};
     …
}
```

A. x.b[2]　　B. x[1].b　　C. x[1].b[2]　　D. x[1].b[3]

(6) 有以下定义,则对结构体变量成员操作错误的是________。

```
struct person
{    int num; char name[10]; float score[3];}w;
```

A. cin >> w.num;　　B. w.score[2]=85;

C. cin >> w.score[0];　　D. w.name="Mary";

(7) 在定义一个共用体变量时,系统为其分配存储空间的原则是______。

A. 按所有成员需要的存储空间总和分配

B. 按成员中占存储空间最大者分配

C. 按成员中占存储空间最小者分配

D. 按第一个成员所需的存储空间分配

(8) 有下列程序,该程序的输出结果是________。

```
#include<iostream>
using namespace std;
int main()
{    union
     { short int i[2];
       long k;
       char c[4];
     } *s,a;
     s = &a;s->i[0] = 0x39;s->i[1] = 0x38;
     cout << hex << s->k << endl;
     return 0;
}
```

A. 3839　　B. 3938　　C. 380039　　D. 390038

**2. 填空题**

(1) 下列程序的运行结果是________。

```
#include<iostream>
using namespace std;
struct s
{     int a; struct s *next;};
int main()
{     int i;
      static struct s x[2] = {5, &x[1], 7, &x[0]}, *ptr;
      ptr = &x[0];
      for(i = 0;i < 3;i++)
      {       cout << ptr->a <<'\t';
```

```
            ptr = ptr -> next;
        }
        return 0;
}
```

(2) 下列程序的运行结果是________。

```
#include <iostream>
using namespace std;
struct abc{char c; float v;};
void fun(abc &b)
{b.c = 'A';b.v = 80.7;}
int main()
{    abc a = {'B',98.5};
     fun(a);
     cout << a.c <<'\t'<< a.v << endl;
     return 0;
}
```

(3) 下列程序的运行结果是________。

```
#include <iostream>
using namespace std;
struct st
{       int a,b;
        struct st *next;
}x[3];
int main()
{       int i;
        st *p;
        for(i = 0;i < 3;i++)
        {       x[i].a = i + 1, x[i].b = i + 2;
                x[i].next = &x[i + 1];
        }
        x[2].next  = x;
        for(p = x, i = 0;i < 3;i++)
        {       cout << p -> a <<'\t';      p = p -> next ;
                cout << p -> b << endl;     p = p -> next;
        }
        return 0;
}
```

(4) 若建立一个链表结点结构,每个结点包含两个成员,data 是字符型数据,next 是指向结点的指针。若定义结构体,请填充。

```
struct listnode
{    ___①___;
     ___②___ ;
}
```

(5) 函数 sumlist 的功能是:对值为偶数的结点求和,并作为函数值返回。请完善程序。

```
struct listnode{ int data; listnode *next;};
int sumlist(listnode *h)
```

```
{    ilstnode * p;
     int  ①  ;
     p = h;
     while(p!= NULL)
     {    if ( ② ) m = m + p -> date;
          p = p -> next;
     }
      ③ ;
}
```

(6) 根据输入的字符串创建一个链表,对该字符串中的每个字符,查找链表上的结点。若链表结点上已有该字符,则将该结点的字符出现次数 count 值加 1;否则产生一个新结点,存放该字符,置 count 为 1,把此新结点插入链首。统计输入的一行字符串中每个字符出现的次数。最后输出链表上每个结点的字符及出现的次数。

程序代码如下,请根据题意和注释完善程序。

```
#include <iostream>
using namespace std;
struct node                              //定义结构体
{    char  c;                            //字符
     int  count;                         //字符出现的次数
     node  * next;
};
void print(node * head)                  //显示链表各结点的数据域内容函数
{    while(head)
     {    cout <<"\n 字符"<< head -> c <<"出现"<< head -> count <<"次\n";
          head = head -> next;
     }
}
void dele(node * head)                   //删除链表结点函数
{    node * p;
     while(head!= NULL)
     {    p =  ①  ;                      //指向链表头
          head =  ②  ;                   //指向链表头的下一个结点
          delete p ;
     }
}
node *  search(node * head, char ch)     //查寻并创建链表函数
{    node  * p;
     p = head;
     while(p)
     {    if(p -> c == ch){ p -> count++; break;  }
          p =  ③  ;                      //移动到下一个结点
     }
     if(p == NULL)
     {    p = new node;
          p -> c = ch;
          p -> count = 1;
          if (head)  ④  = head;          //新插入的结点作为链表头
          else p -> next = 0;
```

```
        ⑤   ;                        //指向头结点或返回链表头
    }
    return head;
}
int main( )
{   char s[300], * p = s;
    node   * h = 0;
    char c;
    cout <<"请输入一行字符串:" ;
    cin.getline(s,300);
    while(c = * p++ ) h = search(h,c);
    print(h);
    dele(h);
    return 0;
}
```

(7) 下面函数 reverse()的功能是将链表 h 构成一条新的逆序链表,即将链表头当成链表尾,链表尾当链表头。请完善程序(提示:设 p1 和 p2 分别指向链表的相邻点,逆序从链表头开始处理,处理方法是将原来的 p1—> next 中存放 p2 的地址改为 p2—> next 中存放 p1 的地址)。

```
node * reverse(   ①   )
{   node * p1 = 0, * p2 = h, * temp, * h2 = h;
    while(   ②   ) h2 = h2 -> next ;     //使 h2 定位原链表尾
    while(p2!= h2)
    {   temp = p2 -> next ;
        p2 -> next  = p1;
        p1 = p2;
        p2 =   ③   ;
    }
    h2 -> next  = p1;
    return   ④   ;
}
```

(8) 链表上结点的数据结构定义是"struct node{ int data; node * next;};",设已建立了一条链表,h 为首指针。函数 Del_add()的功能为:若链表上能找到结点的 data 值为 value,则从链表上删除该结点(假定链表上各个结点的值是不同的);否则构造一个新结点,其 data 的值为 value,并将新结点插入链尾。

```
node * Del_add(node * h, int value)
{     node * p1, * p2;
      int flag = 0;                     //值为 1 时,表示已删除值为 value 的结点
      p1 = h;
      while (p1&&flag == 0)
      {     if(p1 -> data  == value)
            {     flag = 1;
                  if(p1 == h)
                  {     h =   ①   ;
                        delete p1;
                  }
```

```
                else
                {       p2->next = ___②___;
                        delete p1;
                }
        }
        else
        {       p2 = p1;
                p1 = ___③___ ;
        }
    }
    if(flag == 0)
    {       p1 = new node;
            p1->data = value;
            p1->next = 0;
            if(h == 0)      h = p1;
            else    ___④___ ;
    }
    return h;
}
```

(9) 设链表上结点的数据结构定义为"struct node{ int data; node * next;};",函数create()的功能为：创建一个有序的链表(结点按 data 的值升序排序)，参数 n 为链表上要产生的结点的个数，函数返回该有序链表的头指针，请完善程序。算法思想：每产生一个新的结点，就插入到链表的恰当位置，使得插入新结点以后的链表仍然保持有序。

```
___①___create(int n)
{       node *p, *p1, *p2, *h = NULL;
        int i = 0;
        if(n<1) return NULL;
        while(___②___)
        {       p = new node;
                cout<<"Input data ";
                cin>>p->data ;
                p->next = NULL;
                if(h == NULL) ___③___ ;
                else
                {       p1 = p2 = h;
                        while(p2&&p->data >= p2->data )
                        {       p1 = p2; ___④___ ;  }
                        if(p2 == h)
                        {       p->next = p2; h = p; }
                        else
                        {       p->next = p2; p1->next = ___⑤___;}
                }
                i++;
        }
        return h;
}
```

# 第 9 章　类 和 对 象

## 9.1　习题解析

**【实例 9.1】** 关于对象的下列描述中错误的是________。

A. 对象是一种类型　　　　B. 对象是类的一个实例

C. 对象是客观世界的一种实体　　　　D. 对象之间是通过消息进行通信的

**答案：**A

**【解析】** 本题考查类和对象的概念。类是一种抽象的概念，它是人们为了考查事务而抽象出来的。例如，人类、鸟类等是一群事物的共性的抽象；对象是具体的，例如，张三、一只鸽子等。对象是类的实例，该对象具有类定义中提到的所有共性，对象之间是通过消息进行通信的。

**【实例 9.2】** 写一个关于人的类的定义。

```
class  Person                          //定义 Person 类
{private:
    char  Name[12];                    //声明私有数据成员 Name[12]和 Age
    int  Age;
public:
    void Per( char * n, int  a)        //在类体内定义成员函数 Per( char * n, int  a)
    {     strncpy(Name, n , 11);
          Age = a;
    }
    void show( );                      //在类体内声明成员函数 show( ),但未给出函数体
};
void Person::show( )                   //在类体外定义 show( )的函数体,需要指明所属的类
{   cout <<"姓名: "<< Name <<'\n';
    cout <<"年龄: "<< Age << endl;
}
```

**【程序解析】** 此例中，定义的类的类名为 Person，类体中声明了两个私有数据成员和两个公有成员函数：一个在类体内定义函数体；另一个在类体外定义函数体。

在定义类时，只是定义了一种自定义的数据类型，并不为类分配存储空间，所以，在定义类中的数据成员时，不能对其初始化。例如：

```
class Student
{private:
    int reg_num = 0501;                //错误
    char * name = "Wang Ping";         //错误
    //…
};
```

**【实例 9.3】** 成员函数的重载，写出程序的输出结果。

```
#include < iostream >
using namespace std;
```

```
class  Test
{    int  x , y;
     int  m, n;
public:
     void Setxy(int a, int b){x = a; y = b;}
     void Setxy(int a, int b, int c, int d){ x = a;y = b;m = c;n = d;}
     void Printxy(int x){cout <<"m = "<< m <<'\t'<<"n = "<< n << endl;}
     void Printxy(void) {cout <<"x = "<< x <<'\t'<<"y = "<< y << endl;}
} ;
int main( )
{    Test  p1, p2;
     p1.Setxy(3, 5); p2.Setxy(10,20,30,40);   //参数不同
     p1.Printxy();
     p2.Printxy();  p2.Printxy(2);            //参数、类型不同
     return 0;
}
```

**答案:**

```
x = 3    y = 5                               //执行"p1.Printxy();"输出的结果
x = 10   y = 20                              //执行"p2.Printxy();"输出的结果
m = 30   n = 40                              //执行"p2.Printxy(2);"输出的结果
```

**【程序解析】** 设置对象初值的函数有两个,构成重载:用 p1.Setxy(3,5)对 p1 对象初始化,得 x=3,y=5;用 p2.Setxy(10,20,30,40)对 p2 对象初始化,得 x=10,y=20,m=30,n=40。而输出对象的函数也有两个:Printxy( )和 Printxy(int x),同样构成重载。编译系统根据参数的个数不同选择使用,因此获得上述结果。

**【实例 9.4】** 阅读程序,写出程序的输出结果。

```
#include <iostream>
using namespace std;
class A
{    float x,y;
public:
     float Sum(void) { return x + y; }
     void Set(float a,float b = 10.0) { x = a;   y = b;}
     void Print(void) {    cout <<"x = "<< x <<'\t'<<"y = "<< y << endl; }
};
int main( )
{    A a1,a2;
     a1.Set (2.0,4.0); cout <<"a1: "; a1.Print (); //初始化对象 x = 2.0,y = 4.0
     cout <<"a1.sum = "<< a1.Sum ()<< endl;
     a2.Set(20.0); cout <<"a2: "; a2.Print ();      //默认参数初始化对象 x = 20.0,y = 10.0
     cout <<"a2.sum = "<< a2.Sum ()<< endl;
     return 0;
}
```

**答案:**

```
a1: x = 2   y = 4                            //执行 a1.Print()的输出
a1.sum = 6                                   //执行 a1.Sum()的输出
```

```
a2: x = 20   y = 10                                    //执行 a2.Print()的输出
a2.sum = 30                                            //执行 a2.Sum()的输出
```

【程序解析】 本例涉及默认参数的成员函数。注意，在函数说明中若形参不完全默认，则是根据需要对参数表末尾的一个或从末尾向前连续若干个参数给出默认值。因此，“a2.Set(20.0);”执行的结果是 x=20.0，y=10.0（取默认值）。再执行显示函数，得出上述输出。

【实例 9.5】 阅读程序，写出程序的输出结果。

```
#include <iostream>
using namespace std;
class B
{   float x,y,z;
public:
    void set(float a, float b, float c) {    x = a; y = b; z = c;   }
    B add()
    {   x++; y++; z++;
        return *this;
    }
    void print() {  cout << x <<'\t'<< y <<'\t'<< z << endl;}
};
int main()
{   B t;
    t.set(3,4,5);
    t.print (); t.add (); t.print ();
    return 0;
}
```

**答案：**

```
3    4    5
4    5    6
```

【程序解析】 类 B 的成员函数 add()实现的是数据成员自增的功能，函数值为自增后的对象本身，用 *this 表示，利用 this 指针返回自增后的对象。对类的数据成员的操作只能通过类的公有函数来完成。

【实例 9.6】 1. 建立一个用弦截法求方程 f(x)=0 在区间[a,b]之间的一个实根的类 Equation，要求如下。

(1) 私有数据成员：

- float a,b,x; a、b 为区间的下限、上限值，x 为求得的近似根。
- double eps; eps 为误差值。

(2) 公有数据成员：

- void set(float a,float b,double eps) 初始化 a,b,eps 的值，默认时 a,b 赋值为 0，eps 为 1。
- void root(float aa,float bb,double epss,float (*pf)(float)) 用 aa、bb、epss 重新设置 a、b、eps 的值，计算由函数指针 pf 指向的函数 f(x)构成的方程 f(x)=0 在区间[a,b]的一个实根，保存在 x 中。

- void print() 输出 x 的值。

2. 编写一个程序测试该类,求 $x^2+3x-4=0$ 在区间[0,3]的一个根。

**答案**:(方程解为 1)

```
#include<iostream>
#include<cmath>
using namespace std;
class Equation{
    float a,b,x;
    double eps;
public:
    void set(float aa = 0,float bb = 0,double epss = 1)
    {   a = aa;b = bb;eps = epss; }
    void root(float aa,float bb,double epss,float ( * pf)(float))
    {   float x0,x1 = aa,x2 = bb;
        eps = epss;
        if(pf(aa) * pf(bb)> 0)                  //当 pf(aa)和 pf(bb)同号时无解
        {   cout <<"no solution in"<<'['<< aa <<','<< bb <<']'<< endl;
            return;
        }
        do
        {   x0 = (x1 * pf(x2) - x2 * pf(x1))/(pf(x2) - pf(x1));
            if(pf(x0) * pf(x1)> 0)   x1 = x0;
            else  x2 = x0;
        }while (fabs(pf(x0))> eps);             //弦截法解方程
        x = x0;
    }
    void print(){    cout << x << endl;  }
};
float f(float x){   return x * x + 3 * x - 4;}
int main()
{   Equation Eq;                                //定义方程对象
    Eq.set();                                   //用默认值对方程解的区间和初值初始化
    Eq.root(0,3,1e - 6,f);                      //调用求方程解的算法
    Eq.print();                                 //输出结果
    return 0;
}
```

**【程序解析】** 弦截法求方程 f(x)=0 的一个实根的算法是:

(1) 在 x 轴上取两点 x1 和 x2,要确保 x1 与 x2 之间有且只有方程唯一的解,即 f(x1) * f(x2)<0。

(2) x1 与 x2 分别与 f(x)相交于 y1=f(x1)、y2=f(x2)。

(3) 做直线通过 y1、y2 与 x 轴交于 x0 点。

(4) 若|f(x0)|满足给定的精度,则 x0 即是方程的解,否则,若 f(x0) * f(x1)<0,则方程的解应在 x1 与 x0 之间;令 x2=x0,继续做(2)。同理,若 f(x0) * f(x1)>0,则方程的解应在 x2 与 x0 之间,令 x1=x0,继续做(2),直至满足精度为止。

已知 $x_1$ 和 $x_2$,求 $f(x_1)$和 $f(x_2)$所做的弦与 $x$ 轴交点 $x_0$ 的公式为:

$$x_0 = \frac{x_1 f(x_2) - x_2 f(x_1)}{f(x_2) - f(x_1)}$$

## 9.2 测试题

**1. 选择题**

(1) 下列有关类和对象的叙述不正确的是________。

A. 类体内可以对所定义数据成员进行初始化

B. 类的数据成员类型可以是任意类型,也可以是另一个类的对象

C. 自身的对象不能作为自己的数据成员

D. 对象是类的一个实例

(2) 下列有关类和对象的说法中,正确的是________。

A. 类和对象没有区别

B. 系统为对象和类分配内存空间

C. 类与对象的关系和数据类型与变量的关系相似

D. 系统为类分配存储空间,不为对象分配存储空间

(3) 关于类的成员数据,下列说法正确的是________。

A. 类的成员数据必须为私有特性

B. 定义类时可以给成员数据赋初值

C. 可以指定类的成员数据的存储类型

D. 使用类的成员数据时,通常要指明成员数据所属的对象

(4) 关于类的访问特性的说明,下列说法正确的是________。

A. 必须首先说明私有特性的成员

B. 成员数据必须说明为私有的

C. 类中没有表明访问特性的成员是公有成员

D. 在同一个类中,说明访问特性的关键字可以多次使用

(5) 下列有关类和结构体的说法中,正确的是________。

A. 类和结构体没有区别

B. 在类中,其成员的默认的存取权限是私有的;而在结构体类型中,其成员的默认的存取权限是公有的

C. 在类中,其成员的默认的存取权限是公有的;而在结构体类型中,其成员的默认的存取权限是私有的

D. 用 struct 不能声明一个类型名,而 class 可以声明一个类名

(6) 关于类和对象,下列说法不正确的是________。

A. 对象是类的一个实例

B. 任何一个对象必定属于一个特定的类

C. 一个类只能有一个对象

D. 类与对象的关系类似于数据类型与变量的关系

(7) 设有如下类的定义,则对成员函数 print()的定义正确的是________。

```
class S{ public: void print(); };
```

A. S::void print(){}

B. S::void print(){cout << 1 <<"\n";}

C. void print(){cout << 1 <<"\n";}

D. void S::print(){cout << 1 <<"\n";}

(8) 设有如下类和对象的定义:

```
class A{
public:
    int  a,b;
}a1 = {1,2};
A  a2,a3;
class{
public:
    int a,b;
}a4;
```

则下列赋值正确的是________。

A. a3=a2=a1; B. a4=a1; C. A *p=&a4; D. A &re=a4;

**2. 填空题**

(1) 引入类定义的关键字是__①__。通常用类的__②__成员表示类的属性,用类的成员__③__表示类的操作。

(2) 类的访问权限符包括__①__、__②__和__③__。

(3) 面向对象的程序设计有4大特征,它们是__①__、__②__、__③__、__④__。

(4) 类的默认访问特性是__①__,在类体外能直接访问的成员特性为__②__,在类体外不能直接访问,但在派生类中可以直接访问的成员的特性是__③__。

(5) 在类的成员函数中,由系统提供的隐含使用的指针是________。

(6) 在类体外定义类的成员函数时,需要在函数名前加上__①__,而在类体外使用类的成员函数时,则需要在函数名前加上__②__。

(7) 阅读以下程序,写出程序的输出结果。

```
#include <iostream>
using namespace std;
class A{
      int a,b;
public:
      void set(){a = 0;   b = 0;}
      void set(int x, int y = 10){ a = x;   b = y;}
      void show(){cout << a <<'\t'<< b <<'\n';}
};
int main()
{     A a1;
      a1.set(); a1.show();
      a1.set(5); a1.show();
      a1.set(20,30); a1.show();
      return 0;
}
```

(8) 根据运行结果,把下列程序补充完整。要求运行结果为 10。

```
#include<iostream>
using namespace std;
class MyClass
{    int n;
public:
    void SetNum(int x){ n=x; }
    void print(){cout<<n<<endl;}
};
void f( __①__ )
{   MyClass *ptr= __②__;
    ptr __③__ ;
}
int main()
{   MyClass t;
    t.SetNum(5);
    f(t);
    __④__ ;
    return 0;
}
```

(9) 根据注释要求,仔细阅读下列程序并填空完善。

```
#include<iostream>
using namespace std;
class A
{   int a,b;
__①__:                            //设置正确的访问属性,以使后续语句不出现语法错误
    void setdata(int ,int);         //初始化成员数据
    int geta(){ __②__ ; }           //取成员数据 a
    void print()                    //输出所有成员
    { __③__ ;}
    A fun()                         //将各成员数据自增后返回当前对象
    {   a++;
        b++;
        return __④__ ;
    }
};
__⑤__                              //完成成员函数 void setdata(int,int)的定义
{  a=x; b=y;  }
int main()
{   A t1,t2;
    __⑥__ ;                        //将 t1 的成员数据 a 和 b 分别设定为 5 和 10
    int a;
    __⑦__ ;                        //将对象 t1 的成员 a 的值赋给变量 a
    __⑧__ ;                        //将 t1 的成员数据自增并将 t1 赋给 t2
    __⑨__ ;                        //输出 t1 的成员
    __⑩__ ;                        //输出 t2 的成员
    cout<<a<<endl;
    return 0;
}
```

# 第10章　构造函数和析构函数

## 10.1　习题解析

**【实例10.1】** 下列说明中有关构造函数的说法正确的是________。

A. 任一类必定有构造函数　　B. 可定义没有构造函数的类

C. 构造函数不能重载　　D. 任一类必定有默认的构造函数

**答案**：A

**【解析】** 任一类必定有构造函数，即使程序中没有显式地定义构造函数，系统也会自动生成一个默认的构造函数，构造函数可以重载。当程序中显式地定义构造函数时，系统就不会生成默认的构造函数。

**【实例10.2】** 以下程序的输出结果是________。

```
#include <iostream>
using namespace std;
class sample
{   public:
        sample() {cout<<(x=0);}
        sample(int i,int j) { cout<<(x=i+j);}
        ~ sample() {cout<<++x;}
    private: int x;
};
int main()
{   sample *p=new sample[2,3];
    delete[] p;
    return 0;
}
```

A. 56　　B. 000111　　C. 5666　　D. 555666

**答案**：B

**【解析】** 本题考查new和delete的使用，“sample[2,3];”语句中的“2,3”是逗号表达式，值为3，因此动态分配对象的语句为“sample *p=new sample[3];”，即申请了3个对象，都调用默认构造函数，因此输出000，运行delete[] p时，由于p指向的是一个有3个元素的数组，释放数组每个对象时都输出1。

**【实例10.3】** 以下程序的输出结果是________。

```
#include <iostream>
using namespace std;
class Con
{   char ID;
public:
    char getID( )
    { return ID; }
    Con(){ ID='A'; cout<<1;}                //A
    Con(char id){ ID=id; cout<<2; }         //B
```

```
    Con(Con &c){ ID = c.getID(); cout << 3;}      //C
};
void show(Con c)
{   cout << c.getID(); }
int main( )
{   Con c1;
    show(c1);
    Con c2('B');
    show(c2);
    return 0;
}
```

**答案**：13A23B

**【程序解析】** 本题主要考查构造函数和复制构造函数的使用。程序中的 A 行和 B 行是构造函数的定义，C 行是复制构造函数的定义。主函数执行“Con c1;”语句时，调用 A 行的构造函数，ID 值为'A'，输出 1；执行“show(c1);”语句时，把实参对象 c1 传递给形参对象 c，调用复制构造函数，输出 3，接着在 show()函数中输出 A；执行“Con c2('B');”语句时，调用 B 行的构造函数，ID 值为'B'，输出 2；执行“show(c2);”语句时，把实参对象 c2 传递给形参对象 c，调用复制构造函数，输出 3，接着在 show()函数中输出 B，所以程序输出为 13A23B。

**【实例 10.4】** 以下程序的输出结果是________。

```
#include < iostream >
#include < string >
using namespace std;
class Student
{public:
     Student(char * , int);                           //构造函数
     ~Student();                                      //析构函数
     void copy(Student &);                            //声明复制成员函数
     void display()
     { cout <<"姓名:"<< name <<" 学号:"<< id << endl; }
private:
     int id;
     char * name;
};
Student::Student(char * pName = "no name", int reg_Id = 0)   //定义构造函数体
{    id = reg_Id;
     name = new char[strlen(pName) + 1];
     strcpy(name, pName);
     cout <<"创建一个新的学生资料: "<< pName << endl;
}
Student:: ~Student()                                  //定义析构函数体
{    cout <<"释放对象!"<< name << endl;
     delete name;
}
void Student::copy(Student & student)                 //定义复制成员函数体
{    if(this == &student)                             //通过 this 指针检查是否是自身类
     {    cout <<"错误:不能复制自身!"<< endl; }
```

```
    else
    {    name = new char[strlen(student.name) + 1];
         strcpy(name,student.name);
         id = student.id;
    }
}
int main()
{   Student Kevin("王芳",12),Tom("李力",23);          //创建类对象,自动调用构造函数
    Kevin.display();
    Tom.display();
    Kevin.copy(Kevin);                              //复制自身,显示产生错误
    Tom.copy(Kevin);
    Kevin.display();
    Tom.display();
    return 0;
}
```

**答案:**

创建一个新的学生资料：王芳

创建一个新的学生资料：李力

姓名：王芳　　学号：12

姓名：李力　　学号：23

错误：不能复制自身!

姓名：王芳　　学号：12

姓名：王芳　　学号：12

释放对象！王芳

释放对象！王芳

**【程序解析】** 本题主要考查构造函数、析构函数、this 指针的使用。此例中定义了一个学生资料复制成员函数“void copy(Student &);”,其中使用 this 指针检查是否复制自身类,如果是,则显示出错,并退出函数;如果不是,才正常复制数据。

**【实例 10.5】** 以下程序的输出结果是________。

```
#include <iostream>
using namespace std;
class  A
    {   float  x,y;
public:
        A(float a, float b)  { x = a;  y = b;  cout <<"A\n";  }
        A() { x = 0;  y = 0;  cout <<"B\n";  }
        A(float  a) { x = a;  y = 0;  cout <<"C\n";   }
        ~A() {   cout <<"调用析构函数"<< endl;   }
};
A  a0(100.0);                                //创建全局对象 a0
void f(void)
{   cout <<"f()\n";
    A  ab(10.0,  20.0);                      //创建局部对象 ab
    static  A  a3;                           //创建静态存储对象 a3
```

```
}
int main( )
{    cout <<"main()\n";
     f(); f();
     return 0;
}
```

**答案：**

```
C
main()
f()
A
B
调用析构函数                              //释放对象 ab 所占有的内存空间
f()
A
调用析构函数                              //释放对象 ab 所占有的内存空间
调用析构函数                              //释放静态对象 a3 所占有的内存空间
调用析构函数                              //释放全局对象 a0 所占有的内存空间
```

**【程序解析】** 要注意不同存储类型的对象何时调用构造函数及析构函数。程序首先创建全局对象 a0，再调用单参数构造函数 A(float a)，第 1 行输出"C"；然后，程序从 main()开始运行，第 2 行输出"main()"；再调用 f( )，程序执行 f( )，第 3 行输出"f( )"；再生成局部对象 ab，调用相应的构造函数 A(float a，float b)，第 4 行输出"A"；再生成局部静态对象 a3，调用无参构造函数 A()，第 5 行输出"B"，随着函数 f()调用的结束，对象 ab 的生存期结束，调用析构函数释放对象 ab 所占用的内存空间，第 6 行输出"调用析构函数"；回到主函数继续调用 f( )，程序执行 f( )，第 7 行输出"f( )"；再生成对象 ab，第 8 行输出"A"；由于 a3 是静态存储的，不再调用构造函数，对象 ab 的生存期结束，调用析构函数释放对象 ab 所占用的内存空间，第 9 行输出"调用析构函数"；到此程序的进程结束，系统开始收回对象所占用的内存空间，自动调用析构函数 2 次(因还有 a3、a0 两个对象在内存中)进行收尾工作。

**【实例 10.6】** 下列程序的输出结果是________。

```
#include< iostream >
using namespace std;
class  base1
{    float  x,y;
public:
     base1(int a,int b) {    x = a;y = b;   }
     void Show(){ cout << "x = "<< x <<'\t'<<"y = "<< y <<'\n';   }
};
class  base2
{    float  x1,y1;
public:
     base2(int a, int b){    x1 = a;   y1 = b; }
     void Show(){ cout <<"x1 = "<< x1 <<'\t'<<"y1 = "<< y1 <<'\n';}
};
class  base3
{    float  z;    base1  a1;  base2  b1;
```

```
public:
    base3(int a,int b,int c,int d, int e):a1(a+b, c) ,b1(a,d) {z=e;}
    void Show(){     cout<<"z="<<z<<'\n'; a1.Show();b1.Show();}
};
int main( )
{   base3 c1(1, 2, 3 ,4, 5);                   //对类 base3 的对象 c1 初始化
    c1.Show();
    return 0;
}
```

**答案：**

```
z=5
x=3     y=3
x1=1     y1=4
```

**【例题解析】** 该题要说明的是在定义一个新类时，可把一个已定义类的对象作为该类的成员。产生这新定义类的对象时，也要对它的对象成员进行初始化，且只能通过这新类的构造函数来对它的所有数据成员初始化。在生成 c1 对象时，调用 base3 构造函数对所有的数据成员初始化，根据对象成员定义的顺序先对 a1 的对象成员进行初始化，然后对 b1 的对象成员进行初始化。

**【实例 10.7】** 给出下列程序的输出结果，如果将 A 行开始的构造函数 Str(Str &s)删除后输出结果是什么？

```
#include<iostream>
#include<string>
using namespace std;
class  Str
{   int Length;
    char  *Sp;
public:
    Str(char *string)                          //构造函数
    {   if(string)
        {   Length=strlen(string);
            Sp=new char[Length+1];             //利用 new 创建一个对象
            strcpy(Sp,string);
        }
        else  Sp=0;
    }
    void Show(void){cout<<Sp<<endl;}
    ~Str(){   if(Sp)  delete []Sp;}            //析构函数
    Str(Str &s)                                //A 行，复制初始化构造函数
    {   if(s.Sp)
        {   Length=s.Length ;
            Sp=new char[Length+1];
            strcpy(Sp,s.Sp);
        }
        else  Sp=0;
    }
};
```

```
int main( )
{    Str s1("Study C++");                    //创建对象 s1
     Str s2(s1);                             //创建对象 s2
     s1.Show ();   s2.Show ();
     return 0;
}
```

**答案：**

```
Study C++
Study C++
```

**【程序解析】** 程序从 main()开始执行，首先执行"Str s1("Study C++");"语句创建对象 s1，并初始化为"Study C++"；接着执行"Str s2(s1);"语句，利用复制初始化构造函数创建对象 s2，同样将其初始化为"Study C++"；然后执行"s1. Show ();  s2. Show ();"语句，显示对象 s1 和 s2 的内容，所以得到上述输出结果。

如果删除 A 行开始的复制初始化构造函数 Str(Str &s)，会产生运行错误。这是因为在执行到 main()函数的"Str s2(s1);"语句时，因无复制初始化构造函数，编译系统会自动产生一个默认的复制初始化构造函数如下：

```
Str::Str(Str &s)
{     Length = s.Length;
      Sp = s.Sp;                              //B 行
}
```

在执行这个函数时，当执行到 B 行语句时，把对象 s1 中的数据成员 Sp 赋给 s2 中的 Sp，使得 s1 和 s2 中的成员指针 Sp 都指向同一个用 new 创建的存放字符串"Study C++"的动态存储区，如图 2.19 所示。

s1.Sp

| 'S' | 't' | 'u' | 'd' | 'y' | ' ' | 'C' | '+' | '+' | '\0' | 'k' |
|---|---|---|---|---|---|---|---|---|---|---|

s2.Sp

图 2.19 实例 10.7 删去 A 行后 s1、s2 存储空间示意图

在程序运行结束时，首先撤销对象 s2，调用 s2 的析构函数，释放对象 s2 中的 Sp 所指向的动态存储区。而在其后撤销对象 s1 时，调用 s1 的析构函数来释放 s1 中的 Sp 所指向的动态存储区时(因该存储区已被释放)，必然要产生一个运行错误。

## 10.2 测试题

### 1. 选择题

(1) 有以下类的声明：

```
class SAMPLE
{     int n;
 public:
      SAMPLE(int i = 0): n(i){}
      void setValue(int n0);
};
```

下列关于 setValue 成员函数的实现中，正确的是________。

A. SAMPLE::setValue(int n0){n=n0;}

B. void SAMPLE:: setValue(int n0){n=n0;}

C. void setValue(int n0){n=n0;}

D. (int n0){n=n0;}

(2) 有如下类定义:

```
class Point{
    int x,y;
public:
    Point(): x(0),y(0){}
    Point( int xx, int yy = 0) : x(xx),y(yy){}
};
```

若执行语句:

```
Point a(2), b[3], *c[4];
```

则 Point 类的构造函数被调用的次数是________。

A. 2 次　　B. 3 次　　C. 4 次　　D. 5 次

(3) 下列有关析构函数的叙述中,不正确的是________。

A. 析构函数名必须与类名相同,并在其前面加上字符"~",以便和构造函数名相区别

B. 析构函数不能带有任何参数,不能有返回值

C. 析构函数可以重载

D. 对于全局定义的对象(在函数外定义的对象),在程序开始执行时,调用构造函数,到程序结束时,调用析构函数

(4) 下列关于析构函数的描述中,错误的是________。

A. 析构函数可以重载　　B. 析构函数由系统自动调用

C. 每个对象的析构函数只被调用一次　　D. 每个类都有析构函数

(5) 在下列函数原型中,可以作为类 AA 的构造函数的是________。

A. void AA(int);　　B. int AA();　　C. ~AA(int);　　D. AA(int);

(6) 设 X 为 Ex 类的对象且赋有初值,则语句"Ex Y=X;"表示________。

A. 为对象 X 定义一个别名　　B. 将对象 X 赋值给 Y

C. 仅说明 Y 和 X 属于同一个类　　D. 错误的说明

(7) 通常复制初始化构造函数的参数是________。

A. 某个对象名　　B. 某个对象的成员名

C. 某个对象的引用名　　D. 某个对象的指针名

(8) 下列代码中:

```
class Point{
    int x,y;
public:
    Point(int a, int b = 0);          //①
    Point(Point &aPoint);             //②
```

```
    Point(Point * p);                    //③
};
```

默认的构造函数是________。

A. ① B. ② C. ③ D. 没有

(9) 执行以下程序时，调用构造函数（以下简称为构造）和完成复制初始化构造函数（以下简称为复制）的次数分别为是________。

A. 1 次构造，1 次复制 B. 1 次构造，2 次复制

C. 2 次构造，1 次复制 D. 2 次构造，2 次复制

```
#include<iostream>
using namespace std;
class Test
{   int x,y;
public:
    Test(int a,int b) { x = a;y = b; cout <<"调用了构造函数!\n"; }
    Test(Test &t) {   x = t.x;   y = t.y; cout <<"调用了完成拷贝的构造函数!\n"; }
    void Show() {    cout << "x = "<< x <<'\t'<<"y = "<< y <<'\n';   }
};
int main()
{   Test t1(10,10);
    Test t2 = t1;
    Test t3(t1);
    return 0;
}
```

(10) 设有如下类的定义：

```
class CL
{    int a,b;
public:
    CL(int x,int y = 10)   {   a = x; b = y;   }
};
```

则说明下列对象时出现语法错误的是________。

A. CL cl1=30; B. CL cl2=CL(50);

C. CL cl3=CL(12,15); D. CL cl4;

(11) 设有如下类的定义：

```
class EX
{    int * p;
public:
     EX(int x = 0){   p = new int(x);   }
     ~EX(){   delete p;   }
};
```

则下列定义的对象中，不能正确析构的是________。

A. EX ex1; B. EX ex2=50;

C. EX ex3=EX(50); D. EX ex4(50);EX ex5=ex4;

(12) 对于以下定义的类：

```
class A
{    int a;
public:
     A(int x = 10){   a = x; }
};
```

下列说明类 A 的对象的方法中，不正确的是________。

A. A a1;　　B. A a2();　　C. A a3(10);　　D. A a4=5;

**2. 填空题**

(1) 类是用户定义的类型，具有类类型的变量称作__①__。当建立一个新对象时，程序自动调用__②__。

(2) 复制初始化构造函数使用________来初始化创建中的对象。

(3) 构造函数的主要作用是__①__，析构函数的主要作用是__②__。

(4) 在定义对象的同时初始化其成员变量，需要利用__①__函数，用于初始化变量的值可以是固定的常量，也可以通过__②__获得。

(5) 如果一个对象是使用 new 运算符动态创建的，必须使用________运算符释放申请的内存空间。

(6) 假定没有给一个名为 A 的类定义构造函数，则系统为其定义的默认构造函数形式为________。

(7) 假定没有给一个名为 A 的类定义析构函数，则系统为其定义的默认析构函数形式为________。

(8) 以下程序的输出结果是________。

```
#include<iostream>
using namespace std;
class test
{    int num;
     float fl;
public:
     test( );
     int getint( ){return num;}
     float getfloat( ){return fl;}
     ~test( );
};
test::test( )
{    cout << "Initalizing default" << endl;
      num = 0;fl = 0.0;
}
test::~test( ){   cout << "Desdtructor is active" << endl;   }
int main( )
{    test array[2];
     cout << array[1].getint( )<< " " << array[1].getfloat( ) << endl;
     return 0;
}
```

(9) 以下程序的输出结果是________。

```
#include  <iostream>
using namespace std;
class  Rectangle
{private:
    int  Left,Right,Top,Bottom;
public:
    Rectangle(int L,int R,int T,int B)
    {    Left  = L; Right  = R; Top = T; Bottom  =  B;
         cout <<"调用带参的构造函数!\n";
     }
    Rectangle()
    {    Left  = 0;   Right  = 0; Top = 0;   Bottom  =  0;
         cout <<"调用不带参的构造函数!\n";
    }
    void Print(void)   {     cout << Left <<'\t'<< Right <<'\t'<< Top <<'\t'<< Bottom <<'\n'; }
};
int main( )
{   Rectangle   r1(100,200,300,400);
    r1.Print();
    Rectangle   r2, r3;
    r2.Print();
    return 0;
}
```

(10) 以下程序的输出结果是________。

```
#include <iostream>
using namespace std;
class A
{   float x,y;
public:
    A(float a,float b) {     x = a;y = b;cout <<"调用非默认的构造函数\n";}
    A()   {    x = 0;   y = 0;   cout <<"调用默认的构造函数\n" ;}
    ~A()   {     cout <<"调用析构函数\n";}
    void Print(void) {      cout << x <<'\t'<< y << endl;   }
};
int main()
{   A   a1;
    A   a2(3.0,30.0);
    cout <<"退出主函数\n";
    return 0;
}
```

(11) 以下程序的输出结果是________。

```
#include <iostream>
using namespace std;
const int N = 100;
class CStack
{
```

```
public:
    CStack() {top = 0;cout <<"Hello ";}
    ~CStack() {cout <<"Bye";}
    void push(int i);
    int pop();
private:
    int stack[N];
    int top;
};
void CStack::push(int i)
{   if (top == N)
    {    cout <<"Overflow";  return; }
    else
    {    top++; stack[top] = i; }
}
int CStack::pop( )
{   int temp;
    if (top == 0)
    {    cout <<"Underflow"; return 0; }
    else
    {    temp = stack[top]; top -- ; return temp; }
}
int main()
{   CStack  * ptr = new CStack;
    ptr -> push (10); ptr -> push(50);
    cout << ptr -> pop( )<<" ";
    cout << "OK! "<< endl;
    return 0;
}
```

(12) 以下程序的输出结果是________。

```
#include< iostream >
using namespace std;
class CCounter
{   int value;
public:
    CCounter(){ cout <<"CCounter Constructor1"<< endl;  value = 0;  }
    CCounter(int val){ cout <<"CCounter Constructor2"<< endl; value = val; }
    void Display(void){ cout <<"value = "<< value << endl;  }
    ~CCounter(){ cout <<"CCounter Destructor"<< endl;  }
};
class CExample
{   int value;
public:
    CCounter car;
    CExample(){ cout <<"CExample Constructor1"<< endl; value = 0;}
    CExample(int val){  cout <<"CExample Constructor2"<< endl; value = val;}
    void Display(void) {    cout <<"value = "<< value << endl; car.Display();  }
    ~CExample(){ cout <<"CExample Destructor"<< endl;  }
};
```

```
int main(void)
{    CExample e(2);
     e.Display();
     return 0;
}
```

(13) 以下程序的输出结果是________。

```
#include<iostream>
using namespace std;
class  A
{    float  x,y;
public:
     A(float a, float b){     x=a; y=b; cout<<"调用了构造函数\n";  }
     void  Print(void){  cout<<x<<'\t'<<y<<endl;  }
     ~A(){      cout<<"调用了析构函数\n";  }
};
int main( )
{    cout<<"进入 main()函数\n";
     A   *pa1;
     pa1=new  A(3.0, 5.0);
     pa1->Print();
     delete  pa1;
     cout<<"退出 main()函数\n";
     return 0;
}
```

(14) 以下程序的输出结果是________。

```
#include<iostream>
using namespace std;
class  D
{    int  x, y;
public:
     D(int a, int b)
     {    x=a;  y=b;
          cout<<"调用构造函数 D(int ,int )!\n";
     }
     D( ) { x=0; y=0;  cout<<"调用构造函数 D( )!\n";}
     void ShowXY()  { cout<<"x="<<x<<  '\t'<<"y="<<y<<'\n'; }
};
int main( )
{    D  *pd = new  D(5,10);                    //A
     pd->ShowXY();
     D  *p = new D;
     p->ShowXY();
     delete  pd;
     delete  p;
     return 0;
}
```

(15) 以下程序的输出结果是________。

```
#include< iostream>
using namespace std;
class Test
{   int x,y;
public:
    Test(int a,int b)
    {   x=a;y=b;
        cout<<"调用了构造函数!\n";
    }
    Test(Test &t)                              //A
    {   x=t.x;  y=t.y;
        cout<<"调用了复制初始化构造函数!\n";
    }
    void Show(){   cout<< "x="<<x<<'\t'<<"y="<<y<<'\n'; }
};
int main( )
{   Test t1(10,10);
    Test t2=t1;
    Test t3(t1);
    cout<<"对象 t1 的数据成员: " ;t1.Show();
    cout<<"对象 t2 的数据成员: " ;t2.Show();
    cout<<"对象 t3 的数据成员: " ;t3.Show();
    return 0;
}
```

(16) 以下程序的输出结果是________。

```
#include< iostream>
using namespace std;
class  A
{   float  x,y;
public:
    A(float a=0, float b=0){x=a;  y=b;cout<<"调用了构造函数\n";}
    void  Print(void){  cout<<x<<'\t'<<y<<endl;  }
    ~A() {  cout<<"调用了析构函数\n";  }
};
int main( )
{   cout<<"进入 main()函数\n";
    A  *pa1;
    pa1=new  A[3]; cout<<"\n完成开辟数组空间\n\n";
    delete  [ ]pa1;                    //必须用 delete [] 删除开辟的空间
    cout<<"退出 main()函数\n";
    return 0;
}
```

(17) 根据要求把程序补充完整。

```
#include< iostream>
using namespace std;
class A
```

```
{    int a,b;
public:
    A(int x = 0, int y = 0){   a = x; b = y;   }
    A(   ①   )                          //完成复制功能的构造函数
    {    a = t.a;                        //第 1 个成员等于参数的第 1 个成员
         ②   ;                          //第 2 个成员等于参数的第 2 个成员
    }
    void Set(int ,int);
    void Print();
};
void A::Set (int x, int y){a = x;   b = y;   }
void A::Print (){   cout << a <<'\t'<< b << endl;   }
void fun(A t1, A &t2, A * t3)
{    t1.Set (100,200);
    t2 = A(t1);                          //将 t1 复制给第 2 个参数
    ③   ;                              //将 t1 复制给第 3 个参数
}
int main()
{   A a1,a2,a3;
    ④   ;                              //将 a1,a2,a3 依次作为参数调用 fun 函数
    a1.Print (); a2.Print (); a3.Print ();
    return 0;
}
```

(18) 根据提示完善程序,并写出输出结果。

```
#include < iostream >
using namespace std;
class A
{     int a;
public:
      A(int x = 0){       a = x; }
      void Print(){   cout << a <<'\t';   }
};
int main()
{     A  a1[2][4];
      ①   ;                            //说明一个指向 a1 的指针 p,并对其进行初始化
      int i = 0,j = 0;
      for(i = 0;i < 2;i++)
             for(j = 0;j < 4;j++)
                   ②   ;               //通过指针 p 将数组 a1 的各元素的成员数据赋值为 i + j
      for(i = 0;i < 2;i++)
      {     for(j = 0;j < 4;j++)
                   ③   ;               //通过指针 p 将数组 a1 的各元素的成员数据输出
            cout << endl;
      }
      cout << endl;
      return 0;
}
```

# 第 11 章　静态成员与友元

## 11.1　习题解析

**【实例 11.1】** 写出以下程序的输出结果。

```
#include <iostream>
using namespace std;
class Sample
{    int n;
     static int m;
public:
     Sample(int i){  n = i; m += i;  }
     void disp(){   cout <<"n = "<< n <<", m = "<< m << endl;  }
};
int Sample::m = 0;
int main()
{    Sample s1(1), s2(3), s3(5);
     s1.disp(); s2.disp(); s3.disp();
     return 0;
}
```

**答案：**

```
n = 1, m = 9
n = 3, m = 9
n = 5, m = 9
```

**【程序解析】** 静态数据成员是类的所有对象共享的成员，该类产生的所有对象均共享编译系统为静态成员分配的存储空间，即静态成员变量的存储空间是公共的。因此，本题中静态成员 m 初值为 0，每创建一个对象时，由于调用了构造函数，m 的值都会发生变化，且对所有对象 m 的值均是相等的。

**【实例 11.2】** 有下列程序：

```
#include <iostream>
using namespace std;
class T{
public:
     static int x;
     T(int a = 0){x = a;}
};
int main( )
{    T  a;
     T  b(40);
     cout << a.x <<' '<< b.x <<' '<< T::x << endl;
     return 0;
}
```

程序执行后输出是________。

A. 20 20 20　　　　B. 0 40 30

C. 40 40 40　　　　D. 有语法或逻辑错误

**答案：** D

**【程序解析】** 此题的关键是 x 为静态成员变量，当一个类中有静态成员变量时，必须在类外加引用性说明，即在类外加语句 int T::x，此题没有该说明语句，所以编译时出错。

**【实例 11.3】** 写出以下程序的输出结果。

```
#include<iostream>
using namespace std;
class Sample
{   int A;
    static int B;                     //静态成员数据
public:
    Sample(int a){   A = a; B += a;   }
    static void disp(Sample c)        //静态成员函数,用 Sample 类的对象 c 作为形参
    {   cout <<"A = "<< c.A <<" , B = "<< B << endl;   }
};
int Sample::B = 2;                    //静态成员数据赋初值
int main()
{   Sample A(2),B(4);
    Sample::disp(A);
    Sample::disp (B);
    return 0;
}
```

**答案：**

```
A = 2 , B = 8
A = 4 , B = 8
```

**【程序解析】** 静态成员函数属于类的成员，而不是属于具体对象的成员，在其内部没有 this 指针。在静态成员函数中只能引用不需要 this 指针的静态数据成员。如果在静态成员函数中要引用非静态数据成员时，则必须通过对象来引用。在本题中，静态成员函数 disp() 可以直接引用静态数据成员 B，但必须通过形参对象 c 来引用属于 c 的非静态数据成员 c. A。

**【实例 11.4】** 写出以下程序的输出结果。

```
#include<iostream>
#include<cmath>
using namespace std;
class Point{
public:
    Point(double xx, double yy)
    {     x = xx;
          y = yy;
    }
void Getxy();
    friend double Distance(Point &a, Point &b);         //声明友元函数
private:
```

```
    double x;
    double y;
};
void Point::Getxy(){ cout << "(" << x << "," << y << ")" << endl;  }
double Distance(Point &a, Point &b)    //定义友元函数体
{   double dx = a.x - b.x;            //在友元函数中访问私有数据成员 x
    double dy = a.y - b.y;            //在友元函数中访问私有数据成员 y
    return sqrt(dx * dx + dy * dy);
}
int main()
{   Point p1(3.0, 4.0);
    Point p2(6.0, 8.0);
    p1.Getxy(); p2.Getxy();
    double d = Distance(p1, p2);
    cout << "Distance is  " << d << endl;
    return 0;
}
```

**答案:**

```
(3,4)                             (显示 P1 的坐标)
(6,8)                             (显示 P2 的坐标)
Distance is 5                     (显示函数"Distance(p1, p2);"的输出)
```

**【程序解析】** 本题主要考查友元函数的定义和使用。一个类的友元函数可以访问类中的保护或私有成员,即类的访问权限对友元函数不起作用。友元函数需要在类体内进行说明。在本题中,函数 Distance()被定义为类 Point 的友元函数,故在该函数中,可以直接引用形参对象的私有数据成员 x,y。

**【实例 11.5】** 写出以下程序的输出结果。

```
#include < iostream >
using namespace std;
class A
{   int x;
public:
    A(){ x=5; }
    friend class B;
};
class B
{
public:
    void disp1(A tmp){  tmp.x++; cout <<"disp1: x = "<< tmp.x << endl;}
    void disp2(A tmp){  tmp.x--; cout <<"disp2: x = "<< tmp.x << endl;}
};
int main()
{   A obj1;
    B obj2;
    obj2.disp1(obj1);  obj2.disp2(obj1);
    return 0;
}
```

**答案：**

```
disp1: x = 6
disp2: x = 4
```

**【程序解析】** 当一个类作为另一个类的友元时，就意味着这个类的所有成员函数都是另一个类的友元函数。在本题中，类 B 是类 A 的友元类，类 B 中的两个成员函数 disp1()和 disp2()则是类 A 的友元函数，可以直接引用形参类 A 对象 tmp 的私有成员 tmp.x。

## 11.1 习题解析

**1. 选择题**

(1) 关于成员函数特征的下述描述中，________是错误的。

A. 成员函数一定是内联函数　　B. 成员函数可以重载

C. 成员函数可以设置参数的默认值　　D. 成员函数可以是静态的

(2) 友元函数的作用是________。

A. 提高程序的运行效率　　B. 加强类的封装性

C. 实现数据的隐藏性　　D. 增加成员函数的种类

(3) 若 AA 为一个类，a 为该类的非静态数据成员，在该类的一个成员函数定义中访问 a 时，其书写格式为________。

A. a　　B. AA.a　　C. a{}　　D. AA::a{}

(4) 一个类的友元函数能够访问该类的________。

A. 私有成员　　B. 保护成员　　C. 公有成员　　D. 所有成员

(5) 有如下类定义：

```
class AA
{    int a;
public:
    int getRef() { return &a;}                //①
    int getVal() { return a;}                 //②
    void set(int n){ AA.a = n;}               //③
    friend void show(AA aa){ cout << a;}      //④
};
```

其中的 4 个函数定义正确的是________。

A. ①　　B. ②　　C. ③　　D. ④

(6) 如果类 A 被说明成类 B 的友元，则________。

A. 类 A 的成员即是类 B 的成员

B. 类 B 的成员即是类 A 的成员

C. 类 B 不一定是类 A 的友元

D. 类 B 的成员函数可以访问类 A 的所有成员

(7) 关于类的友元函数，下面叙述不正确的是________。

A. 普通函数在一个类中进行友元的说明后，即可访问该类的私有成员

B. 一个类的成员函数可以成为另一个类的友元函数

C. 一个类的私有成员函数不可以成为另一个类的友元函数

D. 友元函数在类体内说明时,不受类中访问权限的限制

(8) 下列程序的输出结果是________。

```
#include<iostream>
using namespace std;
class A
{
public:
    static int a;
    A(int x){   a = x;   }
    static int fun(){   return a;   }
};
int a = 1;
int A::a = 2;
int main()
{    cout << A::a;
     A a1(3);
     cout << a << endl;
     return 0;
}
```

A. 12　　B. 13　　C. 21　　D. 23

**2. 填空题**

(1) 下列程序的输出结果是________。

```
#include<iostream>
using namespace std;
class CSample
{    int n;
     static int k;
public:
     CSample(int i){ n = i; k++; }
     void disp();
};
void CSample::disp (){   cout <<"n = "<< n <<" , k = "<< k << endl;   }
int CSample::k = 0;
int main()
{    CSample a(10), b(20), c(30);
     a.disp (); b.disp (); c.disp ();
     return 0;
}
```

(2) 下列程序的输出结果是________。

```
#include<iostream>
using namespace std;
class A
{    int i,j;
     static int count;
public:
```

```
    A(int a = 0, int b = 0){  i = a; j = b; count++;}
    ~A(){  count--;  }
    void getcount() {  cout <<"Number of Objects is: "<< count << endl;  }
};
int A::count = 0;
int main()
{   A a(4,8),b,c;
    {   A z,f;
        z.getcount ();
    }
    a.getcount ();
    return 0;
}
```

(3) 下列程序的输出结果是________。

```
#include <iostream>
using namespace std;
class A{
    int i;
public:
    static int count;
    A(int a = 0)
    {   i = a + count;
        count++; cout << count <<'\t'<< i <<'\n';
    }
};
int A::count = 0;
int main( )
{   A  a(100);
    A  b;
    A  c(200);
    cout <<"count = "<< b.count << endl;
    return 0;
}
```

(4) 下列程序的输出结果是________。

```
#include <iostream>
using namespace std;
class Sample
{   int x;
public:
    Sample(){};
    void setx(int i){   x = i;  }
    friend int fun(Sample B[ ], int n)
    {   int m = 0;
        for(int i = 0;i < n;i++)
            if(B[i].x > m)
                m = B[i].x;
        return m;
    }
```

```
};
int main()
{   Sample A[10];
    int Arr[] = {90,87,42,78,97,84,60,55,78,65};
    for(int i = 0; i < 10;i++) A[i].setx(Arr[i]);
    cout << fun(A,10)<< endl;
    return 0;
}
```

(5) 下列程序的输出结果是________。

```
#include < iostream >
using namespace std;
class Sample
{   int n;
public:
    Sample(){  n = 0; cout <<"!!!\n";  }
    Sample(int i){  n = i; cout <<"Sample!\n";  }
    friend int square(Sample);
    void display(){  cout <<"n = "<< n << endl;  }
};
int square(Sample x)
{   int tmp = x.n * x.n;
    return tmp;
}
int main()
{   Sample a(5), b;
    b = square(a);
    b.display();
    return 0;
}
```

(6) 下面程序中定义了一个类 Tpoint 和该类的友元函数 Distance(),该友元函数的功能是求出给定两点之间的距离。请完善程序(提示:$p_1(x_1,y_1)$与 $p_2(x_2,y_2)$两点之间的距离公式为 $d=\sqrt{(x_1-x_2)^2+(y_1-y_2)^2}$)。

```
#include < iostream >
#include < cmath >
using namespace std;
class Tpoint
{   double a, b;
public:
    Tpoint(double x, double y)
    {  __①__ = x; __②__ = y; }
    void show()
    {  cout <<"Point: ("<< a <<" , "<< b <<")"<< endl; }
    friend double Distance(Tpoint t1, Tpoint t2)
    {  return  __③__ ; }
};
int main()
{   Tpoint p1(2,2), p2(5,6);
```

```
    p1.show();  p2.show();
    cout <<"上述两点之间的距离是:"<< ____④____ << endl;
    return 0;
}
```

(7) 下面程序中定义了一个用三条边 $a,b,c$ 描述一个三角形的类,定义了该类的友元函数 Print()的功能是输出给定三条边的三角形的周长。请完善程序。

```
#include <iostream>
using namespace std;
class tria
{   float a,b,c;
    friend float Print(tria);
public:
    tria(float x, float y, float z)
    {  ____①____  }
};
____②____
{   float L;
    if(Tria.a + Tria.b > Tria.c&&Tria.b + Tria.c > Tria.a&&Tria.a + Tria.c > Tria.b)
          L = Tria.a + Tria.b + Tria.c;
    else
          L = 0;
    return ____③____ ;
}
int main()
{   tria a(3,4,5);
    cout <<"三角形的周长是:"<<____④____<< endl;
    return 0;
}
```

# 第 12 章　运算符重载

## 12.1　习题解析

**【实例 12.1】** 以下程序将运算符重载为类的成员函数,运行后的输出结果是________。

```
#include <iostream>
using namespace std;
class A
{   int s[2],m;
public:
    A(int x = 0, int y = 0, int z = 0) {  s[0] = x; s[1] = y; m = z;  }
    A operator + (A t)
    {   A sum;
        sum.s[0] = s[0] + t.s[0];
        sum.s[1] = s[1] + t.s[1];
        sum.m = m + t.m;
        return sum;
```

```
    }
    A operator += (A t)
    {   s[0] += t.s[0];
        s[1] += t.s[1];
        m += t.m;
        return *this;
    }
    void print()
    {   cout << s[0]<<'\t'<< s[1]<<'\t';
        cout << m << endl;
    }
};
int main()
{   A a1,a2,a3,a(10,20,30);
    a1 += a;  a2 = a1 + a;
    a1.print(); a2.print();
    return 0;
}
```

**答案：**

```
10      20      30
20      40      60
```

**【程序解析】** 普通的"＋"或"＋＝"等运算符是不能作用于对象的。由于在类中设计了相应的运算符重载函数，所以将"a1＋＝a;"转化为"a1.operator＋＝(a);"。本例中运算符重载函数是类的成员函数，由于是双目运算符，所以在使用时运算符左边一定是一个对象，右边是重载函数的参数，在使用时应注意次序不能颠倒。同样，"a1＋a;"转化为"a1.operator＋(a);"。

**【实例 12.2】** 以下程序将单目运算符重载为类的成员函数。运行后的输出结果是________。

```
#include< iostream >
using namespace std;
class Number
{   int x;
public:
    Number(){ x = 0; }
    Number(int i){  x = i;  }
    void disp(){  cout <<"x = "<< x << endl;  }
    Number operator++ ()                          //重载前置运算符
    {   x++;
        return *this;
    }
    Number operator++ (int)                       //重载后置运算符
    {   Number t = *this;
        x += 2;
        return t;
    }
};
```

```
int main()
{    Number obj(5),obj1;;
     obj.disp ();
     ++obj;                                    //调用前置运算符重载函数
     obj.disp ();
     obj1 = obj++;                             //调用后置运算符重载函数
     obj.disp();
     obj1.disp ();
     return 0;
}
```

**答案：**

```
x = 5        (obj 未运算的结果)
x = 6        (obj 前置自加运算的结果)
x = 8        (obj 后置自加运算的结果)
x = 6        (“obj1 = obj++;”,obj 后置自加运算,先赋值,后自加,赋值后 obj1 的结果)
```

**【程序解析】** 自加(++)或自减(--)运算符有前置运算和后置运算之分。两者之间的区别在于说明的格式不同。后置运算符重载函数说明时带有伪参数 int,该参数在函数体内不起作用,仅仅是为了与前置运算符在格式上相区别。

**【实例 12.3】** 以下程序将运算符重载为类的友元函数。运行后的输出结果是________。

```
#include< iostream >
using namespace std;
class A
{    int s[2],m;
public:
     A(int x = 0, int y = 0, int z = 0) {   s[0] = x; s[1] = y; m = z;   }
     friend void  operator += (A &t1, A t2);
     friend A operator++(A &t);
     friend A operator++(A &t, int);
     void print()
     {      cout << s[0]<<'\t'<< s[1]<<'\t';
            cout << m << endl;
     }
};
void operator += (A &t1, A t2)
{    t1.s[0] += t2.s[0];
     t1.s[1] += t2.s[1];
     t1.m += t2.m;
}
A operator++(A &t)                             //重载前置运算符
{    ++t.s[0];
     ++t.s[1];
     ++t.m;
     return t;
}
A operator ++( A &t, int)                      //重载后置运算符
```

```
{   A t1 = t;
    ++t;
    return t1;
}
int main()
{   A a1,a2,a3(1,2,3);
    ++a1;                                       //调用前置运算符重载函数
    a1.print ();
    a2 = a1++;                                  //调用后置运算符重载函数
    a1.print ();
    a2.print ();
    a3 += a2;
    a3.print ();
    return 0;
}
```

**答案**:

```
1      1      1   (a1 自加后的结果)
2      2      2   (a1 再次自加后的结果)
1      1      1   (a2 = a1++,a1 为后置自加运算,先赋值)
2      3      4   (a3 += a2 运算的结果)
```

**【程序解析】** 运算符重载函数重载为类的友元函数时,由于友元函数没有隐含参数的this指针,所以,对于双目运算符,友元函数有两个参数,即运算符两边的操作数均为重载函数的参数;对于单目运算符,友元函数有一个参数。在本例中,后置自加运算符虽然为单目运算符,但为了与前置自加运算符区别,在说明格式上多了一个伪参数int。

**【实例 12.4】** 以下程序用类型转换函数 operator char * 将类的整型数据转换成相应的字符串。运行后的输出结果是________。

```
#include<iostream>
using namespace std;
class A
{   int a;
public:
    A(int x = 0){   a = x; }
    int geta(){ return a;  }
    operator char * ()                  //类型转换函数,将整型数据 a 转换成相应的字符串
    {     int n = 1,t = a;
          while(t = t/10) n++;          //求整数 a 的位数
          char * s = new char[n + 1];
          for(int i = n - 1,t1 = a; i>= 0; i -- )
          {     s[i] = t1 % 10 + '0';
                t1 = t1/10;
          }
          s[n] = '\0';
          return s;
    }
};
int main()
```

```
{   A a1(12345);
    cout << a1.geta()<<'\n';                    //输出整型数据
    char * str;
    str = (char * )(a1);                        //调用类型转换函数,对对象 a1 进行强制类型转换
    cout << str << endl;                        //输出强制类型转换后的字符串
    delete str;
    return 0;
}
```

**答案：**

```
12345
12345
```

**【程序解析】** C++的强制类型转换运算符也可以通过转换函数重载，只不过其重载函数必须是类的成员函数，并且不能指定其返回值类型，其转换后的类型与关键字 operator 一起构成函数名。转换函数的作用是将对象内的成员转换成所需要的类型的数据。在本例中，通过重载运算符操作，将类的整型数据成员 a 转换成字符串，并返回该字符串的首地址 s。

**【实例 12.5】** 定义一个矩阵类，用运算符重载的方法实现矩阵的相加减及其输出。

```
#include < iostream >
using namespace std;
class ARRAY
{   int a[3][4];
public:
    ARRAY()
    {   for(int i = 0; i < 3;i++)
            for(int j = 0; j < 4;j++) a[i][j] = 0;
    }
    ARRAY(int t[ ][4], int n)
    {   for(int i = 0;i < n;i++)
            for(int j = 0;j < 4;j++) a[i][j] = t[i][j];
    }
    ARRAY & operator = (ARRAY &t)                    //重载赋值运算符,只能重载为成员函数
    {   for(int i = 0;i < 3;i++)
            for(int j = 0;j < 4;j++) a[i][j] = t.a[i][j];
        return * this;
    }
    ARRAY operator + (ARRAY t)                       //运算符重载为成员函数
    {   ARRAY temp;
        for(int i = 0;i < 3;i++)
            for(int j = 0;j < 4;j++) temp.a[i][j] = a[i][j] + t.a[i][j];
        return temp;
    }
    friend ARRAY operator - (ARRAY t1, ARRAY t2)     //运算符重载为友元函数
    {   ARRAY temp;
        for(int i = 0;i < 3;i++)
            for(int j = 0;j < 4;j++) temp.a[i][j] = t1.a[i][j] - t2.a[i][j];
        return temp;
```

```
    }
    friend ostream&operator<<(ostream &os, ARRAY &t)  //插入运算符只能重载为友元函数
    {   for(int i=0;i<3;i++)
        {   for(int j=0;j<4;j++) os<<t.a[i][j]<<'\t';
              cout<<endl;
        }
        return os;
    }
};
int main()
{   int a[3][4]={2,4,6,8,10,12,14,16,18,20,22,24};
    int b[3][4]={1,3,5,7,9,11,13,15,17,19,21,23};
    ARRAY a1(a,3),a2(b,3),test;
    cout<<"a1"<<'\n'<<a1<<endl;                 //调用插入运算符重载函数
    cout<<"a2"<<'\n'<<a2<<endl;
    test=a1+a2;                                 //调用"+"重载函数和"="重载函数
    cout<<"a1+a2"<<'\n'<<test<<endl;
    test=a1-a2;                                 //调用"-"重载函数和"="重载函数
    cout<<"a1-a2"<<'\n'<<test<<endl;
    return 0;
}
```

**答案：**

```
a1
2       4       6       8
10      12      14      16
18      20      22      24

a2
1       3       5       7
9       11      13      15
17      19      21      23

a1+a2
3       7       11      15
19      23      27      31
35      39      43      47

a1-a2
1       1       1       1
1       1       1       1
1       1       1       1
```

**【程序解析】** 运算符可以重载为类的成员函数或友元函数。一般地，单目运算符重载为类的成员函数，双目运算符重载为类的友元函数。但有些运算符不能重载为友元函数，它们是=、()、[]和->；有些运算符不能重载为成员函数，它们是<<和>>。

**【实例 12.6】** 通过重载运算符“+”，直接实现两个一维数组对应元素相加的运算。设数组 a、b 分别为 int a[10]={1,2,3,4,5,6,7,8,9,10}；int b[10]={4,5,6,7,8,9,10,11,12,13}；则两数组相加后，结果为{5,7,9,11,13,15,17,19,21,23}。类似地，重载运算符

"+=",实现复合赋值运算,请完善程序。

```
#include<iostream>
using namespace std;
class Arr{
    int x[10];
public:
    Arr( ){for(int i=0;i<10;i++)x[i]=0;}
    Arr(int * p) {  for(int i=0;i<10;i++)x[i]= * p++; }
    Arr operator + (Arr a)
    {   Arr  t;
        for(int i=0;i<10;i++) t. x[i]= ___(1)___ ;
        return ___(2)___ ;
    }
    Arr & operator += (Arr a)
    {   for(int i=0;i<10;i++)  x[i]= ___(3)___ ;
        return  ___(4)___ ;
    }
    void Show( )
    {   for(int i=0;i<10;i++)  cout<<x[i]<<'\t';
        cout<<'\n';
    }
};
int main( )
{   int a[10]={1,2,3,4,5,6,7,8,9,10};
    int b[10]={4,5,6,7,8,9,10,11,12,13};
    Arr ar1(a),ar2(b),ar3;
    ar1.Show();ar2.Show( );
    ar3=ar1+ar2;ar3.Show( );
    ar1+=ar3;ar1.Show( );
    return 0;
}
```

**答案**:(1) x[i]+a. x[i]  (2) t  (3) x[i]+a. x[i]  (4) * this

**【程序解析】** 主要考查运算符重载。根据题意,(1)空应完成两个数组对应元素的相加,所以填 x[i]+a. x[i],由于在这个重载函数中将两个数组对应相加结果赋给了对象 t 的成员数组,所以(2)空填 t,即将 t 对象返回。同理,(3)空填 x[i]+a. x[i],在重载函数 Arr & operator +=(Arr a)中没有重新定义对象,操作是通过 this 指针完成的,所以(4)空填 * this。

注意,对这种重载函数 return 后面的语句填空,有一个简单的技巧:重载函数中定义了对象并对该对象操作,则 return 后面填这个对象;如果重载函数中没有定义对象,则 return 后面填 * this。

## 12.2 测试题

**1. 选择题**

(1) 下列运算符中,________运算符在 C++中不能重载。

A. ?:    B. +    C. −    D. <=

(2) 下列运算符中,________运算符在 C++中不能重载。

A. &&　　B. []　　C. ::　　D. new

(3) 下列关于运算符重载的描述中,________是正确的。

A. 运算符重载可以改变操作数的个数

B. 运算符重载可以改变优先级

C. 运算符重载可以改变结合性

D. 运算符重载不可以改变语法结构

(4) 下列________运算符的重载函数至少有一个参数。

A. =　　B. 类型转换运算符

C. ++或--　　D. !

(5) 自增运算符重载函数的形参个数为________。

A. 0 或 1 或 2　　B. 0 或 1　　C. 1 或 2　　D. 0 或 2

(6) 用友元函数重载*和+时,对象表达式 x*y+z 可写为________。

A. operator+(x, operator*(y,z))　　B. operator+(operator*(x,y),z)

C. operator*(operator+(x,y),z)　　D. operator*(x, operator+(y,z))

(7) 用成员函数重载--和+时,对象表达式--x+y 应理解为________。

A. y.operator+(x.operator--(0))　　B. y.operator+(x.operator--( ))

C. (x.operator--()).operator+(y)　　D. (x.operator+(y)).operator--()

**2. 填空题**

(1) 以下程序的执行结果是________。

```
#include <iostream>
using namespace std;
class Sample
{   int n;
public:
    Sample(){}
    Sample(int m){n = m;}
    int & operator -- (int )
    {     n -- ;
          return n;
    }
    void disp(){  cout <<"n = "<< n << endl;  }
};
int main()
{   Sample s(10);
    (s -- )++;
    s.disp ();
    return 0;
}
```

(2) 下面的程序实现了将数字字符串类 String 的对象转换为一个整数。如,类 String 的对象的成员数据为字符串"0123",经转换得到的整数为 123。请完善程序。

```
#include <iostream>
```

```
#include <string>
using namespace std;
class String
{    char * s;
public:
    String(char * str = 0)
    {     s = new char[strlen(str) + 1];
          strcpy(s,str);
    }
    ~String() {  if(s)  delete []s; }
    void show()  {  cout << s << endl; }
    ___①___;                              //类型转换函数原型说明
};
___②___                                   //定义类型转换函数
{    int n = strlen(s), m = 0;
    for(int i = n - 1,j = 0; i >= 0; i -- )
    {      int t = s[j++] - '0';
           m = m * 10 + t;
    }
    ___③___;
}
int main()
{    String st1("0346");
    st1.show();
    int  x;
    ___④___;                              //将对象 st1 转换为整数并存入变量 x
    cout << x << endl;
    return 0;
}
```

(3) 以下程序中定义了一个简单的字符串类 String，通过重载运算符"－＝"，实现从其左操作数(对象)中的成员 p 所指向的字符串中删除由其右操作数所指定的字符。例如，设类 String 的对象 s1 中的成员 p 所指向的字符串为"Microsoft Visual C++"，执行运算 s1－＝'i'后，则 s1 中的成员 p 所指向的字符串为"Mcrosoft Vsual C++"，即从成员 p 所指向的字符串中删除所有的字符'i'。请完善程序。

```
#include <iostream>
#include <string>
using namespace std;
class String
{    char * p;
public:
    String(char * s)
    {     if(s)
          {     p = ___①___;
                strcpy(p,s);
          }
        else     p = 0;
    }
    ~String()
```

```
    {     if(p) delete []p; }
    String &operator -= (char c);
    void show(){  cout << p << endl; }
};
___②___ operator -= (char c)
{   char * p1 = p;
    while( * p1)
    {     if( * p1 == c)
               for(char * q = p1;  * q; q++)
                    * q = ___③___;
          else  p1++;
    }
    return ___④___;
}
int main()
{   String s1("Microsoft Visual C++");
    s1.show();
    char c1 = 'i';
    s1 -= c1;
    s1.show();
    return 0;
}
```

(4) 下列定义一个学生类(数据成员包括姓名、性别、分数),并重载运算符"<<"和">>",实现学生类对象的直接输入和输出,并用类型转换函数实现姓名和成绩的转换。请完善程序。

```
#include < iostream >
#include < string >
using namespace std;
class Student
{   char name[16],sex[4];
    float score;
public:
    friend istream& operator >>(istream &ins, Student &t)
    {     cout <<"Input Data(Name, Sex,Score): ";
          ins >> t.name >> t.sex >> t.score ;
          return ___①___;
    }
    ___②___
    {     outs <<"Name: \t"<< t.name << endl;
          outs <<"Sex:\t"<< t.sex << endl;
          outs <<"Score:\t"<< t.score << endl;
          return outs;
    }
    operator char * ()
    {     char * s = new char[strlen(name) + 1];
          strcpy(s,name);
          return s;
    }
    operator float(){ return ___③___;  }
```

```
};
int main()
{   Student st1;
    char * p;
    float s;
    cin >> st1;
    cout << st1;
    p = st1;                          //将对象转换成字符串(姓名)
    s = st1;                          //将对象转换成实数(分数)
    cout << p <<'\t'<< s << endl;
    ____④____;                        //释放分配的动态空间
    return 0;
}
```

# 第 13 章　继承与派生

## 13.1　习题解析

**【实例 13.1】** 分析下列程序代码,找出其中的错误。

```
#include <iostream>
using namespace std;
class A {                //定义基类 A,有 3 个数据成员 x、y、z,分别属于公有、私有、保护访问权限
public:
    int x;
private:
    int y;
protected:
    int z;
};
class B:protected A {                 //定义派生类 B 以保护继承方式继承基类 A
public:
    void fun(){ x = 1; z = 3; }
};
class BB:public B{                    //定义派生类 BB 以公有继承方式继承类 B
public:
    void fun(){ x = 3; z = 1; }
};
class C:private A{                    //定义派生类 C 以私有继承方式继承基类 A
    public:
    void fun(){ x = 1; z = 3; }
};
class CC :protected C{                //定义派生类 CC 以保护继承方式继承类 C
public:
    void fun (){ x = 1; z = 3; }      //① 错误
};
int main()
{   BB b;
    b.x = 10;                         //② 错误
```

```
    b.y = 10;                              //③ 错误
    b.fun();                               //正确
    CC c;
    c.x = 10;                              //④ 错误
    return 0;
}
```

**【程序解析】** 此程序中,定义了基类 A,它有 3 个数据成员 x、y、z,分别属于公有、私有、保护访问权限。派生类 B 以保护继承方式继承基类 A,派生类 BB 以公有继承方式继承类 B,派生类 C 以私有继承方式继承基类 A,派生类 CC 以保护继承方式继承了类 C。

这样,语句①和④会产生编译错误,这是因为类 C 以私有继承方式继承基类 A,A::x 和 A::z 就变成私有成员,在类的层次结构外,不允许被访问。语句②和③也是错误的,因为类 B 以保护继承方式继承了类 A,所以 A::x 只允许被其自身访问,而 A::y 只允许被其自身和派生类访问,而不能在主函数中直接被访问。

**【实例 13.2】** 阅读分析下列程序及输出结果。

```
#include <iostream>
using namespace std;
class A                                                    //定义基类 A
{
public:
    A(){a = 0;cout <<"调用 A 的默认构造函数! \n";}          //基类 A 的无参数构造函数
    A(int i){a = i;cout <<"调用 A 的有参数构造函数! \n"; } //基类 A 的有参数构造函数
    ~A(){cout <<"调用 A 的默认析构函数! \n";}               //基类 A 的无参数析构函数
    void Print() const{cout << a <<",";}                    //基类 A 的成员函数
    int Geta(){return a;}                                   //基类 A 的成员函数
private:
    int a;                                                  //基类 A 的私有数据成员
};
class B:public A                                           //定义公有继承于基类 A 的派生类 B
{
public :
    B(){b = 0;cout <<"调用 B 的默认构造函数!\n";}           //派生类 B 的无参数构造函数
    B(int i, int j, int k);                                //声明派生类 B 的有参数构造函数
    ~B(){cout <<"调用 B 的默认析构函数!\n";}                //派生类 B 的无参数析构函数
    void Print();                                          //声明派生类 B 的成员函数
private:
    int b;                                                 //派生类 B 的私有数据成员
    A aa;                                                  //派生类 B 的私有数据成员
};
B::B(int i,int j,int k):A(i),aa(j)                         //定义派生类 B 的有参数构造函数
{   b = k;
    cout <<"调用 B 的析构函数!\n";
}
void B::Print()                                            //定义派生类 B 的成员函数
{   A::Print();
    cout << b <<","<< aa.Geta()<< endl;
}
int main()
```

```
{   B bb(1,2,5);                                          //创建派生类 B 的对象 bb
    bb.Print();                                           //调用派生类 B 的成员函数
    return 0;
}
```

**答案：**

```
调用 A 的有参数构造函数!
调用 A 的有参数构造函数!
调用 B 的构造函数!
1,5,2
调用 B 的默认析构函数!
调用 A 的默认析构函数!
调用 A 的默认析构函数!
```

**【程序解析】** 此程序中定义了基类 A、派生类 B(公有继承基类 A)。派生类 B 的构造函数格式为：

```
B::B(int i,int j,int k):A(i),aa(j),b(k)                 //最后一项参数 b(k)可省略
{    b = k;             //若省略参数 b(k)时,此句必须有,以完成派生类 B 的数据成员的初始化
     cout <<"调用 B 的析构函数!\n";
}
```

其中,B 是派生类构造函数名,它的总参数表有 3 个：参数 i 用来初始化基类的数据成员；参数 j 用来初始化派生类 B 中的子对象 aa；参数 k 用来初始化派生类 B 中的数据成员 b。冒号后面的是成员初始化列表,如果表中有多项,必须用逗号隔开。

在程序的 main()函数中,创建派生类的对象 bb,并初始化为 1,2,5。这时系统首先调用基类的构造函数,其次调用基类子对象的构造函数,最后调用派生类的构造函数,因此有输出的前 3 行。第 4 行是执行"bb. Print();"的结果,输出 i,k,j 的值。最后,程序结束前,由系统自动调用派生类 B 的析构函数和 A 的析构函数,这就是输出的最后 3 行。

**【实例 13.3】** 阅读下面程序,给出输出结果。

```
#include< iostream >
using namespace std;
class  Base1                                                  //定义基类 Base1
{   int  x;
public:
    Base1(int a){  x = a;cout <<"调用基类 Base 1 的构造函数!\n"; }
    ~Base1( ){ cout <<"调用基类 Base 1 的析构函数!\n"; }
};
class  Base2                                                  //定义基类 Base2
{   int y;
public:
    Base2(int a){  y = a;cout <<"调用基类 Base 2 的构造函数!\n"; }
    ~Base2( ){ cout <<"调用基类 Base 2 的析构函数!\n"; }
};
class Derived:public Base2, public Base1                      //①定义派生类 Derived
{   int z;
    Base1  b1,b2;                                             //②定义基类子对象
public:
```

```
    Derived(int a,int b): Base2(20), Base1(a), b1(200),b2(a+b)   //③派生类构造函数
    {z=b;   cout<<"调用派生类的构造函数!\n";}
    ~Derived( ){cout<<"调用派生类的析构函数!\n";}                 //派生类析构函数
};
int  main(void)
{   Derived   c(100,200);
    return 0;
}
```

**答案：**

```
调用基类 Base2 的构造函数!
调用基类 Base1 的构造函数!
调用基类 Base1 的构造函数!
调用基类 Base1 的构造函数!
调用派生类的构造函数!
调用派生类的析构函数!
调用基类 Base1 的析构函数!
调用基类 Base1 的析构函数!
调用基类 Base1 的析构函数!
调用基类 Base2 的析构函数!
```

**【程序解析】** 在此题中，Base1 和 Base2 为基类，由这两个基类公有派生出 Derived 类。派生类中声明了基类 Base1 的两个对象 b1 和 b2。

第 1 步：在 main()函数中创建派生类的对象 c 时，先执行①行的派生类定义，按照基类的声明顺序调用两个基类的构造函数，因此输出：

```
调用基类 Base2 的构造函数!
调用基类 Base 1 的构造函数!
```

第 2 步：在②行中定义了两个 Base1 的对象 b1 和 b2，在生成对象 b1 和 b2 时，要调用 Base1 的构造函数，因此输出：

```
调用基类 Base1 的构造函数!
调用基类 Base1 的构造函数!
```

第 3 步：执行③行的初始化列表，调用派生类的构造函数，输出：

```
调用派生类的构造函数!
```

第 4 步：当撤销派生类对象时，析构函数的调用正好相反。所以输出最后 4 行调用析构函数。

**【实例 13.4】** 阅读下面程序，给出输出结果。

```
#include<iostream>
using namespace std;
class A
{   int a;
public:
    int b;
    A(int x, int y){  a=x; b=y; }
```

```
    int geta(){ return a;}
};
class B
{   int a;
public:
    int b;
    B(int x, int y) {  a = x; b = y; }
    int geta(){ return a;}
};
class C:public A, public B
{
public:
    C(int x, int y, int z, int q):A(x,y),B(z,q){}
};
int main()
{   C c1(1,2,3,4);
    cout << c1.A::geta ()<<'\t'<< c1.A::b << endl;            //A
    cout << c1.B::geta ()<<'\t'<< c1.B::b << endl;            //B
    return 0;
}
```

**答案：**

```
1       2
3       4
```

**【程序解析】** 如果一个派生类的不同基类之间有同名的成员，那么在派生类中就会出现成员同名的情况，从而造成派生类对象对成员访问的不唯一性，这种情况称为冲突。例如本例的基类 A 和基类 B 中存在同名的数据成员 a、b 和成员函数 geta()，使得派生类 C 中数据成员 a、b 和成员函数 geta()各有两份，这样直接使用 c1.b 或 c1.geta()来引用成员数据或函数就会产生二义性。解决冲突的方法是用作用域符“::”来指定具体成员所属的基类，如本例中的 A 行和 B 行。

**【实例 13.5】** 阅读下面程序，给出输出结果。

```
#include <iostream>
using namespace std;
class A{
public:
    int a,b;
    A(int x, int y){a = x; b = y;}
};
class B:public A
{
public:
    int a;
    B(int x, int y, int z):A(y,z){a = x;}
};
int main()
{   B b1(1,2,3);
    cout << b1.a <<'\t'<< b1.A::a <<'\t'<< b1.b << endl;
```

```
    return 0;
}
```

**答案：**

```
1       2       3
```

**【程序解析】** 当派生类中新增的成员与基类中的成员同名时，用派生类对象直接引用的成员是派生类中新增的成员；若要引用基类中的同名成员，则必须使用作用域运算符“::”。这种优先关系称为支配规则。在本例中，基类 A 中的数据成员 a 与派生类 B 中的新增数据成员同名，也就是说，在派生类中有两个数据成员 a。b1.a 引用的是派生类的新增成员 a，如果要引用从基类继承来的数据成员 a，需使用表达式 b1.A::a。

**【实例 13.6】** 使用虚基类。阅读下面程序，给出输出结果。

```
#include<iostream>
using namespace std;
class A1{                                      //定义基类 A1
public:
    A1(){cout<<" A1\n"; }
};
class A2{                                      //定义基类 A2
public:
    A2(){cout<<" A2\n"; }
};
class B1:public A2,virtual public A1{          //B1 为派生类,A1 前有 virtual,A1 就是虚基类
public:
    B1(){cout<<" B1\n"; }
};
class B2:public A2,virtual public A1{          //B2 为派生类
public:
    B2(){cout<<" B2\n"; }
};
class topB:public B1,virtual public B2{        //topB 为派生类,B2 前有 virtual,B2 就是虚基类
public:
    topB(){cout<<" topB\n"; }
};
int main( )
{   topB obj;
    return 0;
}
```

答案：

```
A1  // A2// B2// A2// B1// topB
```

**【程序解析】** 在该题中 class A1 和 class B2 被定义为虚基类，这样在派生类的对象创建中，首先是虚基类的构造函数被调用，并按它们的声明顺序构造(首先是共同虚基类 A1，然后是虚基类 B2，在 B2 中先输出 A2，后输出 B2)。其次是非虚基类的构造函数按声明的顺序调用(即基类 B1，同样在 B1 中，先输出 A2，然后输出 B1)。最后才是派生类自己的构造函数被调用(输出 topB)。

## 13.2 测试题

**1. 选择题**

(1) 下列对派生类的描述中，________是错误的。

A. 一个派生类可以做另一个派生类的基类

B. 派生类至少有一个基类

C. 派生类的成员除了它自己的成员外，还包括了它的基类的成员

D. 派生类中继承的基类成员的访问权限到派生类保持不变

(2) 若有如下类定义：

```
class B{
    void fun1(){}
protected:
    double var1;
public:
    void fun2(){}
};
class D: public B{
protected:
    void fun3(){}
};
```

已知 obj 是类 D 的对象，下列句中不违反类成员访问控制权限的是________。

A. obj. fun1()；　B. obj. var1；　C. obj. fun2()；　D. obj. fun3()；

(3) 关于多继承二义性的描述中，________是错误的。

A. 一个派生类的两个基类中都有某个同名成员，在派生类中对这个成员的访问可能出现二义性

B. 解决二义性的最常用的方法是对成员名的限定

C. 基类和派生类中出现同名函数，也存在二义性的问题

D. 一个派生类是从两个基类派生出来的，而这两个基类又有一个共同的基类，对该基类成员进行访问时，也可能出现二义性

(4) 设置虚基类的目的是________。

A. 简化程序　B. 消除二义性　C. 提高运行效率　D. 减少目标代码

(5) 设有如下类的定义：

```
class A{ public:  int a,b;  };
class B{ public:  int a,b;  };
class C:public A, public B{ public: int a;};
```

以下对类 C 的对象 c1 的成员访问中，产生二义性的是________。

A. c1. a　B. c1. b　C. c1. A::a　D. c1. A::b

(6) 若类 A 和类 B 的定义如下：

```
class A
{   int i,j;
```

```
public:
    void get();
    //…
};
class B: A
{   int  k;
public:
    void make();
    //…
};
void B::make(){  k = i * j;  }
```

则上述定义中，________是非法的表达式。

A. void get()；　B. int k；　C. void make()；　D. k=i*j；

(7) 下面程序的运行结果是________。

```
#include< iostream >
using namespace std;
class base{
protected:
    int a;
public:
    base(){cout <<"0";}
};
class base1:virtual base{
public:
    base1(){cout <<"1";  }
};
class base2:virtual base{
public:
    base2(){cout <<"2";  }
};
class derived:public base2, public base1{
public:
    derived(){cout <<"3";  }
};
int main()
{   derived obj;
    cout << endl;
    return 0;
}
```

A. 0123　B. 0213　C. 0321　D. 3021

(8) 下面程序的运行结果是________。

```
#include< iostream >
using namespace std;
class A{
public:
    char c;
    A(){c = 'A';}
```

```
};
class B:public A{
public:
    char c;
    B(){c = 'B';}
    void print(){cout << A::c;}
};
int main()
{   B b;
    b.print ();
    cout << b.c << endl;
    return 0;
}
```

A. AA　　B. AB　　C. BA　　D. BB

(9) 对于下面的类：

```
class X{
    int a;
public:
    X(int x = 0){a = x;}
};
class Y:public X{
    int b;
public :
    Y(int x = 0,int y = 0):X(y){ b = x;}
};
```

下列语句中出现语法错误的是________。

A. X *pa=new Y(1,2);　　B. X a1=Y(1,3);

C. Y b1(2,3);　X &a3=b1;　　D. X a4(10);　Y b2=a4;

(10) 设有如下类的定义及对象、指针变量等说明：

```
class A{ … };
class B:public A{ … };
class C:public B{ … };
A a1, *pa;
B b1, *pb;
C c1, *pc;
```

以下赋值会出错的是________。

A. pa=&b1;　　B. pb=&c1;　　C. pc=&a1;　　D. pa=&c1

(11) 设有如下类的定义：

```
class A{ public: int a;};
class B{ public: int a;};
class C:public A, public B{public: int a;};
class D:public C{ public: int a;};
```

以下赋值会出错的是________。

A. D d1；d1.a=10；　　B. D d2；d2.C::a=10；

C. D d3；d3.B::A::a=10；　　D. D d4；d4.A::a=10；

**2. 填空题**

(1) 如果类B1由类A1和类A2共同派生而成，类B2由类A2和类A3共同派生而成，类C由类B1和类B2共同派生而成，则应将________设为虚基类。

(2) 下面程序的运行结果是________。

```
#include<iostream>
using namespace std;
class A{
    int a;
public:
    A(int x=0){a=x;}
    int geta(){return a;}
};
class B:virtual public A{
    int b;
public:
    B(int x=1,int y=1):A(y){b=x;}
    int getb(){ return b; }
};
class C:virtual public A{
    int c;
public:
    C(int x=2,int y=2):A(y){c=x;}
    int getc(){ return c; }
};
class D: public B, public C{
public:
    D(int x=5, int y=6, int z=7):A(x),B(y),C(z){}
    void print(){cout<<geta()<<'\t'<<getb()<<'\t'<<getc()<<endl;}
};
int main()
{   D d1;
    d1.print();
    return 0;
}
```

(3) 下面程序的执行结果是________。

```
#include<iostream>
using namespace std;
class A{
public:
    A(){ cout<<"构造函数 A\n";}
    ~A(){ cout<<"析构函数~A\n";}
};
class B{
public:
    B(){ cout<<"构造函数 B\n";}
```

```
    ~B(){ cout <<"析构函数~B\n";}
};
class C:public B, public A{
public:
    C():A(),B(){ cout <<"构造函数 C\n";}
    ~C(){ cout <<"析构函数~C\n";}
};
int main()
{   C c1;
    return 0;
}
```

(4) 下面程序的执行结果是________。

```
#include <iostream>
using namespace std;
class A
{   int a;
public:
    A(int x = 0){a = x;}
    int geta(){ return a;}
};
class B:public A
{   int b1,b2,b3;
public:
    B(int x = 0,int y = 0, int z = 0):b2(y),b3(z){b1 = x;}
    void print(){ cout << geta()<<","<< b1 <<","<< b2 <<","<< b3 << endl;}
};
int main()
{   B b1,b2 = 1, b3 = B(2,3), b4(5,10,5);
    b1.print();b2.print();b3.print();b4.print();
    return 0;
}
```

(5) 下面程序的执行结果是________。

```
#include <iostream>
using namespace std;
class A{
public:
    A(){ cout <<"构造函数 A\n";}
    ~A(){ cout <<"析构函数~A\n";}
};
class B:virtual public A{
public:
    B():A(){ cout <<"构造函数 B\n";}
    ~B(){ cout <<"析构函数~B\n";}
};
class C:public virtual A{
public:
    C():A(){ cout <<"构造函数 C\n";}
    ~C(){ cout <<"析构函数~C\n";}
```

```
};
class D:public C, public B{
public:
    D(){ cout<<"构造函数 D\n";}
    ~D(){ cout<<"析构函数~D\n";}
};
int main()
{   D d1;
    return 0;
}
```

(6) 下面程序的执行结果是________。

```
#include<iostream>
using namespace std;
class A{
public:
    int x;
    A( ){x=100;  }
    A(int i){   x=i; }
    void Show( ){   cout<<"x="<<x<<'\t'<<"AA\n";   }
};
class B{
public:
    int y;
    B( ){y=300;  }
    B(int i){   y=i; }
    void Show( ){   cout<<"y="<<y<<'\t'<<"BB\n";}
};
class C:public A, public B{
public:
    int y;
    C(int a, int b, int c): A(a), B(b) {   y=c;   }
    void Show( ){   cout<<"y="<<y<<'\t'<<"CC\n";   }
};
int main( )
{   C c1(400,500,600);
    c1.y=200;
    c1.Show( );
    c1.A::Show( );
    c1.B::Show( );
    return 0;
}
```

(7) 分析下列程序：

```
#include<iostream>
using namespace std;
class A
{   int a;
public:
    A(int x){a=x;}                              //A行
```

```
};
class B:public A                                       //B 行
{    int a;
public:
     B(int x){a = x;}                                  //C 行
     void show(){cout << a <<'\t'<< A::a << endl;}     //D 行
};
int main()
{    B b1;                                             //E 行
     b1.show();                                        //F 行
     return 0;
}
```

程序编译时出现语法错误的行和原因是：

① ________，原因为________________。

② ________，原因为________________。

③ ________，原因为________________。

# 第 14 章　虚　函　数

## 14.1　习题解析

**【实例 14.1】**　阅读下面程序，写出输出结果。

```
#include< iostream >
using namespace std;
class A{
public:
     virtual void fun(){ cout <<"类 A 中的函数\n";}
};
class B:public A{
public:
     void fun(){ cout <<"类 B 中的函数\n";}
};
int main()
{    A a1, *p;
     B b1;
     p = &a1;   p -> fun();
     p = &b1;   p -> fun();
     return 0;
}
```

**答案：**

```
类 A 中的函数
类 B 中的函数
```

**【程序解析】**　基类 A 中的成员函数 fun()被说明为虚函数，派生类 B 中的同名函数 fun()虽然没有用 virtual 修饰，但也为虚函数。在主函数 main()中，用派生类对象的地址为基类指针赋值,此时用基类指针调用的虚函数 p—> fun()指的是派生类中新定义的函数 fun()。

**【实例 14.2】** 阅读下面程序,写出输出结果。

```
#include< iostream >
using namespace std;
class  X{public :
    virtual void f(){cout << 10 <<'  ';}              //A
    void g(){cout << 20;}
};
class Y:public X{
public:
    void f(){cout << 30 <<'  ';}
    void g(){cout << 40;}
};
int main()
{   Y y; X * p = &y;
    p->f();p->g();
    return 0;
}
```

**答案:**

```
30  20
```

**【程序解析】** 此题使用基类类型的指针变量指向派生类的对象,并通过调用指针所指向的虚函数实现动态的多态性,该题的基类和派生类中都有 f()和 g()函数,p 是指向基类 X 的指针变量,在基类中的 f()函数定义为虚函数,而 p—> f()调用的是派生类 Y 的成员函数 f(),输出 30; 而 g()函数在基类中未定义为虚函数,此时 p—> g()调用的是基类中的成员函数 g(),输出 20。

**【实例 14.3】** 阅读下面程序,写出输出结果。

```
#include< iostream >
using namespace std;
class A{
protected:
    int a;
public:
    A(int x){a = x;}
    virtual void fun(int) = 0;                        //纯虚函数
};
class B:public A{
    int b;
public:
    B(int x, int y):A(y){b = x;}
    void fun(int x)
    {   cout << a + x <<'\t';
        cout << b + x << endl;
    }
};
```

```
int main()
{   A   *p;
    B b1(2,6);
    p=&b1;  p->fun(1);
    return 0;
}
```

**答案：**

```
7       3
```

**【程序解析】** 定义一个纯虚函数，本质上是将一个空指针值 0 赋给函数名，但该函数的原型必须确定。本例在基类 A 中将函数 void fun(int)定义为纯虚函数，由于纯虚函数没有具体的实现，所以不能定义基类 A 的对象，但可以定义基类 A 的指针变量 p。派生类 B 中的成员函数 void fun(int)是基类 A 中纯虚函数的实现，它的原型必须与基类中的纯虚函数相同。

## 14.2 测试题

**1. 选择题**

(1) 下列叙述中不正确的是________。

A. 基类中的虚函数在派生类中不一定要重新定义

B. C++允许单继承，也允许多重继承，但最多只能从两个基类继承

C. 若一个类没有定义构造函数，则系统会自动为其产生一个函数体为空的默认构造函数

D. 虚函数可以实现多态性

(2) 下列叙述中不正确的是________。

A. 纯虚函数是一种特殊的虚函数，它没有具体的实现

B. 抽象类是指具有纯虚函数的类

C. 一个基类中说明有纯虚函数，该基类的派生类一定不再是抽象类

D. 抽象类只能作为基类来使用，其纯虚函数的实现由派生类给出

(3) 下面的说法中不正确的是________。

A. 不可以把构造函数定义为虚函数

B. 在定义纯虚函数时，不能定义函数的实现部分

C. 若一个类没有定义析构函数，则系统会自动为其产生一个默认的析构函数

D. 抽象类可以产生该抽象类的对象

(4) 以下________不是抽象类的特点。

A. 抽象类只能做其他类的基类，不能建立抽象类的对象

B. 抽象类不能用作参数类型、函数返回类型

C. 抽象类可以声明指针和引用，指针指向它的派生类，实现多态性

D. 抽象类中一定要包含构造函数

(5) 下列叙述中错误的是________。

A. 虚函数在基类与派生类中的声明必须一致才能实现多态

B. 只有类的成员函数才能声明为虚函数

C. 内联函数、构造函数、静态成员函数可以声明为虚函数

D. 对虚函数调用的解释取决于调用它的对象



(6) 关于虚函数的描述中,________是正确的。

A. 虚函数是一个 static 类型的成员函数

B. 虚函数是一个非成员函数

C. 基类中说明了虚函数后,派生类中将其对应的函数不必说明为虚函数

D. 派生类的虚函数与基类的虚函数具有不同的参数个数和类型

(7) 为了使下列程序输出“!!!”,A 行可以为________。

```
#include < iostream >
using namespace std;
class A{
public:
    ________                                        //A 行
};
class B:public A{
public:
    void show(){   cout <<"!!!\n"; }
};
int main()
{   B b;
    A * p = &b;
    p -> show();
    return 0;
}
```

A. void show()=0;　　　B. virtual void show()=0;

C. virtual void show();　　　D. void show(){}

(8) 对于如下的类定义,正确的叙述是________。

```
class A{
public:
    virtual void fun1(){}
    void fun2(){}
};
class B:public A{
public:
    void fun1(){   cout <<"class B fun1"<< endl;   }
    virtual void fun2(){cout <<"class B fun2"<< endl;}
};
```

A. B::fun1()不是虚函数,而 A::fun2()是虚函数

B. B::fun1()是虚函数,而 A::fun2()不是虚函数

C. A::fun2()和 B::fun1()都是虚函数

D. A::fun2()和 B::fun1()都不是虚函数

(9) 下面程序的运行结果是________。

```
#include<iostream>
using namespace std;
class X{
public:
    virtual void fun(){ cout<<'a'<<'b';}
};
class Y:public X{
public:
    void fun(){ cout<<'c'<<'d'; }
};
int main()
{   Y y;
    X *xp=&y;
    xp->fun();
    y.fun();
    return 0;
}
```

A. abab　　B. cdab　　C. abcd　　D. cdcd

(10) 下面程序的运行结果是________。

```
#include<iostream>
using namespace std;
class A{
public:
    virtual void fun(){ cout<<"A::fun"<<'\t';}
    A(){ fun();}
};
class B:public A{
public:
    void fun(){ cout<<"B::fun"<<'\t'; }
};
int main()
{   B b;
    return 0;
}
```

A. A::fun　　B. B::fun

C. A::fun　B::fun　　D. B::fun　B::fun

**2. 填空题**

(1) 在基类中将一个成员函数说明成虚函数后，在其派生类中只要___①___、___②___、___③___完全一样，就认为是虚函数，而不必加关键字___④___。如有任何不同，则认为是___⑤___而不是虚函数。除了非成员函数不能作为虚函数外，___⑥___、___⑦___、___⑧___也不能作为虚函数。

(2) 抽象类可以声明指针和引用，指针指向它的派生类，实现________。

(3) 下面程序的运行结果是________。

```
#include<iostream>
using namespace std;
class  A{
protected:
    int x;
public:
    A(){x =1000;}
    virtual void  print() {  cout<<"x="<<x<<'\t'; }
};
class B:public A{
private:
    int y;
public:
    B() { y=2000;}
    void  print() {  cout<<"y="<<y<<'\t'; }
};
class C:public A{
    int z;
public:
    C(){z=3000;}
    void  print() {cout<<"z="<<z<<'\n';}
};
int main( )
{   A  a, *pa;
    B  b;
    C  c;
    a.print();  b.print();  c.print();
    pa=&a;   pa->print();
    pa=&b;   pa->print();
    pa=&c;   pa->print();
    return 0;
}
```

(4) 下面程序的运行结果是________。

```
#include<iostream>
using namespace std;
class  A{
public:
    virtual void  fun()
    {     cout<<"A::fun"<<'\t';  }
          A(){ fun();
    }
};
class B:public A{
public:
    B() {  fun();  }
    void fun(){ cout<<"B::fun"<<'\t';  }
    void  g() {  fun();  }
};
class C:public B{
```

```
public:
    C() { fun(); }
    void  fun(){  cout <<"C::fun"<<'\n';  }
};
int main( )
{   C  c;
    c.g();
    return 0;
}
```

(5) 下面程序的运行结果是________。

```
#include < iostream >
using namespace std;
class A{
public:
    virtual void f1(){ cout <<"类 A 中的 f1 函数\n";  }
    virtual void f2(){ cout <<"类 A 中的 f2 函数\n";  }
    void f3(){ cout <<"类 A 中的 f3 函数\n";  }
};
class B:public A{
public:
    void f1(){ cout <<"类 B 中的 f1 函数\n";  }
    void f2(int){ cout <<"类 B 中的 f2 函数\n";  }
    void f3(){ cout <<"类 B 中的 f3 函数\n";  }
};
int main()
{   A a1, * p;
    B b1;
    p = &a1;
    p -> f1();p -> f2(); p -> f3();
    p = &b1;
    p -> f1();p -> f2(); p -> f3();
    return 0;
}
```

(6) 下面程序的运行结果是________。

```
#include < iostream >
using namespace std;
class A{
public:
    virtual void f(){ cout <<"class A"<< endl;}
};
class B{
public:
    void f(){ cout <<"class B"<< endl; }
};
class C: public A, public B{
public:
    void f(){cout <<"class C"<< endl; }
};
```

```
void ff(B &a){ a.f(); }
int main()
{   C c;
    A *pa = &c;pa->f();
    B *pb = &c;pb->f();
    ff(c);
    return 0;
}
```

(7) 下面程序的运行结果是________。

```
#include <iostream>
using namespace std;
class A{
protected:
    int a;
public:
    A(int x){a = x;}
    virtual void show(){ cout << a++ <<"\n"; }
    void print(){ cout << ++a <<"\n"; }
};
class B:public A{
public:
    B(int x):A(x){}
    void show(){cout << a-- <<"\n"; }
    void print(){ cout << --a <<"\n"; }
};
int main()
{   A a(5), *p;
    B b(10);
    p = &a; p->show(); p->print();
    p = &b; p->show(); p->print();
    return 0;
}
```

(8) 下面程序的运行结果是________。

```
#include <iostream>
using namespace std;
class A{
    int a;
public:
    A(int x = 0){ a = x;  }
    virtual void show(){ cout <<"A::a = "<< a << endl; }
};
class B:public A{
    int a;
public:
    B(int x = 0, int y = 0):A(y){ a = x; }
    virtual void show(){ cout <<"B::a = "<< a << endl; }
};
int main()
```

```
{    A a1, *p;
     B b1(1,2);
     p = &b1;
     a1 = b1;
     p -> show();
     a1.show ();
     return 0;
}
```

(9) 下面程序的运行结果是________。

```
#include <iostream>
using namespace std;
class A{
     int x,n;
     int product;
public:
     A(int a, int b){x = a; n = b; }
     virtual int power()
     {     product = 0;
           for(int i = 1;i <= n;i++) product += x;
           return product;
     }
};
class B:public A{
     int y,m;
     int prod;
public:
     B(int i,int j, int k, int h):A(i,j)
     {     y = k;
           m = h;
     }
     int power()
     {     prod = 1;
           for(int i = 1; i <= m;i++) prod *= y;
           return prod;
     }
};
void fun(A &f){ cout << f.power()<< endl;}
int main()
{    A a(5,3);
     B b(2,4,3,3);
     fun(a);  fun(b);
     cout << b.A::power()<< endl;
     return 0;
}
```

(10) 下列程序用虚函数 print()和运行的多态性，把从键盘输入的一个 int 型数值 n，按八进制和十六进制输出。完善程序。

```
#include <iostream>
```

```
using namespace std;
class OCT{
protected:
    int n;
public:
    OCT(int x){ n = x; }
    ___①___{ cout << n <<"的八进制为: "<< oct << n << endl;}
};
class HEX:public OCT{
public:
    HEX(int x): ___②___
    void print(){ cout << n <<"的十六进制为: "<< hex << n << endl;}
};
int main()
{   int n;
    cout <<"请输入一个十进制数:  ";
    cin >> n;
    OCT oc(n);
    HEX he(n);
    ___③___;
    p = &oc;
    p -> print ();
    ___④___;
    p -> print ();
    return 0;
}
```

# 第 15 章　输入输出流

## 15.1　实例解析

**【实例 15.1】** 阅读以下程序段：

```
#include <fstream>
using namespace std;
int main()
{   ifstream  file1;
    ofstream  file2;
    fstream file3;
    file3.open("a.txt",ios_base::in);
    file3.close();
    file3.open("b.txt",ios_base::out);
    …
}
```

根据上面的程序段，下面叙述中不正确的是________。

A. 对象 file1 只能用于文件输入操作

B. 对象 file2 只能用于文件输出操作

C. 对象 file3 在文件关闭后，不能再打开另一个文件

D. 对象 file3 可以打开一个文件，然后直接进行输入和输出

**答案**：C

**【解析】** file1 是输入类文件对象，只能用于文件输入，file2 是输出类文件对象，只能用于文件输出，file3 是 fstream 类对象，因此对象 file3 可以打开一个文件，然后直接进行输入和输出，在文件关闭后，可以用 file3 打开另一个文件。

**【实例 15.2】** 从 fname 文件中依次读取每个字符并输出到屏幕上显示出来，同时统计并显示出文件中的字符串个数。

此例中以 fname 所指字符串作为文件标识符的文件称为 fname 文件，假定该文件中保存着一批字符串，每个字符串的长度均小于 20，依次读取其中的每个字符并显示到屏幕上。代码如下：

```
#include <fstream>
#include <iostream>
using namespace std;
int main()
{    char fname[20];
     cout <<"输入欲读的文件名：";
     cin >> fname;
     ifstream fin(fname) ;                          //建立输入流
     if(!fin)
     {
         cout <<"file wrong!";
         exit(0);
     }
     char a[20];
     int i = 0 ;
     cout <<"读出的文件内容为：";
     while (fin >> a)                               //读文件中的字符串
     {    cout << a <<'\t'; i++;    }
     cout << endl;
     fin.close( ) ;                                 //关闭文件
     cout <<"文件中的字符串个数为:"<< i << endl;
     return 0;
}
```

**答案：**

```
输入欲读的文件名：d:\file3.txt↙
读出的文件内容为：abcdefg!   123   book   boy
文件中的字符串个数为：4
```

**【程序解析】** 输入流对象 ifstream 的构造参数默认值为 ios_base::in，所以在创建对象打开文件的语句中可省去此参数。

执行该程序时，在输入文件名时，对目录层的分隔符不需要用双斜杠，这不同于将文件名写在程序内的文件对象的参数中。后者因为文件名为字符串常量的形式，所以单斜杠需要写成双斜杠。可对比实例 15.3。

**【实例 15.3】** 编写一个函数,统计出整数文件 e:\xc.txt 中的数据个数。

编程代码如下:

```
#include<fstream>
#include<iostream>
using namespace std;
int main()
{   int  x;  int  coun=0;
    ifstream f1("e:\\xc.txt",ios_base::in);        //①句
    if(!f1)                                         //②句
    {   cerr<<"e:\\xc.txt file not open!"<<endl;
        exit(1);                                    //③
    }
    while (f1>>x) coun++;                           //读文件,统计数据个数
    cout<<"给定文件中的整数个数为: "<<coun<<endl;
    f1.close( );
}
```

文件 e:\xc.txt 的内容是:

```
1234  5678  90  65534  abc
```

**答案:**

```
给定文件中的整数个数是: 4
```

**【程序解析】** 程序中①句是创建输入流的对象 f1,并打开文件 e:\xc.txt,设置输入方式。其文件名参数"e:\\xc.txt"中双斜杠是因为 C++中单斜杠表示转义字符。②句是判断打开文件是否成功,若有错误,则显示文件不能打开,执行 exit()退出,结束程序。

**【实例 15.4】** 建立一个二进制文件,用来存放前 20 个自然数及其平方根,然后输入 1～20 的任意一个数,查出其平方根并显示在屏幕上。

编程代码如下:

```
#include<fstream>
#include<iostream>
#include<cmath>
using namespace std;
struct table                                        //定义结构体类型
{   int n;double qn;  };
int main()
{   table temp;int num;                             //定义结构体变量 temp,整型变量 num
    fstream file("e:\\sqtable.dat",ios_base::in|ios_base::out|ios_base::binary|ios_base::
trunc);                        //建立输入输出流对象 file,并打开相应文件 e:\sqtable.dat
    for(int i=1;i<=20;i++)
    {       temp.n=i;
            temp.qn=sqrt((double)i);
            file.write((char *)&temp,sizeof(table));  //在文件输入流中写入平方根表
    }
    cout<<"请输入一个 1～20 的数:";
    cin>>num;                                       //输入查找的数
```

```
    file.seekp(0,ios::beg);                        //文件流指针指向表首
    file.read((char * )&temp,sizeof(table));       //读平方表
    while(!file.eof()&&temp.n!= num)               //查平方表
        file.read((char * )&temp,sizeof(table));
    if(file.eof())
        cout <<"未查到!"<< endl;                   //查到表尾,未查到
    else
        cout << temp.n <<"   的平方根为   "<< temp.qn << endl;
                                                   //查到,显示被查数和它的平方根
    file.close();
    return 0;
}
```

**答案:**

```
请输入一个 1~20 的数:9↙
9  的平方根为  3
```

**【程序解析】** 此题建立文件对象 file 的操作中使用的参数是 ios_base::in|ios_base::out|ios_base::binary|ios_base::trunc,是因为建立的是输入输出流 fstream 类的对象 file,故要指出文件对象 file 所联系的文件 e:\sqtable.dat 的性质是一个既输入又输出的二进制文件。

## 15.2 测试题

**1. 选择题**

(1) 以下不可作为输出流对象的是________。

A. 文件　　B. 内存　　C. 键盘　　D. 显示器

(2) 若在 I/O 流的输出中使用控制符 setfill()设置填充字符,应包含的头文件是________。

A. cstdlib　　B. iostream　　C. fstream　　D. iomanip

(3) 设有定义"char str[80];",以下不能将输入数据 first \nsecond\n↙读到数组 str 中的语句是________。

A. cin.get(str,80);　　B. cin.getline(str,80);

C. cin >> str;　　D. cin.read(str,80);

(4) 在文件操作中,代表以追加方式打开文件的模式是________。

A. ios_base::ate　　B. ios_base::app

C. ios_base::out　　D. ios_base::trunc

(5) 以下关于文件操作的叙述中,不正确的是________。

A. 打开文件的目的是使文件对象与磁盘文件建立联系

B. 文件读写过程中,程序将直接与磁盘文件进行数据交换

C. 关闭文件的目的之一是保证将输出的数据写入文件

D. 关闭文件的目的之一是释放内存中的文件对象

(6) 以下程序的输出结果是________。

```
#include < iostream >
```

```
#include<iomanip>
using namespace std;
int main()
{   cout << setfill('#')<< setw(4)<<"OK"<< 123 << endl;
    return 0;
}
```

A. ##OK123　　B. ##OK#123　　C. OK##123　　D. OK##123#

(7) 当使用 ifstream 流类定义一个流对象并打开一个磁盘文件时,文件的隐含打开方式为________。

A. ios_base::in　　B. ios_base::out

C. ios_base::in | ios_base::out　　D. 没有

(8) 阅读以下程序段:

```
#include<fstream>
using namespace std;
int main()
{   ifstream infile;
    ofstream outfile;
    fstream iofile;
    iofile.open("a.txt",ios_base::in);
    iofile.close();
    iofile.open("b.txt",ios_base::out);
        …
}
```

根据上面的程序段,下面叙述中不正确的是________。

A. 对象 infile 只能用于文件输入操作

B. 对象 outfile 只能用于文件输出操作

C. 对象 iofile 在文件关闭后,不能再打开另一个文件

D. 对象 iofile 可以打开一个文件同时进行输入和输出

**2. 填空题**

(1) 定义一个符号常量 EOF,使其与−1 等价,则正确的表示方式为________。

(2) C++语言中根据数据的组织形式,可以将文件分为__①__和__②__。

(3) I/O 流类库中的两个基础类是__①__类和__②__类。其中__③__类用来处理与硬件设备有关的操作;而另一类用于__④__操作。

(4) C++中使用的是__①__类处理输出至文件,文件输入使用的是__②__类。在使用这两个类时必须包含__③__文件。

(5) 在格式输出中,设置浮点数精度的操作符是__①__,以十六进制输出整型数值的操作符是__②__。

(6) 已知二进制文件 tom.dat,以追加方式打开文件的语句是________。

(7) 写出以下程序输出的结果________。

```
#include<iostream>
#include<iomanip>
using namespace std;
```

```
int main()
{   cout << 1 <<"~"<< -1 << endl;
    cout << hex << uppercase;
    cout << 1 <<"~"<< -1 << endl;
    return 0;
}
```

(8) 以下程序输出的结果是________。

```
#include <iomanip>
#include <iostream>
using namespace std;
int main()
{   cout.fill('!');
    cout << setiosflags(ios::left)<< hex;
    cout << setw(6)<< 1024 << endl;
    return 0;
}
```

(9) 下列程序向 d 盘根目录上的文本文件 aaa.dat 输出 0～100 的整数，请完善程序。

```
#include <iostream>
#include   ①  
using namespace std;
int main()
{   ofstream f1(  ②  );
    if (  ③  )
    {     cerr <<"d:aaa.dat file not open! "<< endl;
          exit(1);
    }
    for (int i = 0;i <= 100;i++)  ④   << i <<' ';
    f1.  ⑤  ;
    return 0;
}
```

(10) 下列程序的功能是将结构体变量 tt 的内容以二进制形式写到 d 盘的文件 date.txt 中。请完善程序。

```
#include <fstream>
using namespace std;
struct date
{   int year,month,day;   };
int main()
{   date tt = {2005,8,15};
    ofstream outdate(  ①  );
    outdate.write(  ②  , sizeof(tt));
    outdate.close();
    return 0;
}
```

(11) 下列程序的功能是将 d 盘上的文本文件 test.dat 的内容读出并显示在屏幕上。请完善程序。

```
#include<fstream>
#include<iostream>
using namespace std;
int main()
{   char buf[80];
    ifstream me(___①___);
    while(___②___)
    {   me.getline(buf,80);
        cout<<___③___<<endl;
    }
    me.close();
    return 0;
}
```

# 第16章　上机题分析

在全国计算机C++二级考试和江苏省计算机C++二级等级考试中都有上机操作题，上机操作题共有3种题型：程序填空题、程序修改题和编程题。无论是全国考试还是江苏省考试，上机操作题的核心都是算法，根据近几年考题分析，上机题考试的算法主要包括：穷举法，求最大公约数，求素数，解方程，排序(选择法、冒泡法)，字符串处理，倒序，求最大值，进位转换，链表操作，求级数和以及整数按位分离等。

## 题型1　程序填空题

**【试题16.1】** 下列给定程序中，函数fun()的功能是：将形参n中，各位上为偶数的数取出，并按原来从高位到低位的顺序组成一个新数，作为函数值返回。

例如，从主函数输入一个整数27638496，则函数返回值为26846。

请在下画线处填入正确的内容并将下画线删除，使程序得出正确的结果。

**注意**：部分源程序给出如下。

不得增行或删行，也不得更改程序的结构。

试题源程序：

```
#include<iostream>
using namespace std;
unsigned long fun(unsigned long  n)
{   unsigned long  x=0, s, i;   int  t;
    s=n;
/**********found**********/
    i=___(1)___;
/**********found**********/
    while(___(2)___)
    {   t=s%10;
        if(t%2==0){
/**********found**********/
            x=x+t*i;  i=___(3)___;
        }
```

```
            s = s/10;
        }
        return  x;
}
int main()
{   unsigned long  n = -1;
    while(n > 99999999||n < 0)
    {    cout <<"Please input(0 < n < 100000000): "; cin>> n; }
    cout << fun(n)<< endl;
    return 0;
}
```

**答案**：(1) 1 (2) s 或 s!=0 (3) i * 10

**【程序解析】** 本题主要考查数位分离并将分离后的各个位重新组成一个新数的算法。

本题不能按顺序去填空，而要将程序仔细阅读一遍后，根据前后的关系进行填空。先看(2)空所在的循环，这个循环完成把整型数的每位取出，再将其中的偶数按顺序重新组成新数。根据本书前面章节介绍的算法，该空应填 s 或 s!=0。循环中语句"x=x+t * i;"实现重组新数。而根据题意，将最先取出的偶数放在个位，其次取出的放在十位，再次取出的放在百位……，因此(3)空应填 i * 10 控制十进制的位数，所以其初值，即(1)空应填 1。

**【试题 16.2】** 给定程序中，函数 fun()的功能是：找出 $N \times N$ 矩阵中每列元素中的最大值，并按顺序依次存放于形参 b 所指的一维数组中。

请在程序的下画线处填入正确的内容并把下画线删除，使程序得出正确的结果。

请勿改动 main()函数和其他函数中的任何内容，仅在函数 fun()的横线上填入所编写的若干表达式或语句。

试题源程序：

```
#include <iostream>
using namespace std;
const int N = 4;
void fun(int  (*a)[N], int  *b)
{   int  i,j;
    for(i = 0; i < N; i++) {
/**********found**********/
        b[i] = __(1)__ ;
        for(j = 1; j < N; j++)
/**********found**********/
            if(b[i] __(2)__ a[j][i])
                b[i] = a[j][i];
    }
}
int main()
{   int  x[N][N] = { {12,5,8,7},{6,1,9,3},{1,2,3,4},{2,8,4,3} },y[N],i,j;
    cout <<"\nThe matrix :\n";
    for(i = 0;i < N; i++)
    {      for(j = 0;j < N; j++) cout << x[i][j]<<"\t";
           cout << endl;
    }
```

```
/ *********** found *********** /
    fun(  (3)  );
    cout <<"\nThe result is:";
    for(i = 0; i < N; i++)  cout << y[i]<<"\t";
    cout << endl;
    return 0;
}
```

**答案**：(1) a[0][i]  (2) <  (3) x,y

**【程序解析】** 本题主要考查求最大值和函数参数的传递。

(1) 空：从给出的程序可以看出，该题使用打擂台的方法求最大值，(1)空中应填列中第一个元素的值，再根据求最大值循环的语句"b[i]=a[j][i];"，可知(1)空应填 a[0][i]。

(2) 空：根据题意，b[i]先存放第 i 列中的第一个元素，如果列中的元素大于 b[i]，将该元素赋值给 b[i]，则最后 b[i]中存放的是该列最大值。故(2)空应填<。

(3) 空：题目要求找出 N×N 矩阵中每列元素中的最大值，并按顺序依次存放于形参 b 所指的一维数组中，进而在 main()函数中输出，所以(3)空应把两个数组的首地址传给形参，而数组名代表数组的首地址，故应填 x,y。

**【试题 16.3】** 下列程序中函数 padd()的功能是：调整 pa 指向的链表中结点的位置，使得所有 x 值为偶数的结点出现在链表的前半部，所有 x 值为奇数的结点出现在链表的后半部。如本程序中原来链表中 x 值的顺序为 1,2,3,4,5,6,7,8,9,10，执行 padd 函数调整后的链表 x 值的输出顺序为 10,8,6,4,2,1,3,5,7,9。

```
#include < iostream >
using namespace std;
struct NODE{
    int x;
    NODE * next;
};
NODE * padd(NODE * pa)
{  NODE  * p1, * p2, * p;
   p1 = p2 = pa;
   while(p1)
   {    if(p1 -> x % 2 == 0&&  (1)  )
        {     p = p1;p1 = p1 -> next;                  //A 行
               (2)  = p1;                              //从链表上取下偶数结点,并插入链首
              p -> next = pa;
               (3)  ;
        }
        else {p2 = p1;p1 = p1 -> next;}
   }
   return pa;
}
int main( )
{  NODE  a[10] = {{1},{2},{3},{4},{5},{6},{7},{8},{9},{10}}, * ha = a, * p;
   int i;
   for(i = 0;i < 9;i++)a[i].next =  (4)  ;             //生成链表
```

```
    a[9].next = NULL;
    ha = padd(ha);p = ha;
    while(p){cout << p -> x <<',';p = p -> next;}
    cout <<"\n";
    return 0;
}
```

**答案**：(1) p1 或 p1!=NULL　(2) p2->next　(3) pa=p　(4) &a[i+1]

**【程序解析】** 本题主要考查链表的删除与插入。

做链表题的关键是画出链表示意图，根据程序画出链表图后，思路一目了然，本题建立的链表如图 2.20 所示。

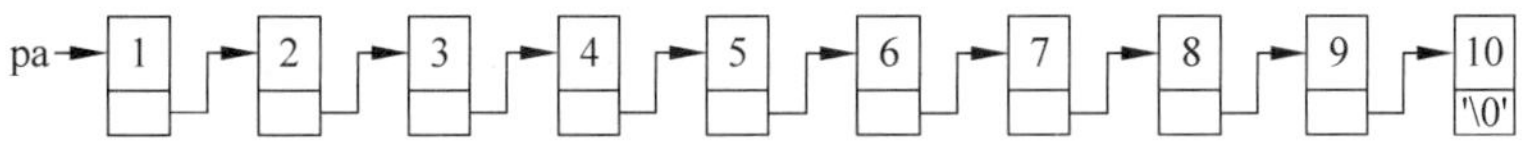


图 2.20　未进行转换前的链表

(1) 空：这个空是完成题目要求的循环的两个条件之一，第 1 个条件"p1->x%2==0"是判断是否偶数结点，程序要求所有 x 值为偶数的结点出现在链表的前半部，即在整个链表中查找，因此第 2 个条件应该是判断是否到链表尾部，所以填 p1 或 p1!=NULL。

(2) 空：根据注释从链表上删除偶数结点，图 2.21 是查找到 x 值为偶数的结点后，运行完语句"p=p1;p1=p1->next;"时的情况。可以看出 p 指向要删除的结点，且要删除的结点在 p1 和 p2 之间。下一步要将 p1 和 p2 连接起来，即 p2->next=p1，如图 2.22 所示，故(2)空应填 p2->next。

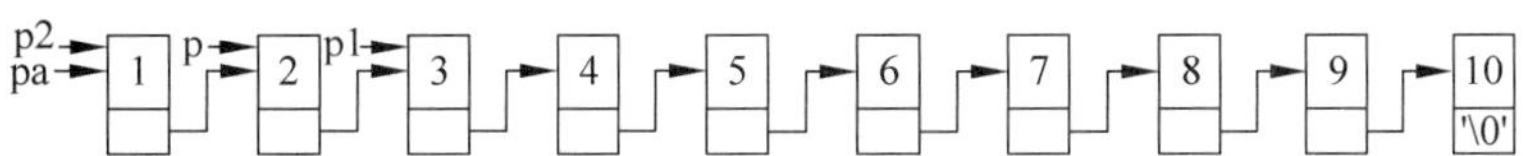


图 2.21　运行完 A 行，找到 x 值为偶数的结点后各个指针的指向

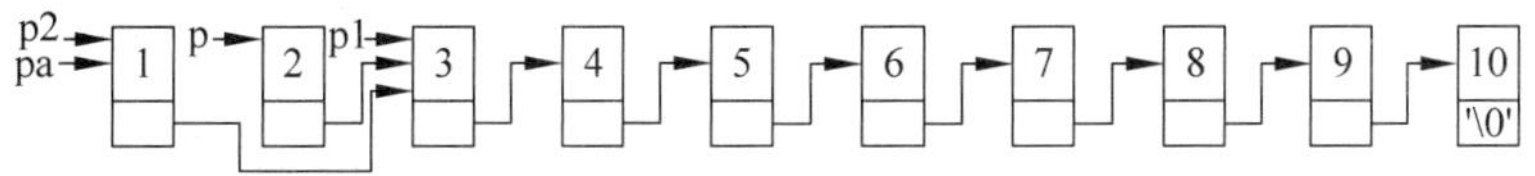


图 2.22　将 p1 和 p2 连接起来，即 p2->next=p1;

(3) 空：此时 p 所指向的结点从链表独立出来，为了方便理解，将其移到链表首部，如图 2.23 所示。

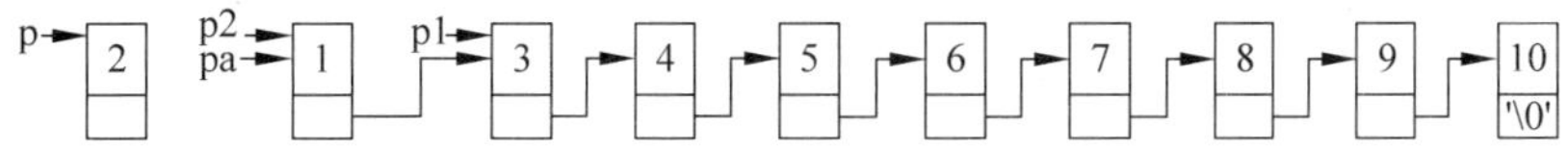


图 2.23　欲将 p 所指向的结点插入到链表头前

第 1 步，将 p 与链表头结点 pa 连接起来，即"p->next=pa;"，如图 2.24 所示。

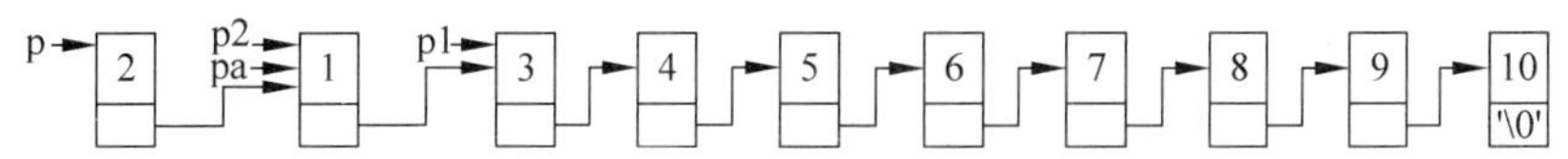


图 2.24　将 p 插入到 pa 之前，p->next=pa

第 2 步,将 p 作为链表的头结点,即"pa=p;",故(3)空应填"pa=p;",完成一次转换后的链表如图 2.25 所示。然后 p1 继续沿着链表向前,去查找新的 x 值为偶数的结点,继续完成上述转换。

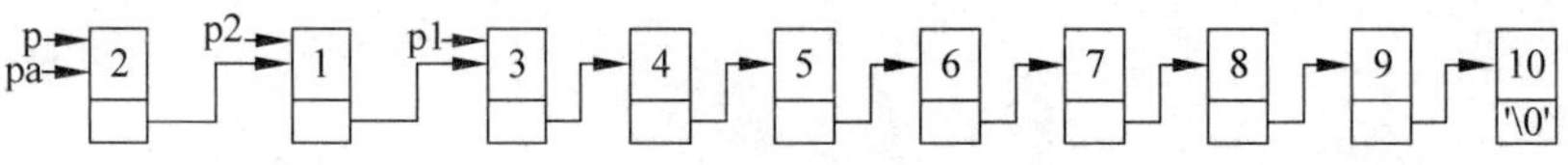


图 2.25 "pa=p;"完成一次转换后的链表情况

## 题型 2 程序改错题

**【试题 16.4】** 下列给定程序中函数 fun()的功能是用递归算法求形参 a 的平方根。求平方根的迭代公式如下:

$$x1 = \frac{1}{2}\left(x0 + \frac{a}{x0}\right)$$

例如,$a$ 为 2 时,其平方根值为 1.414214。

请改正程序中的错误,使它能得出正确的结果。

**注意:** 部分源程序在文件 MODI1.C 中,不得增行或删行,也不得更改源程序的结构。

试题源程序程序:

```
#include< iostream >
#include< cmath >
using namespace std;
/ ********** found ********** /
fun(double a, double x0)
{   double   x1, y;
    x1 = (x0 + a/x0)/2.0;
/ ********** found ********** /
    if( fabs(x1 - x0)< 0.00001 )
        y = fun(a,x1);
    else  y = x1;
    return  y;
}
int main( )
{   double  x;
    cout <<"Enter x: "; cin >> x;
    cout <<"The square root of is \n"<< x <<','<< fun(x,1.0)<<"\n";
    return 0;
}
```

**答案:**

(1) 错误: `fun(double a, double x0)`

正确: `double fun(double a, double x0)`

(2) 错误: `if( fabs(x1 - x0)< 0.00001 )`

正确: `if( fabs(x1 - x0)> 0.00001 )`

**【程序解析】** 本题主要考查递归调用和解方程。

**注:** 这是一道国家计算机 C++等级考试题,国家考试改错题相对简单,错误出现在

“ *** found *** ”的下一行。

错误 1：由题意可知，fun()函数返回的是方程的根，因此 fun()返回值是 double 型。

错误 2：根据解方程的算法，当 fabs(x1－x0)＜0.00001 时，x1 是方程的解。故当 fabs(x1－x0)＞0.00001 时继续递归调用，直到满足递归条件。

**【试题 16.5】** 下列程序中函数 fun()的功能是，首先将 s 数组中的字符串按以下规则复制到 t 数组：对于下标值为偶数位置上的字符复制 n 次(n=下标值+1)；对于下标值为奇数位置上的字符只复制一次。其次将 t 数组中的字符串按字符编码从小到大的顺序排序。

［**测试数据与运行结果**］

当 s 中的字符串为"abcdefg"时，程序运行结果应为"abcccdeeeeefggggggg"；

当 s 中的字符串为"136254"时，程序运行结果应为"123455555666"。

含有错误的源程序(程序中的注释 A、B、C、D 是作者为了解析方便加上的，原题没有)：

```
#include <iostream>
using namespace std;
void fun(char *s,char *t)
{   int i,j,k,n = 0; char temp;
    for(i = 0;s[i]!= '\0'; ++i)
          if(i % 2 = 0)                          //A
                for(k = 0;k < i + 1;++k)
                {     t[n] = s[i];   n++; }
          else t[n] = s[i];                       //B
    t[n] = '\0';
    for(i = 0;i < n - 1;i++)
    {     k = i;
          for(j = 0;j < n;j++)                    //C
                if(t[j]< t[k]) k = j;
          if(k!= i)
          {     temp = t[i]; t[i] = t[k]; t[k] = temp; }
    }
}
int main()
{   char s[20], t[100];
    cout <<"\nPlease enter string s:"; cin.getline(s,19);
    fun(s);                                       //D
    cout <<"The result is:"<< t;
    return 0;
}
```

**答案：**

(1) 错误：A 行`if(i % 2 = 0)`

正确：`if(i % 2 == 0)`

(2) 错误：B 行`t[n] = s[i];`

正确：`t[n++] = s[i];`

(3) 错误：C 行`for(j = 0;j < n;j++)`

正确：`for(j = i + 1;j < n;j++)`

(4) 错误：D 行fun(s);

正确：fun(s,t);

**【程序解析】** 本题主要考查选择法排序、函数调用和字符串处理。

这是一道江苏省计算机二级 C++等级考试题，江苏省计算机考试的上机改错题相对全国计算机考试题要难，并没有像全国计算机考试改错题那样指出错误在哪一行，而且设置的错误也比较多，有语法错误，也有算法错误。做题的步骤是：先仔细阅读含错误的源程序，然后在 C++编译环境中运行，根据信息栏提供的错误修改语法错误，再根据输出结果修改算法错误。

编译后在信息栏显示如图 2.26 所示。

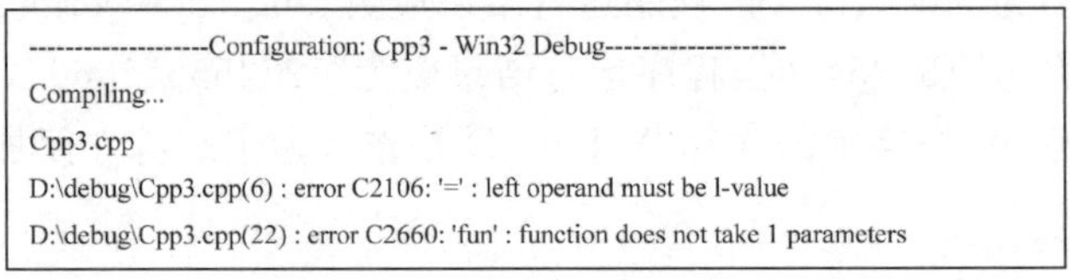


图 2.26　编译信息栏显示

根据第 1 个错误提示可知 A 行语句 if(i%2=0)出错，因为赋值"="的左值必须是变量，根据题意，此语句是判断偶数位，故此处改为 if(i%2==0)。

根据第 2 个错误提示可知 D 行函数调用语句 fun(s)出错，是因为 fun()函数定义时有两个参数，而调用时只给了一个参数，依题意此处改为 fun(s,t)。

语法错误改好后，下面就要修改算法错误。执行程序可以看到输出结果如图 2.27 所示。从结果可以看出，偶数位复制正常，而奇数位没有复制到 t 数组中，所以可以判断源程序中 s 数组中的字符串复制到 t 数组的语句出错，从程序可知 A 行和 B 行所在的循环是完成这个复制功能的，仔细阅读发现 B 行语句"t[n]=s[i]"出现问题。

图 2.27　输入"abcdefg"时程序输出结果

将 s 数组中的奇数位复制到 t 数组时，复制一个字符后下标 n 应该加 1，语句中未加，导致奇数位被覆盖，因此 B 行"t[n]=s[i]"应改为"t[n++]=s[i]"。

再运行程序输入字符串"136254"，输出结果如图 2.28 所示，从中可以看到偶数位和奇数位都按题意正确复制，但字符串并未按要求将 t 数组中的字符串按字符编码从小到大的顺序排序，可以判断源程序中实现排序功能的部分出错。C 行所在的循环利用选择法实现这个功能。根据选择法排序的算法，应将 C 行"for(j=0;j<n;j++)"语句改为"for(j=i+1;j<n;j++)"。

图 2.28　输入"136254"时程序输出结果

**【试题 16.6】** 以下程序的功能是：将一个以字符串表示的实数转换为实型数。其中，函数 atod(char * str, int &n)的返回值为参数 str 转换后的实数，n 为所得到的实数的位数（整数的位数＋小数的位数）。

正确程序的输出结果如下：

```
字符串"-123456.9876543"转换成实数为:
-123456.9876543
```

含有错误的源程序如下（程序中的注释 A、B、C、D 是作者为了解析方便加上的，原题没有）：

```
#include <iostream>
#include <iomanip>
using namespace std;
double atod(char * str, int &n)
{    int sign = 1, flag = 1, tmp;
     double e = 10.0, result = 0;
     n = 0;
     if( * str == '-') {
            sign = -1;
            str++;
     }
     while( * str){
            if( * str >= 0 && * str <= 9)           //A
            {     n++;
                  tmp = * str;                      //B
                  if(flag)                          //整数部分处理
                        result = result * 10 + tmp;
                  else{                             //小数部分处理
                        result = result + tmp/e;
                        e += 10.0;                  //C
                  }
            }
            else if( * str == '.')
                  flag = 0;
            str++;
     }
     return result * (double)sign;
}
int main( )
{    char * str = "-123456.9876543";
     int n;
     double result = atod(str, &n);                 //D
     cout <<"字符串\""<< str <<"\"转换成实数为:"<< endl;
     cout << setprecision(n) << result << endl;
     return 0;
}
```

**答案：**

(1) 错误：A 行 `if( * str >= 0 && * str <= 9)`

正确：`if( * str >= '0'&& * str <= '9')`

(2) 错误：B 行 `tmp = * str;`

正确：`tmp = * str - '0';`

(3) 错误：C 行 `e += 10.0;`

正确：`e *= 10.0;`

(4) 错误：D 行 `double result = atod(str, &n);`

正确：`double result = atod(str, n);`

**【程序解析】** 本题主要考查字符串转换成实型数及函数调用。

本题是江苏省计算机二级 C++等级考试题，先仔细阅读含错误的源程序，然后在 C++编译环境中运行，根据信息栏提供的错误修改语法错误，再根据输出结果修改算法错误。

编译后信息栏显示如图 2.29 所示。

根据显示信息仔细检查程序，发现 atod()函数原型为 double (char * str, int &n)，2 个形式参数中第 1 个是字符指针，第 2 个是整型变量的引用，根据函数调用要求，2 个实际参数应该为地址和整型变量的原型，因此将 D 行 double result=atod(str, &n)改为 double result=atod(str, n)。

```
--------------------Configuration: Cpp3 - Win32 Debug--------------------
Compiling...
Cpp3.cpp
D:\debug\Cpp3.cpp(32) : error C2664: 'atod' : cannot convert parameter 2 from 'int *' to 'int &'
```

图 2.29 编译信息栏显示

继续运行程序，输出结果如图 2.30 所示。

图 2.30 改完语法错误后的运行结果

显示结果表明字符串转换失败，因此程序中转换算法有错误。在 atod()函数中 A、B、C 行所在的 while 循环实现字符串转换成实型数，while 语句前的“if( * str=='-')”语句解决符号问题。如果字符为-，则 sign=-1；循环中字符串转换成实型数时整数部分和小数部分分别进行转换。整数部分转换的算法是：

① 取出字符'1'，转换成数字 1。

```
tmp = 1
result = 0 * 10 + 1 = 1
```

② 取出字符'2'，转换成数字 2。

```
tmp = 2
result = 1 * 10 + 2 = 12
```

③ 取出字符'3',转换成数字 3。

```
tmp = 3
result = 12 * 10 + 3 = 123
……
```

同样,按相同算法顺序取出字符串"－123456.9876543"中小数点前的数字字符并将其转换为整数。

根据此思路去阅读程序,发现程序中 str 是字符指针,则 * str 为字符,而 tmp 是整型变量,字符'1'的 ASCII 为 49 而不是数字 1。A 行语句"if( * str>=0 && * str<=9)"并不能判断字符是否为数字字符,需改为"if( * str>='0'&& * str<='9')"。同理,B 行语句"tmp= * str;"也是错的,需将数字字符转换成数字,所以 B 行改为"tmp= * str－'0';"。

小数部分转换的思路和整数部分转换思路是相似的,具体的算法是:

① 整数部分转换后 result＝123456。

② 取出字符串"－123456.9876543"字符.后面的字符'9',转换成数字 9。

```
result = 123456 + 9/10 = 123456.9    e = e * 10
```

③ 取出字符'8',转换成数字 8。

```
result = 123456.9 + 8/100 = 123456.98
…
```

按相同算法顺序取出字符串"－123456.9876543"中小数点后的数字字符并将其转换为实数。

根据此思路可以判断 C 行语句"e+=10.0"应改为"e * =10.0"。

**【试题 16.7】** 下列程序完成对 $n$ 阶矩阵($n$ 为奇数)的变换,将原矩阵左下角 $n/2$ 阶子块中的数据与矩阵右上角 $n/2$ 阶子块中的数据作交换,显示交换过子块后的 $n$ 阶矩阵。

[**测试数据与运行结果**]

$n$=5

原矩阵:

| | | | | |
|---|---|---|---|---|
| 0 | 1 | 2 | **3** | **4** |
| 5 | 6 | 7 | **8** | **9** |
| 10 | 11 | 12 | 13 | 14 |
| **15** | **16** | 17 | 18 | 19 |
| **20** | **21** | 22 | 23 | 24 |

变换后的矩阵:

| | | | | |
|---|---|---|---|---|
| 0 | 1 | 2 | **15** | **16** |
| 5 | 6 | 7 | **20** | **21** |
| 10 | 11 | 12 | 13 | 14 |
| **3** | **4** | 17 | 18 | 19 |
| **8** | **9** | 22 | 23 | 24 |

含有错误的源程序如下(程序中的注释 A、B、C 是作者为了解析方便加上的,原题没有):

```
#include<iostream>
using namespace std;
const int M = 10;
void swap(int x, int y)                                    //A
{   int t;
    t = *x;   *x = *y;   *y = t;
}
```

```
void change(int a[][M], int n)
{    int i, j, c;
     for(i = 0;i < n/2;i++)
           for(j = n/2 + 1;j < n;j++)
                 swap(&a[i][j],&a[i + n/2 + 1][j - n/2 + 1]);          //B
}
void print(int a[][M],int n)
{    int i,j;
     cout <<"\n";
     for(i = 0;i < n;i++)
     {    for(j = 0;j < n;j++)
                cout << a[i][j]<<"\t";
          cout <<"\n";
     }
}
int main()
{    int a[M][M],i,j,n = 0;
     cout <<"\nINPUT N (N < 10): ";
     cin >> n;
     if(n >= 10||n % 2 == 0)
     {    cout <<"Can't do it "; return 0;}
     for(i = 0;i < n;i++)
          for(j = 0;j < n;j++)
               a[i][j] = i * n + j;
     print(a,n);
     change(a);                                      //C
     print(a,n);
     return 0;
}
```

**答案:**

(1) 错误: A 行 void swap(int x, int y)

正确: void swap(int * x, int * y)

(2) 错误: B 行 swap(&a[i][j],&a[i + n/2 + 1][j - n/2 + 1]);

正确: swap(&a[i][j],&a[i + n/2 + 1][j - n/2 - 1]);

(3) 错误: C 行 change(a)

正确: change(a,n)

**【程序解析】** 本题主要考查二维数组的处理及函数调用。

本题是江苏省计算机二级 C++等级考试题,先仔细阅读含错误的源程序,然后在 C++编译环境中运行,根据信息栏提供的错误修改语法错误,再根据输出结果修改算法错误。

编译后信息栏显示如图 2.31 所示。

信息栏显示的前 4 个错误都在 A 行的下一行,这时错误未必真的在这一行,要仔细检测函数的定义,函数 swap()的原型是"void swap(int x, int y)",在函数体内使用了 * x 和 * y,再结合 change()函数调用时的两个实参都是数组元素的地址,所以"void swap(int x, int y)"应改为"void swap(int * x, int * y)",实参和形参的类型要一致。

```
--------------------Configuration: Cpp3 - Win32 Debug--------------------
Compiling...
Cpp3.cpp
D:\debug\Cpp3.cpp(6) : error C2100: illegal indirection
D:\debug\Cpp3.cpp(6) : error C2100: illegal indirection
D:\debug\Cpp3.cpp(6) : error C2100: illegal indirection
D:\debug\Cpp3.cpp(6) : error C2100: illegal indirection
D:\debug\Cpp3.cpp(13) : error C2664: 'swap' : cannot convert parameter 1 from 'int *' to 'int'
        This conversion requires a reinterpret_cast, a C-style cast or function-style cast
D:\debug\Cpp3.cpp(36) : error C2660: 'change' : function does not take 1 parameters
Error executing cl.exe.
Cpp3.obj - 6 error(s), 0 warning(s)
```

图 2.31　编译信息栏显示

根据第 5 个错误提示，对比 change()函数的实参和形参，发现 change()函数定义了两个参数，而调用时只给了一个参数，所以根据题意 C 行"change(a);"应改为"change(a,n);"

改完语法错误后按要求运行程序，输出结果如图 2.32 所示。

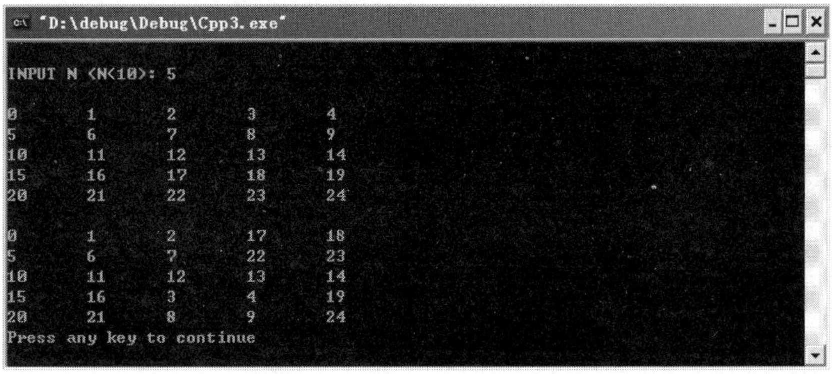

```
"D:\debug\Debug\Cpp3.exe"
INPUT N (N<10): 5

0       1       2       3       4
5       6       7       8       9
10      11      12      13      14
15      16      17      18      19
20      21      22      23      24

0       1       2       17      18
5       6       7       22      23
10      11      12      13      14
15      16      3       4       19
20      21      8       9       24
Press any key to continue
```

图 2.32　改完语法错误后的运行结果

分析输出结果发现，并不是矩阵左下角 n/2 阶子块中的数据与矩阵右上角 n/2 阶子块中的数据作交换，交换位置错误，据此判断错误出现在程序的 B 行，应将 B 行的"swap(&a[i][j],&a[i+n/2+1][j-n/2+1]);"语句改为"swap(&a[i][j],&a[i+n/2+1][j-n/2-1]);"。

## 题型 3　编程题

**【试题 16.8】**　试定义一个类 NUM，求 100 以内所有的无暇素数。所谓无暇素数是指一个两位整数，其本身是素数，其逆序数也是素数。例如，17 是素数，17 的逆序数是 71，17 和 71 都是素数，所以 17 和 71 都是无暇素数。具体要求如下：

(1) 私有数据成员。

- int a[20]；整型数组,用来存储 100 以内的无暇素数。
- int count；整型变量,记录找到的无暇素数的个数。

(2) 公有成员函数。

- NUM()；构造函数,将 count 初始化为 0。
- int reverse(int n)；求取并返回 n 的逆序数。
- int isPrime(int n)；判断 n 是否为素数,若是素数则返回 1,否则返回 0。
- void fun()；求 100 以内的所有无暇素数并存储在数组 a 中。
- void print()；输出 100 以内的无暇素数的个数和大小。

(3) 在主函数中对 NUM 类进行测试。

输出示例：

```
count = 9
11  13  17  31  37  71  73  79  97
```

**答案：**

```
#include< iostream >
using namespace std;
class NUM
{    int a[20];
     int count;
public:
     NUM();
     int reverse(int n);
     int isPrime(int n);
     void fun();
     void print();
};
NUM::NUM(){count = 0;}
int NUM::reverse (int n)                                   //求逆序数
{    int s = 0;
     while(n){ s = s * 10 + n % 10; n = n/10;   }
     return s;
}
int NUM::isPrime (int n)                                   //判断是否为素数
{    for(int i = 2;i < n;i++)
          if(n % i == 0) return 0;
     return 1;
}
void NUM::fun ()
{    for(int i = 10;i < 100;i++)
          if(isPrime(i)&&isPrime(reverse(i)))
               a[count++] = i;
}
void NUM::print ()
{    cout <<"count = "<< count << endl;
     for(int i = 0;i < count;i++)
```

```
            cout << a[i]<<"   ";
        cout << endl;
}
int main()
{   NUM num;
    num.fun ();
    num.print ();
    return 0;
}
```

**【程序解析】** 本题主要考查求素数和求逆序数,程序的设计思路是:

(1) 先编写求逆序数的函数,假如 n=1234,其思路如下。

① 令 s=0。

② n=1234,当 n!=0 时,s=s * 10+n%10=4,n=n/10=123。

③ n=123,当 n!=0 时,s= s * 10+n%10=43,n=n/10=12。

④ n=12,当 n!=0 时,s= s * 10+n%10=432,n=n/10=1。

⑤ n=1,当 n!=0 时,s= s * 10+n%10=4321,n=n/10=0。

可见,循环到 n=0 时,s 为 4321,正好是未循环时的 n(1234)的倒序数。

(2) 按本书前面章节介绍的求素数的算法编写求素数的函数。

(3) 用穷尽法求 100 以内所有的无暇素数并输出。

**【试题 16.9】** 设有一种文字加密的方法如下:将文字中的字母改写为加密字典中的对应字母的序号。规定加密字典中的字母序号用两位数字表示,不足两位时高位补 0。例如,原字符串为"a ␣b ␣c ␣z",加密字典为"␣abcdefghijklmnopqrstuvwxyz"[加密字典的第 0 个字符(首字符)为空格],则加密后的密文字符串为"01000200030026"。试定义一个类 STR,对字符串进行加密。具体要求如下:

(1) 私有数据成员。

char * s0, * s, * s1: s0,s,s1; 分别存放明文字符串、加密字典字符串及密文字符串。

(2) 公有成员函数。

- STR(char * t0, char * t); 构造函数,用字符串 t0、t 分别初始化成员 s0 和 s,并为成员 s1 至少分配两倍于明文字符串长度的存储空间。
- int index(char t); 求字符 t 在密码字典中的序号,并返回该序号。
- void fun( ); 对明文字符串 s0 进行加密处理,密文字符串存入 s1 中。
- void print( ); 输出明文字符串、加密字典及密文字符串。
- ~STR( ); 析构函数,完成必要的操作。

(3) 在主函数中输入一个字符串(要求只能输入小写字母或空格),并假设加密字典为"␣abcdefghijklmnopqrstuvwxyz"(首字符为空格)。对明文字符串进行加密测试。

输入/输出示例(下画线部分为键盘输入):

请输入一个字符串: i am a student

明文字符串: i am a student

密码字典: abcdefghijklmnopqrstuvwxyz

密文字符串: 0900011300010019202104051420

**答案:**

```
#include <iostream>
#include <string>
using namespace std;
class STR
{    char * s0, * s, * s1;                  //s0,s,s1分别存放明文字符串、加密字典及密文字符串
public:
    STR(char * t0, char * t);              //构造函数
    int index(char t);
    void fun( );
    void print( );
    ~STR( );
};
STR::STR(char * t0,char * t)               //构造函数
{    s0 = new char[strlen(t0) + 1];        //s0开辟空间
    strcpy(s0,t0);                         //用t0初始化
    s = new char[strlen(t) + 1];           //s开辟空间
    strcpy(s,t);                           //用t初始化
    s1 = new char[2 * strlen(t0) + 1];     //初始化密文空间,两倍于明文t0空间
}
int STR::index(char t)                     //返回明文字符在加密字典中的序号
{    for(int i = 0;i < strlen(s);i++)      //遍历加密字典,查找明文字符
            if(t == * (s + i))             //找到后,返回序号
                  return i;
     return 0;
}
void STR::fun()                            //加密算法
{    char t;
     int x;
     int i = 0,j = 0;
     while( * (s0 + i))                    //遍历明文字符
     {     t = * (s0 + i);
           x = index(t);                   //找到明文字符在加密字典中的序号
           if(x < 10)                      //当序号小于两位数,十位数设置为0
           {     s1[j++] = '0';            //十位数
                 s1[j++] = x + '0';        //个位数
           }
           else                            //当序号为两位数,依次写入密文
           {     s1[j++] = x/10 + '0';     //十位数
                 s1[j++] = x % 10 + '0';   //个位数
           }
           i++;
     }
     s1[j] = 0;                            //密文字符串以'\0'结束
}
void STR::print()                          //输出结果
{    cout <<"明文字符串: "<< s0 << endl;
     cout <<"密码字典: "<< s << endl;
     cout <<"密文字符串: "<< s1 << endl;
}
```

```
STR::~STR ()                          //析构函数,将构造函数中动态开辟的空间释放
{   if(s0)  delete []s0;
    if(s)  delete []s;
    if(s1)  delete []s1;
}
int main()
{   char ss[100];
    cout <<"请输入一个字符串: ";
    cin.getline(ss,100);
    STR  str(ss, " abcdefghijklmnopqrstuvwxyz");
    str.fun();                        //加密处理
    str.print ();                     //输出结果
    return 0;
}
```

**【程序解析】** 本题主要考查字符串处理,程序的设计思路是:

(1) 利用循环遍历密码字典,找出相应字符的序号。

(2) 根据序号将字符用两位数字字符表示,序号小于 10,十位置'0',否则按实际数字转换成数字字符,并存入 s1 中。

(3) 在主函数中调用对象并调用相关的函数。

**【试题 16.10】** 编程求级数 $s=\frac{1}{2}+\frac{2}{2\times3}+\frac{3}{2\times3\times5}+\cdots+\frac{n}{p1\times p2\times p3\times\cdots\times pn}$前 $n$ 项之和。其中:$pi(i=1,2,3,\cdots,n)$是 500 以内素数序列中的第 $i$ 个素数。500 以内素数序列为 2,3,5,6,11,13,17,…。具体要求如下:

(1) 编写函数 double fun(double eps),其功能是计算正项级数的部分和,当级数某项的值小于 eps 时,函数返回计算结果。

(2) 编写 main()函数,接收键盘输入的 eps 值,调用函数 fun()计算级数前 $n$ 项的和,将计算结果输出到屏幕。

测试数据:键盘输入 1e-7

输出结果:s=0.954760

**答案:**

```
#include <iostream>
using namespace std;
double fun(double eps)
{   int a[100] = {2},i,j = 1,k;       //数组 a 中顺序存放 500 以内的素数
    double t,s = 0;
    for(i = 3;i <= 500;i++)           //求 500 以内的素数
    {     for(k = 2;k < i;k++)        //对每个数 i,依次判断 k 是否为 i 的因子
              if(i % k == 0)break;    //如果 k 为 i 的因子,i 不是素数,再判断下一个数
          if(k == i)  a[j++] = i;     //如果为素数,存放 a 中
    }
    i = 1;                            //从序号 0 开始,依次从数组 a 中取素数
    t = 1.0 * a[i - 1];               //t 为级数每一项的分母
    while(i/t >= eps)
    {     s = s + i/t;                //级数求和
          i++;                        //i 为级数每一项的分子
```

```
        t = 1.0 * t * a[i - 1];            //从前一项的分母递推到后一项的分母
    }
    return s;
}
int main()
{   double y,eps;
    cin >> eps;                            //输入循环精度
    y = fun(eps);                          //计算表达式
    cout << y << endl;
    return 0;
}
```

**【程序解析】** 本题主要考查求级数和,程序的设计思路是:

(1) 在 fun()函数中先求出 500 以内的素数并存入到 a 数组中。

(2) 试题给出的分子是 1,2,3,…自然数,因此可令 i=1 时 t=a[i−1],级数项为 i/t;i=2 时,t=t * a[i−1],…,依次循环直到满足条件为止。

(3) 在主函数中调用 fun()函数,并将结果返回到 main()函数。

# 第3部分　综合测试

## 试卷 1

### 一、选择题(1题1分)

1. 下列选项中,C++语言的有效标识符是________。

   A. _No1　　B. No.1　　C. 12345　　D. int

2. 下列选项中,________不全是C++语言关键字。

   A. const, break, default　　B. long, void, auto

   C. virtual, extern, include　　D. this, class, else

3. 在C++语言中,不合法的实型数据是________。

   A. 0.123　　B. 123e4　　C. 2.1e3.5　　D. 123.0

4. 下列程序的执行结果是________。

```
#include<iostream>
using namespace std;
int main( )
{   int a=3,b=0;
    int *p=&a;
    b= +a++;
    cout<<*p<<","<<b<<endl;
    return 0;
}
```

   A. 3,4　　B. 4,3　　C. 3,3　　D. 4,4

5. 下面关于C++语言的描述错误的是________。

   A. C++语言支持数据封装　　B. C++语言中引入友元没有破坏封装性

   C. C++语言允许函数名和运算符重载　　D. C++语言支持动态联编

6. 判断char型变量c是否为小写字母的正确表达式是________。

   A. 'a'<=c<='z'　　B. (c>=A)&&(c<=z)

   C. ('a'>=c)||('z'<=c)　　D. (c>='a')&&(c<='z')

7. 若二维数组a有m列,则计算任一元素a[i][j]在数组中相对位置的公式为________(假设a[0][0]位于数组的第一个位置上,相对位置为0)。

   A. i*m+j　　B. j*m+i　　C. i*m+j−1　　D. i*m+j+1

8. 下面程序的运行结果为________。

```
#include<iostream>
using namespace std;
int main( )
{   char a = '3';
    switch(a)
    {     case  '3': cout<<"3";
          case  '2': cout<<"2"; break;
          default  : cout<<"1";
    }
    return 0;
}
```

A. 3　　B. 321　　C. 31　　D. 32

9. 以下程序执行后的输出结果是________。

```
#include<iostream>
using namespace std;
int main( )
{   int i = 1,j = 1,k = 2;
    if((j++||k++)&&i++) cout << i << "," << j << "," << k;
    cout << endl;
    return 0;
}
```

A. 1,1,2　　B. 2,2,1　　C. 2,2,2　　D. 2,2,3

10. 下列程序的输出结果为________。

```
#include<iostream>
using namespace std;
int main( )
{   char *a[ ] = {"hello","the","world"};
    char **pa = a;
    pa++;
    cout << *pa << endl;
    return 0;
}
```

A. hello　　B. the　　C. world　　D. hellotheworld

11. 存在定义"int a[10], x, *pa;",若 pa=&a[1],下列选项中________和其他 3 个选项不等价。

A. x=*pa;　　B. x=*(a+1);　　C. x=*(pa+1);　　D. x=a[1];

12. 下列语句的输出结果是________。

```
cout << strlen("\t\"\065\xff\n");
```

A. 5　　B. 14

C. 8　　D. 输出项不合法,无正常输出

13. 以下程序的输出结果是________。

```
#include<iostream>
using namespace std;
struct STU
{   char num[10];
    float score[3];
};
int main( )
{   struct STU  s[3] = { {"20021",90,95,85}, {"20022",95,80,75}, {"20023",100,95,90}}, *p = s;
    int i;
    float sum = 0;
    for(i = 0;i<3;i++) sum = sum + p->score[i];
    cout << sum;
    return 0;
}
```

A. 260　　B. 270　　C. 280　　D. 285

14. 下列程序中画线处应填入的语句是________。

```
class Base
{
public:
    void fun( ){cout <<"Base of fun"<< endl;}
};
class Derived : public Base
{   void fun( )
    {
        ________ ;                          //显示基类的成员函数 fun
        cout <<"Derived of fun"<< endl;
    }
};
```

A. fun( );　　B. Base. fun( );

C. Base::fun( );　　D. Base—>fun( );

15. 如果表达式 x * y+z 中,"*"是作为友元函数重载的,"+"是作为友元函数重载的,则该表达式还可为________。

A. operator+( operator *(x, y),z)　　B. x. operator+( operator *(x, y),z)

C. y. operator *( operator+(x, y),z)　　D. x. operator+( operator *(x, y))

16. 一个函数,功能不太复杂但要求被频繁调用,应选用________。

A. 内联函数　　B. 重载函数　　C. 递归函数　　D. 嵌套函数

17. 设变量 a 是 int 型,f 是 double 型,i 是 float 型,则表达式 10+'a'+ i * f 值的数据类型是________。

A. int　　B. float　　C. double　　D. 不确定

18. 建立派生类对象时,3 种构造函数分别是 a(基类的构造函数)、b(成员对象的构造函数)、c(派生类的构造函数),这 3 种构造函数的调用顺序为________。

A. abc　　B. acb　　C. cab　　D. cba

19. 只能作为成员函数重载的运算符是________。

A. ＝　　B. ＋＋　　C. ＊　　D. ＞

20. 以下________不是面向对象思想的主要特征。

A. 多态　　B. 继承　　C. 封装　　D. 垃圾回收

## 二、基本概念填空题(1 题 2 分)

1. 假设 fin 是一个文件流对象,则关闭文件的语句是________。
2. 要采用"cin,cout"进行输入输出时,必须包含的头文件是________。
3. 语句"int ＊i; i ＝ new int[10];",释放指针 i 的语句是________。
4. C++的编译预处理的功能分为 3 种:宏定义、________和条件编译。
5. 若已知 a＝10,b＝20,则表达式!a＜b 的值为________。
6. 将以下程序写成三目(条件)运算表达式是________。

```
if(a > b) max = a;
else max = b;
```

7. C++语言的基本控制结构为顺序结构、选择结构和________。
8. 在内存中,存储字符'X'要占用 1 字节,存储字符串"X"要占用________字节。
9. 假定 int 类型变量占用 4 字节,若有定义"int x[10]＝{0,2,4};",则数组 x 在内存中所占字节数是________。
10. 类中成员数据和成员函数的默认的访问权限是________。

## 三、阅读程序(1 题 3 分)

1. 下面程序的运行结果是________。

```
#include < iostream >
using namespace std;
int main( )
{    int i = 1;
     while(i <= 8)
          if (++i % 3!= 2) continue;
          else cout << i;
     return 0;
}
```

2. 下列程序的输出结果是________。

```
#include < iostream >
using namespace std;
int main( )
{    int a[3], i, j, k = 2;
     for(i = 0; i < 3; i++) a[i] = i;
     for(i = 0; i < k; i++)
            for(j = 0; j < k; j++)   a[j] = a[i];
     cout << a[2];
     return 0;
}
```

3. 下列程序的输出结果是________。

```
#include<iostream>
using namespace std;
long  fib(int n)
{   if(n>2)  return  (fib(n-1) + fib(n-2));
    else  return  (2);
}
int  main( )
{   cout << fib(3) ;
    return 0;
}
```

4. 有如下程序,该程序中的 for 循环执行的次数是________。

```
#include<iostream>
using namespace std;
#define N   2
#define M   N+1
#define NUM   2*M+1
int main( )
{   int i;
    for (i=1; i<=NUM; i++) cout << i;
    return 0;
}
```

5. 下列程序的输出结果是________。

```
#include<iostream>
using namespace std;
void fun( )
{   static int a=0;
    a+=2;
    cout << a << " ";
}
int main( )
{   int cc;
    for (cc=1; cc<4; cc++)  fun( );
    cout << endl;
    return 0;
}
```

6. 下列程序的输出结果是________。

```
#include<iostream>
#include<string>
using namespace std;
int main( )
{   char p1[10], p2[10];
    strcpy(p1, "abc");
    strcpy(p2, "ABC");
    char str[50] = "xyz";
```

```
    strcpy( str + 2, strcat(p1,p2));
    cout << str;
    return 0;
}
```



7. 下列程序的输出结果是________。

```
#include< iostream >
using namespace std;
class A
{    int num;
public:
    A(int i) {num = i;}
    A(A &a) {num = a.num++;}
    void print( ){cout << num;}
};
int main( )
{    A   a(1), b(a);
    a.print( ); b.print( );
    return 0;
}
```

8. 下列程序的输出结果是________。

```
#include< iostream >
using namespace std;
class A
{    static int n;
public:
    A( ){n = 1;}
    A(int num){n = num;}
    void print( ){cout << n;}
};
int A::n = 2;
int main( )
{    A  a, b(5);
    a.print( );
    b.print( );
    cout << endl;
    return 0;
}
```

9. 下列程序的输出结果是________。

```
#include< iostream >
using namespace std;
void swap(int &a, int b)
{    int temp;
    temp = a++;
    a = b;
    b = temp;
}
```

```
int main( )
{    int a = 2, b = 3;
     swap(a, b);
     cout << a <<","<< b << endl;
     return 0;
}
```

10. 下列程序的输出结果是________。

```
#include < iostream >
using namespace std;
class Base{
public:
    virtual  void  f1( ){cout <<"call f1 in Base\n";}
    void  f2( ){cout <<"call f2 in Base\n";}
};
class Derived:public Base{
public:
    void  f1( ){cout <<"call f1 in Derived\n";}
    void  f2( ){cout <<"call f2 in Derived\n";}
};
int main( )
{    Base  * pb;
     Derived  d;
     pb = &d;  pb -> f1( ); pb -> f2( );
     d.f1( );  d.f2( );
     return 0;
}
```

## 四、完善程序(1空2分)

1. 下面程序的功能是把 316 表示为两个加数的和,使两个加数分别能被 13 和 11 整除,在画线处应填入相应的内容。

```
#include < iostream >
using namespace std;
int main( )
{    int i = 0,j,k;
     do{ i++; k = 316 - 13 * i; } while(  【1】  );
     j = k/11;
     cout << "316 = 13 * "<< i <<" + 11 * "<< j;
     return 0;
}
```

2. 以下函数用来求出数组的最大元素在数组中的下标并存放在 k 所指的存储单元中。请填空。

```
#include < iostream >
using namespace std;
void fun(int  * s, int t, int  * k)
{    int i;
```

```
        *k = __【2】__;
        __【3】__
        if( s[ *k] < s[i])   *k = i;
    }
    int main( )
    {   int a[10] = { 876, 675, 896, 101, 301, 401, 980, 431, 451, 777}, k;
        fun(a, 10, &k);
        cout << k <<"," << a[k] ;
        return 0;
    }
```

3. 以下程序用于确定字符串 t 是否为字符串 s 的子串,如果 t 不是 s 的子串,则函数返回－1,否则输出字符串 t 在 s 中第 1 次出现时其首字符的位置。请填空。

```
#include< iostream >
using namespace std;
int index(char *t, char *s)
{   int i = 0, j = 0;
    while(t[i]!= __【4】__ &&s[j]!= '\0')
    {   if(t[i++]!= s[j++])
        {   j = __【5】__;
            i = 0;
        }
    }
    if(t[i] == '\0')  return __【6】__;
    else return  - 1;
}
int main( )
{   char s[ ] = "bbbbcbcdedfg";
    char t[ ] = "bcbc";
    cout << index(t, s)<< endl;
    return 0;
}
```

4. 已知 head 指向单链表的第 1 个结点,以下程序调用函数 Multiply( )求链表中所有结点的数据的乘积,链表结点定义如下,请填空。

```
struct Data{
    int info;
    Data *next;
};
int Multiply( Data *head )
{   Data *p;
    p = __【7】__;
    int s = __【8】__;
    while( p )
    {   s = __【9】__;
        __【10】__;
    }
    return s;
}
```

## 五、编程题(10 分)

建立一个数组类 ARR,求一个整型数组的平均值,具体要求如下。

(1) 私有数据成员。

- int n :数组实际元素个数。
- int a[100]:存放数组元素。
- double aver:存放整型数组的平均值。

(2) 公有成员函数。

- ARR(int x[ ],int size):构造函数,用参数 size 初始化 n,用 x 数组初始化 a 数组。
- void Average( ):求整型数组的平均值。
- void Show( ):将数组以每行 5 个数的形式输出到屏幕上,同时输出数组的平均值。

(3) 在主函数中完成对该类的测试,定义一个整型数组 b[ ]={3,4,6,8,10,34,2},定义一个 ARR 类的对象,用 b 数组及其元素个数初始化该对象,求其平均值并输出程序运行结果。

程序运行结果应为:

```
3  4  6  8  10
34 2
aver = 9.57143
```

# 试 卷 2

## 一、选择题(1 题 1 分)

1. 以下选项中,合法的字符常量是________。

   A. "N"　　B. '\010'　　C. A　　D. 65

2. 表达式"( a=3 * 2, b=a/2), b−a, a+=2 "的值是________。

   A. −3　　B. 6　　C. 8　　D. 12

3. 有以下程序段,其输出结果是________。

```
int  x, y, z;
x = y = z = 0;
x = ++x || ++y &&++z;
cout << x <<","<< y <<","<< z << endl;
```

   A. 1,1,1　　B. 1,1,0　　C. 1,0,0　　D. 0,0,0

4. 以下程序的执行结果是________。

```
#include <iostream>
using namespace std;
class OBJ
{    int n;
public:
    OBJ(int i = 0) {n = i; }
```

```
    OBJ operator ++( )
    { n++;return *this;}
    void Show( ) { cout << n << endl; }
};
int main( )
{   OBJ obj(3);
    ++obj;
    obj.Show( );
    return 0;
}
```

A. 3　　B. 4　　C. 0　　D. 1

5. 设有以下程序段：

```
int a[5] = {0}, *p, *q;
p = a;
q = a;
```

则下列选项中,合法的运算表达式是________。

A. p-q　　B. p+q　　C. p*q　　D. p%q

6. 假设 MyClass 为一个类,则该类复制的构造函数的声明语句为________。

A. MyClass& (MyClass x);　　B. MyClass (MyClass x);

C. MyClass (MyClass &x);　　D. MyClass (MyClass *x);

7. 以下程序的执行结果是________。

```
#include <iostream>
using namespace std;
int main( )
{   char s[ ] = "123456";
    s[3] = '\0';
    cout << s << endl;
    return 0;
}
```

A. 12　　B. 123　　C. 1234　　D. 123456

8. 下面关于纯虚函数与抽象类的描述中,错误的是________。

A. 纯虚函数是一种特殊的虚函数,它没有具体的实现

B. 抽象类是指具有纯虚函数的类

C. 一个基类中如果具有纯虚函数,该基类的派生类不能再是抽象类

D. 抽象类只能作为基类来用,其纯虚函数的实现由派生类给出

9. 以下程序段的输出结果是________。

```
int  x = 5;
do{
    x--;
}while(!x);
cout << x << endl;
```

A. 5　　B. 4　　C. 0　　D. -1

10. 下列虚基类的声明中,正确的是________。

A. class virtual B: public A
B. virtual class B: public A
C. class B: public A
D. class B: virtual public A

11. 以下 4 组语句中不符合 C++语法规则的是________。

A. char s[ ]="Nanjing";
B. char s[20]; s="Nanjing";
C. char *p="Nanjing";
D. char *p; p="Nanjing";

12. 类 MyClass 的定义如下:

```
class MyClass
{   int value;
public:
    MyClass( ) {value = 0; }
    void setVariable( int i) { value = i; }
};
```

则以下各项对下面语句的描述中,正确的是________。

```
MyClass  *p, my;  p = &my;
```

A. 语句"p=&my;"是把对象 my 赋值给指针变量 p
B. 语句"MyClass *p,my;"调用了两次构造函数
C. 语句"*p.SetVariable(5)"是正确的调用形式
D. 语句"p->SetVariable(5)"与语句"my.SetVariable(5)"是等价的

13. 下面函数的功能是________。

```
int fun( char *x)
{   char *y = x;
    while( *y++);
    return (y - x - 1);
}
```

A. 求字符串长度
B. 比较两个字符串的大小
C. 将字符串 x 复制到字符串 y
D. 将字符串 x 连接到字符串 y 后面

14. 有如下程序段:

```
int **p, *s, k = 20;
s = &k;
p = &s;
```

**p 所代表的是________。

A. &s　　B. &k　　C. s　　D. k

15. 以下程序的执行结果是________。

```
#include <iostream>
#include <string>
using namespace std;
int main( )
{   char s[ ] = "\n123\\";
    cout << strlen(s)<<","<< sizeof(s)<< endl;
```

```
    return 0;
}
```

A. 赋初值的字符串有错　　B. 4,6

C. 0,6　　D. 5,6

16. 若有定义“int ＊p;”,则下列各选项中,不同于表达式“＊p=＊p+1;”的是________。

A. ＊p++;　　B. ++＊p;　　C. ＊p+=1;　　D. ++(＊p);

17. 定义如下枚举类型:

```
enum Day{ Monday, Tuesday, Wednesday, Thursday, Friday = 2};
```

则下列语句正确的是________。

A. 表达式 Wednesday==Friday 的值是 1

B. Day day; day=3;

C. Day day; day=Monday+3;

D. Day day; day=Tuesday+10;

18. 以下程序的输出结果是________。

```
#include <iostream>
using namespace std;
int main( )
{   int a[9] = {1,2,3,4,5,6,7,8,9}, *p[3];
    for(int i = 0; i < 3; i++) p[i] = &a[i * 3];
    cout << p[1][2] << endl;
    return 0;
}
```

A. 9　　B. 6　　C. 3　　D. 2

19. 下列程序段的输出结果是________。

```
#include <iostream>
using namespace std;
void fun(int *x, int *y)
{   cout << *x << *y;
    *x = 3;
    *y = 4;
}
int main( )
{   int x = 1, y = 2;
    fun(&y, &x);
    cout << x << y << endl;
    return 0;
}
```

A. 2143　　B. 1212　　C. 1234　　D. 2112

20. 对于运算符>>,其重载函数是一个________。

A. 用于输入的友元函数　　B. 用于输入的成员函数

C. 用于输出的友元函数　　D. 用于输出的成员函数

## 二、基本概念填空题(1 题 2 分)

1. 在用 class 定义一个类时,成员数据和成员函数的默认权限是________。

2. 常量'\t'的数据类型是________。

3. 已有声明"float x; double y; int a;",则表达式"x+y/2+'a'-a"的值的类型是________。

4. C++的编译预处理的功能分为 3 种:宏定义、________和文件包含。

5. 若已知 a=2,b=0,则表达式 a<!b 的值为________。

6. 在 VS 2010 系统中,常数 50 存储在内存中,它占用________字节。

7. C++语言的基本控制结构为顺序结构、________和循环结构。

8. 在 C++中,将多态性分为静态多态性和动态多态性两种。函数重载属于________多态性。

9. 变量按其作用域分全局变量和局部变量两种。形式参数是________。

10. C++程序是从________函数开始执行的。

## 三、阅读程序(1 题 3 分)

1. 以下程序的输出结果是________。

```
#include <iostream>
using namespace std;
#define  MIN(x, y) (x) < (y) ? (x) : (y)
int main( )
{   int i, j, k;
    i = 10; j = 15;
    k = 10 * MIN(i, j);
    cout << k << endl;
    return 0;
}
```

2. 以下程序的输出结果是________。

```
#include <iostream>
using namespace std;
int f( void )
{   int a = 10, b = 0;
    static int c = 1;
    a += b;   b += c;
    return c = a + b;
}
int main( )
{   cout << f( )<< endl;
    cout << f( )<< endl;
    return 0;
}
```

3. 以下程序的输出结果是________。

```
#include<iostream>
using namespace std;
const int  N=5;
int fun(char *s, char a, int n)
{   int j;
    *s=a; j=n;
    while(a<s[j])  j--;
    return j;
}
int main( )
{   char s[N+1];
    int k;
    for(k=0; k<=N; k++) s[k]='A'+k+1;
    cout<<fun(s, 'E', N)<<endl;
    return 0;
}
```

4. 以下程序的输出结果是________。

```
#include<iostream>
using namespace std;
int f(int n)
{   if(n==1)  return 1;
    else return f(n-1)+1;
}
int main( )
{   int i,j;
    for(i=1, j=0; i<3; i++)  j=j+f(i);
    cout<<j<<endl;
    return 0;
}
```

5. 以下程序的输出结果是________。

```
#include<iostream>
using namespace std;
int main( )
{   int x=1,y=3;
    x++;
    {   int x=0;
        x+=y*2;
        cout<<x<<","<<y<<",";
    }
    cout<<x<<","<<y;
    return 0;
}
```

6. 以下程序的输出结果是________。

```
#include<iostream>
```

```
using namespace std;
int x;
void funA( int &a, int b)
{    int first;
     first = a + b;
     a = 2 * b;
     b = first + 4;
}
void funB(int u, int &v)
{    int second;
     second = x;
     v = second + 4;
     x = u + v;
}
int main( )
{    int first = 0;
     int second = 5;
     x = 6;
     funA(first,second);
     funB(first, second);
     cout << first <<" "<< second <<" "<< x << endl;
     return 0;
}
```

7. 以下程序的输出结果是________。

```
#include< iostream >
using namespace std;
int main( )
{    char  * str = "12123434";
     int x1 = 0,x2 = 0,x3 = 0,x4 = 0,i;
     for(i = 0; str[i]!= '\0' ; i++)
           switch (str[i])
           {     case '1':   x4++;
                 case '2':   x3++;
                 case '3':   x2++;
                 case '4':   x1++;
           }
     cout << x1 << "," << x2 << "," << x3 << "," << x4 << endl;
     return 0;
}
```

8. 以下程序的输出结果是________。

```
#include< iostream >
using namespace std;
class A
{
public:
     A( ) { cout << "CLASS A" << endl; }
     ~A( ) {}
};
```

```
class B : public A
{
public:
    B( ) { cout << "CLASS B" << endl; }
    ~B( ) {}
};
int main( )
{   A * p;
    p = new A;
    B * q;
    q = new B;
    return 0;
}
```

9. 以下程序的输出结果是________。

```
#include< iostream >
using namespace std;
class Base
{
public:
    virtual void who( ){cout <<"class Base"<< endl;}
};
class Derived1 : public Base
{
public:
    void who( ){cout <<"class Derived1"<< endl;}
};
class Derived2 : public Base
{
public:
    void who( ){cout <<"class Derived2"<< endl;}
};
int main( )
{   Base * p;
    Derived1 obj1;
    obj1.who ();
    Derived2 obj2;
    p = &obj2; p -> who ();
    return 0;
}
```

10. 以下程序的输出结果是________。

```
#include< iostream >
using namespace std;
class MyClass
{   int m;
public:
    static int n;
    MyClass( ) {m = 0;}
    void setvalue( ){ m++; n++; }
```

```
    void output( ){   cout <<"m = "<< m <<", n = "<< n << endl;   }
};
int MyClass:: n = 2;
int main( )
{   MyClass obj1, obj2;
    obj1.setvalue( ); obj1.output( );
    obj2.setvalue( ); obj2.output( );
    return 0;
}
```

## 四、完善程序(1 空 2 分)

1. 将下面语句段(b)补充完整,使其和语句段(a)在功能上完全一样。

```
(a) double  s = 1.0;
    for(int k = 1;k <= 10; k++)
        s += 1.0/(k * (k + 1));
(b) double s = 0.0;
    ____【1】____;
    int k = 0;
    do{  s += d;
         k++;
         d = 1.0/(k * (k + 1));
    }while( ____【2】____ );
```

2. 如果一个两位整数是质数,将组成它的两个数字交换位置后形成的整数仍为质数,则称这样的数为绝对质数。例如,13 就是一个绝对质数。以下程序用于找出所有两位绝对质数。

**注**:质数又称素数,指只能被自身和 1 整除的整数,如 11,13,17 等。

```
#include < iostream >
using namespace std;
int  prime( int n)          //判断整数 n 是否为质数, 若是则返回 1,否则返回 0
{   for( int i = 2; i < n/2; i++)
        if( ____【3】____ ) return 0;
    return  1;
}
int main()
{   int m[2];
    for(int i = 10;i < 100;i++)
    {     m[0] = i;
          m[1] = ____【4】____;
          if(prime( ____【5】____ )&&prime(m[1]))
              cout << i << endl;
    }
    return 0;
}
```

3. 以下程序通过调用函数 scat( )将两个字符串连接起来,程序输出是 Nanjing,China。请填空。

```
#include < iostream >
```

```
using namespace std;
void  scat(char * p, char * q)
{    while( * p++);
     p = p - 1;
     while( * q) {  ____【6】____;  }
      * p = 0;
}
int main()
{    char str[20] = "Nanjing,";
     char * s = "China";
     ____【7】____;
     cout << str << endl;
     return 0;
}
```

4. 设已建立了一条链表,链表上结点的数据结构是:

```
struct node{
     float English, Math;                    //表示英语和数学成绩
     node * next;
};
```

以下函数 ave( )的功能是求出该链表上的结点个数、英语和数学的总成绩,并在链首增加一个新结点,其成员 English 和 Math 分别存放这两门课的平均成绩。若链表为空链表时,直接返回空指针。请填空。

```
node * ave(node * head, int &count)        //head是链首地址,count存放求出的结点个数
{    node * p1;
     float sume = 0, summ = 0;
     count = 0;
     if(head == NULL)                      //空链表
          return NULL;
     p1 = head;
     while( p1 )
     {      sume += p1 -> English   ;
            summ += p1 -> Math ;
            count = count + 1;
            ____【8】____;
     }
     p1 = new node;
     p1 -> English  = sume/count;
     p1 -> Math  =  ____【9】____;
     ____【10】____;
     head = p1;
     return head;
}
```

## 五、编程题(10 分)

建立一个数组类 ARR,求一个整型数组中正数和负数的个数,具体要求如下。

(1) 私有数据成员。

- int n：数组实际元素个数。
- int a[100]：存放数组元素。
- int pos：存放整型数组中正数的个数。
- int neg：存放整型数组中负数的个数。

(2) 公有成员函数。

- ARR(int x[ ],int size)：构造函数，用参数 size 初始化 n，用 x 数组初始化 a 数组，将 pos 和 neg 初始化为 0。
- void Num( )：求整型数组中正数和负数的个数。
- void Show( )：将数组以每行 5 个数的形式输出到屏幕上，同时输出数组中正数和负数的个数。

(3) 在主函数中完成对该类的测试，定义一个整型数组 b[ ]={3,－4,6,－8,10,－34,2,80,－100}，定义一个 ARR 类的对象 arr，用 b 数组及其元素个数初始化该对象，统计数组中正数和负数的个数并输出程序的运行结果。

程序运行结果应为：

```
3      -4  6    -8     10
-34  2    80   -100
pos = 5 neg = 4
```

# 试 卷 3

## 一、选择题（1 题 1 分）

1. 在 C++语言中，自定义的标识符________。

   A. 能使用关键字并且区分大小写　　B. 不能使用关键字并且区分大小写

   C. 能使用关键字并且不区分大小写　　D. 不能使用关键字并且不区分大小写

2. 下列关于 do…while 语句的叙述正确的是________。

   A. do…while 语句所构成的循环在 while 后面的表达式为零时才结束

   B. 只有 do…while 语句所构成的循环能用 break 语句跳出

   C. do…while 语句所构成的循环只有在 while 后面的表达式非零时才结束

   D. do…while 语句所构成的循环不能用其他语句构成的循环来代替

3. 下列对派生类的描述中，错误的是________。

   A. 派生类只继承了基类的公有成员和保护成员

   B. 派生类至少有一个基类

   C. 派生类的默认继承方式是 private

   D. 一个派生类可以作为另一个派生类的基类

4. 下列叙述中，不正确的是________。

   A. 派生类对象可以赋给基类对象

   B. 基类对象可以赋给派生类对象

C. 派生类对象的地址可以赋给基类的指针变量

D. 通过指向基类的指针变量可以访问基类对象的公有成员

5. 设有宏定义:

```
#define f(x) ( - x * 2)
```

执行语句:

```
cout << f(3 + 4)<< endl;
```

则输出为________。

A. −14　　B. 2　　C. 5　　D. −7

6. 设有变量说明“int x;”,则表达式“(x=4 * 5,x * 5),x+25”的值为________。

A. 20　　B. 45　　C. 100　　D. 125

7. 设有变量说明“char a[6], * p=a;”,下面表达中,正确的赋值语句是________。

A. a[6]="Hello";　B. a="Hello";　C. * p="Hello";　D. p="Hello";

8. 下面关于纯虚函数与抽象类的描述中,错误的是________。

A. 纯虚函数是一种特殊的虚函数,它没有具体的实现

B. 抽象类是指具有纯虚函数的类

C. 一个基类中如果具有纯虚函数,该基类的派生类不能再是抽象类

D. 抽象类只能作为基类来用,其纯虚函数的实现由派生类给出

9. 设有说明语句“static int a[2][3]={1,2,3,4,5,6}; int m, * p=&a[0][0];”,执行语句“m=( * p) * ( * (p+2)) * ( * (p+4));”后,m的值为________。

A. 15　　B. 48　　C. 24　　D. 60

10. 判定两字符串s1和s2是否相等,应当使用________。

A. if(s1 == s2)　　B. if(s1 = s2)

C. if( * s1== * s2)　　D. if(!strcmp(s1,s2))

11. C++语句中函数返回值的类型是由________决定的。

A. return语句中的表达式类型　　B. 调用该函数的主调函数类型

C. 定义函数时所指定的函数类型　　D. 传递给函数的实参类型

12. 设有如下类定义:

```
class MyClass
{    int value;
public:
     MyClass( ) {value = 0; }
     setValue( int i) { value = i; }
};
```

又有语句“MyClass * p, my;p=&my;”,则下面语句的描述中,正确的是________。

A. 语句“p=&my;”是把对象my赋值给指针变量p

B. 语句“MyClass * p, my;”调用了两次构造函数

C. 语句“ * p. SetVarlue(5);”是正确的调用形式

D. 语句“p−> SetValue(5);”与语句“my. SetValue(5);”是等价的

13. 下列选项中没有 this 指针的函数是________。

A. 内联成员函数　B. 静态成员函数　C. 构造函数　D. 析构函数

14. 下列关于指针运算的描述中，不正确的是________。

A. 两个同类型的指针可以进行相等或不等的比较运算

B. 可以用一个空指针赋值给指针变量

C. 一个指针可以加上或减去一个整数

D. 两个指针在一定的条件下可以相加

15. 已知类 Myst 有一个只需要 double 型参数的构造函数，且将运算符"－"重载为友元函数，要使语句序列：

```
Myst  x(3.2),  y(5.5),  z(0.0);
z = 8.9 - x;
y = x - 6.3;
```

能够正常运行，运算符重载函数"operator－"应在类中说明为________。

A. friend Myst operator－(Myst, Myst&);

B. friend Myst operator－(Myst, Myst);

C. friend Myst operator－(Myst&, Myst);

D. friend Myst operator－(Myst&, Myst&);

16. 设有说明语句"float fun(int &,char *); int x; char s[20];"，则对函数 fun()的正确调用是________。

A. fun(&x, s)　B. fun(x, s)　C. fun(x, *s)　D. fun(&x, *s)

17. 定义如下枚举类型：

```
enum Day{ Monday, Tuesday, Wednesday, Thursday, Friday = 2};
```

则下列语句正确的是________。

A. 表达式 Wednesday＝＝Friday 的值是 1

B. Day day; day＝3;

C. Day day; day＝Monday＋3;

D. Day day; day＝Tuesday＋10;

18. 执行循环语句"for(int k = 1234; k = k/10; ) cout << k % 10; "，其输出结果是________。

A. 1234　B. 123　C. 321　D. 4321

19. 已知"char name[10]＝"Mary"; char *PName＝name;int i＝5;"，下面叙述中错误的是________。

A. (*PName＋i)和(*name＋i)有相同的值

B. name 和 PName 有相同的值

C. name＋i 和 PName＋i 有相同的值

D. &name[10]和 PName 有相同的值

20. 若有下列语句序列：

```
int i;   int &j = i;   i = 5;   j = i + 1;
```

则 i, j 的值为________。

A. 5，6　　B. 6，6　　C. 6,5　　D. 都不是

## 二、基本概念填空题(1 空 2 分)

1. C++语言规定，所有函数说明都必须指明返回值类型，没有返回值的函数应说明为________的函数。

2. 用 class 定义的类中的成员数据和成员函数默认的访问权限为________。

3. 在 C++语言中，每个类都有一个隐含的指针叫作________指针。该指针指向________。

4. 非成员函数应说明为类的________才能访问这个类的 private 成员。

5. break 语句只能用在循环语句和________语句中。

6. 在 C++程序中，一个数组的名字实际上是指向该数组________元素的指针。

7. 利用成员函数重载双目运算符时，其左操作数必须是________。

8. 变量按其作用域分全局变量和局部变量两种。形式参数是________。

9. 在类定义中，如果没有定义，则由系统自动生成的成员函数有构造函数、析构函数、重载赋值运算和________。

## 三、阅读程序(1 题 3 分)

1. 以下程序的输出结果是________。

```
#include <iostream>
using namespace std;
int main()
{   int i, j;
    for(i = 1; i < 5; i++)
    {     for(j = i + 1; j < 5; j++, i++) cout << "**";
          cout << endl;
    }
    return 0;
}
```

2. 以下程序的输出结果是________。

```
#include <iostream>
using namespace std;
int main()
{   int a = 5, b = 7, c = 12;
    {     int b = -8, c = -4;
          cout << a << '\t' << b << '\t' << c << endl;
          a = b;
          {     int c = b;
                cout << a << '\t' << b << '\t' << c << endl;
          }
    }
    cout << a << '\t' << b << '\t' << c << endl;
    return 0;
}
```

3. 以下程序的输出结果是________。

```
#include <iostream>
#include <string>
using namespace std;
int main( )
{   char a[ ] = "China";
    char b[40], *p;
    p = a;
    *(p + 4) += 5;
    strcpy(b, "Nanjing");
    strcat(b, "String");
    if(strcmp(a,b)) cout <<"a = "<< a <<'\t'<<"b = "<< b << endl;
    else cout <<"b = "<< b << endl;
    cout <<"n1 = "<< *p <<'\t'<<"n2 = "<<++ *(p + 4)<< endl;
    return 0;
}
```

4. 以下程序的输出结果是________。

```
#include <iostream>
using namespace std;
int f(int  n)
{   if(n == 1) return 1;
    else  return f(n - 1) + 1;
}
int main( )
{   int i, j = 0;
    for(i = 1;i < 3;i++) j += f(i);
    cout << j;
    return 0;
}
```

5. 以下程序的输出结果是________。

```
#include <iostream>
using namespace std;
int main( )
{   int a[] = {0, 1, 2, 3, 4};
    int *p[] = {a + 4, a + 3, a + 2, a + 1, a};
    int **pp = p;
    cout <<" *a = " << *a <<'\t'<<" **p = " << **p <<'\t'<< " **pp = "<< **pp << endl;
    pp++;
    cout << " **pp = " << **pp << endl;
    ++ *pp;
    cout << " *p[1] = " << *p[1] << endl;
    return 0;
}
```

6. 以下程序的输出结果是________。

```
#include <iostream>
```

```
using namespace std;
int fun( int n)
{    static int j = 1;
     return  j * = n;
}
int main( )
{    for( int k = 1; k < 4; k++)
            cout << fun(k)<< endl;
     return 0;
}
```

7. 以下程序的输出结果是________。

```
# include < iostream >
using namespace std;
int main( )
{    char   * str = "12123434";
     int x1 = 0, x2 = 0, x3 = 0, x4 = 0, i;
     for(i = 0; str[i]!= '\0' ; i++)
            switch (str[i])
            {     case '1':    x4++;
                  case '2':    x3++;
                  case '3':    x2++;   break;
                  case '4':    x1++;
            }
     cout << x1 << "," << x2 << "," << x3 << "," << x4 << endl;
     return 0;
}
```

8. 以下程序的输出结果是________。

```
# include < iostream >
using namespace std;
class A{
public:
     static int s;
     A(){s++;};
     ~A(){};
     void SetValue(int );
};
int A::s;
void A::SetValue(int val){    s = val;}
int main()
{    A a[3], * p;
     p = a;
     for(int k = 0; k < 3; k++)
     {      p -> SetValue(k + 1);
            p++;
     }
     cout << A::s << endl;
     return 0;
}
```

9. 以下程序的输出结果是________。

```
#include<iostream>
using namespace std;
class B0{
public:
    virtual void display(){cout << "B0::display()\n";}
};
class B1:public B0{
public:
    void display(){cout << "B1::display()\n";}
};
class D:public B1{
public:
    void display(){cout << "D::display()\n";}
};
void fun(B0 *p){    p->display();}
int main()
{   B0 b0, *p; p = &b0; fun(p);
    B1 b1; p = &b1; fun(p);
    D d; p = &d; fun(p);
    return 0;
}
```

10. 以下程序的输出结果是________。

```
#include<iostream>
using namespace std;
class B
{
public:
    B(int a = 0){cout << "B class\n";}
    ~B(){cout << "~B class\n";}
};
class A:public B{
public:
   A(){cout << "A class\n";}
};
void f()
{   static A a;
    cout << "f()\n";
}
int main( )
{   f();   f();
    return 0;
};
```

## 四、完善程序(1 空 2 分)

1. 如下程序将一字符数组中的字符依次颠倒存放在原数组。

```
#include<iostream>
using namespace std;
void r(char a[], int n)
```

```
{    char t;
     int j, k;
     for( 【1】 )
     {    t = a[j]; a[j] = a[k]; a[k] = t;}
}
int main()
{    char p[10] = {'A', 'B', 'C', 'D', 'E', 'e', 'd', 'c', 'b', 'a'};
     r( 【2】 );
     for(int j = 0; j < 10; j++)    cout << p[j];
     cout << endl;
     return 0;
}
```

2. 下面的函数 gcd(int，int)计算两个整数的最大公因子。

```
int gcd(int num, int den)
{    int temp;
     while(den)
     {    temp = 【3】 ;
          num = den;
          den = temp;
     }
     return 【4】 ;
}
```

3. 下列函数用来从一个一维数组中寻找指定的一个数，若找到，则返回该数在数组中的相对位置；否则，返回－1(注：数组中的数据已按从小到大的顺序排过序)。

```
int binary(int array[], int n, int number)
{    int low = 0, high = n - 1, mid;
     while(low <= high)
     {    mid = (low + high)/2;
          if(number < array[mid]) 【5】 ;
          else if(number > array[mid]) 【6】 ;
          else 【7】 ;
     }
    return -1;
}
```

4. 将一条链表上相邻的两个结点合并成一个结点，即将第 1 个结点与第 2 个结点合并，将第 3 个结点与第 4 个结点合并，…。若链表上的结点个数为奇数个，则最后一个结点不合并，直接作为合并后的链表上的最后一个结点。链表结点的数据结构为：

```
struct node{
    int data;
    node *next;
};
```

以下函数 merge()的输入参数 h 指向要合并链表的链首地址。

```
void merge(node *h)
{    node *p1, *p2;
```

```
    if( h == NULL) return h;
    p1 = h;   p2 = p1->next;
    while(p2)
    {    p1->data += p2->data;
         p1->next = p2->next;
         delete p2;
         p1 = __【8】__;
         if(__【9】__) p2 = __【10】__;
         else p2 = NULL;
    }
}
```

## 五、编程题(10 分)

建立一个数组类 ARR,求一个整型数组中所有是素数的元素及这些元素的个数,具体要求如下。

1. 私有数据成员。
- int n:数组实际元素个数。
- int a[100]:存放数组元素。
- int b[100]:存放整型数组 a 中是素数的元素。
- int nprime:存放整型数组 a 中素数的个数。

2. 公有成员函数。
- ARR(int x[ ],int size):构造函数,用参数 size 初始化 n,用 x 数组初始化 a 数组,将 nprime 初始化为 0。
- int Prime(int x):判断整数 x 是否为素数,若是素数则返回 1,否则返回 0。
- void Fun( ):求整型数组中所有是素数的元素和素数的个数。
- void Show( ):将数组 b 以每行 5 个数的形式输出到屏幕上,同时输出数组中素数的个数。

3. 在主函数中完成对该类的测试,定义一个整型数组 b[ ]={13,14,15,16,17,18,19,20,21,22},定义一个 ARR 类的对象,用 b 数组及其元素个数初始化该对象,求出 b 数组中所有是素数的元素及素数的个数并输出程序的运行结果。

程序运行结果应为:

```
13        17        19
nprime = 3
```

# 试 卷 4

## 一、选择题(1 题 1 分)

1. 下面标识符中,合法的用户标识符是________。

A. long　　B. —ac　　C. _53　　D. ab(1)

2. 以下声明中错误的是________。

A. int a=0xFF;　　B. double a=1.2e0.5;

C. long a=2L;　　D. char a='\72';

3. 设有说明"int a,b,k;",则表达式"(a=4,b=2 * a),k=a/b&&a+b>10"的值为________。

A. 0　　B. 1　　C. 4　　D. 8

4. 下列定义不正确的是________。

A. char a['a']="fdfd";

B. char a[]={"abcde"};

C. char *a="ABCDE";

D. char s[][4]= {"abcd","efg","hij","klm"};

5. 在循环语句体中使用 break 和 continue 语句的作用是________。

A. 结束循环和结束本次循环　　B. 结束本次循环和结束循环

C. 两语句都结束本次循环　　D. 两语句都结束循环

6. 数组作为函数的形参时,把数组名作为实参,则传递给函数的是________。

A. 该数组的首地址　　B. 该数组的元素个数

C. 该数组中的各元素值　　D. 该数组的大小

7. 若有声明"int n, x=2, y=3;",则执行语句"n=x<y? x++:--y;"后 y 的值是________。

A. 2　　B. 3　　C. 4　　D. 5

8. 若 y 的值在[m,n)内,则其在 C++语言中正确的表达式为________。

A. m<=y<n　　B. m<=y||y<n

C. m<=y&&y<n　　D. m<=y&y<n

9. 设有说明"char s[]="ab\0\0678\\\n98";",则 strlen(s)与 sizeof(s)的值是________。

A. 2,2　　B. 14,15　　C. 2,9　　D. 2,10

10. 函数重载的正确概念是:函数名相同,________。

A. 函数的参数个数或参数的类型不同　　B. 函数的返回值的类型不同

C. 函数体不同　　D. 与参数的个数及类型无关

11. 设有说明语句"float fun( int &, char * ); int x; char s[10];",则对函数 fun()的正确调用是________。

A. fun(&x, s)　　B. fun(x, s)　　C. fun(x, *s)　　D. fun(&x, *s)

12. 有关构造函数的正确概念是________。

A. 构造函数可以有一个或多个参数　　B. 不可以重载构造函数

C. 构造函数可以定义为虚函数　　D. 必须显式自定义构造函数

13. 下面有关基类与其派生类的叙述中,正确的是________。

A. 派生类对象不能赋给基类对象

B. 派生类对象的地址不能赋给其基类的指针变量

C. 基类对象不能赋给派生类对象

D. 基类的指针变量不可访问基类对象中的成员

14. 若 a1 是 A 类对象，则执行语句“A　a2=a1;”时要调用________。

A. 构造函数　　B. 复制构造函数

C. operator=( )函数　　D. operator A( )函数

15. 对于运算符<<，其重载函数是一个________。

A. 用于输出的友元函数　　B. 用于输入的成员函数

C. 用于输入的友元函数　　D. 用于输出的成员函数

16. 下列叙述中不正确的是________。

A. 含有纯虚函数的基类，其派生类如果要声明对象，则一定要重载纯虚函数的函数体

B. C++允许单继承，也允许多重继承，但最多只能从两个基类继承

C. 一个类的默认构造函数只能有一个

D. 虚函数可以实现动态多态性

17. 说明语句“enum color{red, green, blue=100, white};”每个枚举量所对应的实际值为________。

A. 0　1　100　101　　B. 1　2 100　101

C. 0　1　2　3　　D. red　green　blue　white

18. 当包含头文件 iostream 后，一个 C++源程序中的 cout 是________。

A. 一个标准的语句　　B. 预定义的类

C. 预定义的函数　　D. 预定义的对象

19. 设有如下程序段：

```
#define N   2
#define M   N+1
#define NUM(a,b)   M*a+b
int c = NUM(2,3)*5;
```

则变量 c 的值是________。

A. 47　　B. 19　　C. 48　　D. 20

20. 设有如下程序：

```
#include <iostream>
using namespace std;
class T{
public :  static int x;
};
int T::x = 1;
int main()
{     T a,b;
      a.x = 10;
      b.x = 20;
      cout << a.x <<'\t'<< b.x <<'\t'<< T::x << endl;
      return 0;
}
```

则执行后的输出是________。

A. 20　20　20　　　　B. 10　20　1

C. 20　20　1　　　　D. 有语法或逻辑错误

## 二、基本概念填空题(1题2分)

1. 在C++中,函数实参与形参的结合方式有值结合、________和引用结合3种。

2. 在类的定义中,若未说明类成员的访问权限,则其默认的访问权限是________。

3. C++中规定:在每一个字符串的结尾添加字符________,以便系统据此判定字符串是否结束。

4. C++语言中的每条基本语句以________作为结束符。

5. 设p是指向具有10个int型元素的一维数组的指针变量,则其定义应为________。

6. 定义结构体、类时使用的关键字分别是________。

7. 在C++语言中,当关系表达式中的关系成立时,则该关系表达式的值为________。

8. 当一个成员函数被调用时,该成员函数的________指向调用它的对象。

9. 在C++中,编译预处理命令有三种,分别是宏定义、文件包含和________。

10. 语句“float　(*p)(float);”说明的含义是________。

## 三、阅读程序(1题3分)

1. 以下程序的输出结果是________。

```
#include <iostream>
using namespace std;
int a = 1,b = 2,c = 3;
void fun(int *x,int y,int &z)
{   z = *x; *x = y; y = z; z += y; }
int main( )
{   int a = 10,b = 20;
    fun(&a,b,c);
    cout << a <<'\t'<< b <<'\t'<< c <<'\n';
    return 0;
}
```

2. 以下程序的输出结果是________。

```
#include <iostream>
using namespace std;
void f(int n)
{   if(n/10)
    {   cout << n % 10;   f(n/10);   }
    else cout << n;
}
int main( )
{   f(123);
    cout << endl;
    return 0;
}
```

3. 以下程序的输出结果是________。

```
#include<iostream>
using namespace std;
int main( )
{    int x=1,y=0,a=0,b=0;
     switch(x){
          case 1:
               switch(y){ case 0: a++;break;
                          case 1: b++;break;
                          }
          case 2: a++;b++;break;
          case 3: a++;b++;
     }
     cout<<a<<'\t'<<b<<'\n';
     return 0;
}
```

4. 以下程序的输出结果是________。

```
#include<iostream>
using namespace std;
int main( )
{    char s[2][5]={ "8345"  , "3967" } , *p[2] ;
     int i,j,t=0;
     for( i=0 ; i<2 ; i++) p[i]=s[i];
     for( i=0 ; i<2 ; i++)
           for(j=0 ; p[i][j]!='\0' ; j+=2 ) t=10*t+p[i][j]-'0';
     cout<<t<<'\n';
     return 0;
}
```

5. 以下程序的输出结果是________。

```
#include<iostream>
using namespace std;
int a=2;
int main( )
{    int b=3;
     if(++a||b-- ) cout<<"first:"<<a<<'\t'<<b<<endl;
     {    int a=5;
          b=a*3;
          cout<<"second:"<<a<<'\t'<<b<<endl;
     }
     a+=b;
     cout<<"third:"<<a<<'\t'<<b<<endl;
     return 0;
}
```

6. 以下程序的输出结果是________。

```
#include<iostream>
```

```
#include <string>
using namespace std;
int main( )
{   char p1[20] = "abcd", * p2 = "ABCD";
    char str[50] = "xyz";
    strcpy(str + 2,strcat(p1,p2 + 1));
    cout << str << endl;
    return 0;
}
```

7. 以下程序的输出结果是________。

```
#include <iostream>
using namespace std;
int f1(int x) { return x + 1; }
int f2(int x) { return x * x ; }
int fun(int ( * f)(int),int n)
{   int i,sum;
    for(i = 1,sum = 0;i <= n;i++) sum += f(i);
    return sum;
}
int main( )
{   cout << fun(f1,3)<<'\t'<< fun(f2,3)<< endl;
    return 0;
}
```

8. 以下程序的输出结果是________。

```
#include <iostream>
using namespace std;
class A
{   int a;
public:
    A(int i){a = i;cout << a * a <<'\t';}
};
class B:public A
{   int b;
public:
    B(int i,int j):A(i){b = j++;cout << b <<'\t';}
};
class C:public B
{    int c;
public:
    C(int i,int j,int k):B(j,k){c = i * i;cout << c <<'\n';}
};
int main( )
{   C c1(4,5,6);
    return 0;
}
```

9. 以下程序的输出结果是________。

```
#include <iostream>
```

```
using namespace std;
class A
{public:
    virtual void fun( ){ cout<<"A::fun"<<'\n';}
};
class B:public A
{public:
    void fun( ){cout<<"B::fun"<<'\n';}
};
class C:public B
{public:
    void fun( ){cout<<"C::fun"<<'\n';}
};
void fun(A *obj)
{   C c;
    obj->fun( );
    obj=&c;  obj->fun( );
}
int main( )
{   B b;
    fun(&b);
    return 0;
}
```

10. 以下程序的输出结果是________。

```
#include<iostream>
using namespace std;
class Complex
{private:
    float Real;
    float Image;
public:
    Complex(float real=0, float image=0){  Real=real; Image=image; }
    Complex operator+(Complex &com)
    {   Complex c;
        c.Real=Real+com.Real;
        c.Image=Image+com.Image;
        return c;
    }
    friend ostream& operator<<(ostream &os, Complex &com)
    {   os<<"real="<<com.Real<<",  "<<"image="<<com.Image<<endl;
        return os;
    }
};
int main()
{   Complex c1(2,3), c2(3,4),c3;
    cout<<c3;
    c3=c1+c2;
    cout<<c3;
    return 0;
}
```

## 四、完善程序(1空2分)

1. 下面的程序用于判断所输入的字符串是否为“回文”。回文是指顺读和倒读都一样的字符串。请完善程序。

```
#include<iostream>
#include<string>
using namespace std;
int  f(char *a)
{    char *p1, *p2;
     int n=strlen(a);
     p1=a;
     p2= ____【1】____;
     while(p1<p2)
     {      if( ____【2】____ )return 0;
            else{ p1++; p2--;}
     }
     return 1;
}
int main( )
{    char s[101];
     cin.getline(s,100);
     if( ____【3】____ )cout<<s<<"是回文!"<<'\n';
     else cout<<s<<"不是回文!"<<'\n';
     return 0;
}
```

2. 函数 sum()的功能是求下列多项式前 $n$ 项之和。请填空。

$$1+\frac{2}{1}+\frac{3}{2}+\frac{5}{3}+\frac{8}{5}+\frac{13}{8}+\frac{21}{13}+\cdots$$

```
#include<iostream>
using namespace std;
double sum( int n );
int main( )
{    int n;
     double f;
     cout << "Input n: ";
     cin >> n;
     f = sum( n );
     cout << " The result is: " << f << endl;
     return 0;
}
double sum( int n )
{    double s = ____【4】____;
     int a = 1, b = 1, t;
     for ( int i = 1; ____【5】____; i++)
     {      s = ____【6】____;
            t = a;
            a = a + b;
```

```
            b = t;
        }
        return s;
    }
```

3. 下列程序用于对输入的一批整数建立先进后出的链表，即先输入的放在表尾，后输入的放在表头，由表头至表尾输出的次序正好与输入的次序相反。输入的一批整数以 9999 作为结束，但链表中不包含此数。请完善程序。

```
#include< iostream >
using namespace std;
#define NULL 0
struct node {
    int data;
    struct node * link;
};
int main( )
{   struct node * p, * q;
    int m,n = 1;
    q = NULL;
    cout <<"输入第"<< n++<<"个整数";
    cin >> m;
    while(____【7】____)
    {   p = ____【8】____;
        p -> data = m;
        p -> link = ____【9】____;
        q = p;
        cout <<"输入第"<< n++<<"个整数";
        cin >> m;
    }
    n -= 2;
    while( n > 0 )
    {   cout <<" 第"<< n -- <<" 个整数为"<< q -> data <<'\n';
        ____【10】____;
    }
    return 0;
}
```

## 五、编程题（10 分）

建立一个数组类 ARR，求一个整型数组所有元素中的最大值及该最大值在数组中的序号（从 1 开始），具体要求如下。

（1）私有数据成员。

- int n：数组实际元素个数。
- int a[100]：存放数组元素。
- int max，maxindex：存放整型数组元素中的最大值及最大值的序号。

（2）公有成员函数。

- ARR(int x[ ]，int size)：构造函数，用参数 size 初始化 n，用 x 数组初始化 a 数组。

- void FindMax( )：求整型数组元素中的最大值及最大值的序号。
- void Show( )：将数组元素以每行5个数的形式输出到屏幕上，同时输出数组中元素的最大值及最大值的序号。

(3) 在主函数中完成对该类的测试，定义一个整型数组 b[ ]={3,4,6,8,10,34,2}，定义一个 ARR 类的对象 arr，用 b 数组及其元素个数初始化该对象，求其最大值及最大值的序号并输出程序的运行结果。

程序运行结果应为：

```
3   4   6   8   10
34   2
max = 34        maxindex = 6
```

# 试 卷 5

## 一、选择题(1 题 1 分)

1. 下列常量中，不符合 C++语言的语法规则的常数是________。

   A. 0xEF　　B. 1.2e0.6　　C. 5L　　D. '\56'

2. 以下数组说明语句中，正确的是________。

   A. char s1[3]="xyz";

   B. int n=5,a[n];

   C. char s2[ ]="Ctest\n";

   D. int d[3][ ]={{1,2},{1,2,3},{1,2,3,4}};

3. 设有以下宏定义和语句，则 i 的值为________。

```
#define    ONE     1
#define    TWO     (ONE + ONE)
#define    THREE   ONE + TWO
…
i = THREE * 3 + TWO * 2;
```

   A. 13　　B. 11　　C. 9　　D. 8

4. 满足 C++函数重载规则的是________。

   A. float funa(float x);void fun(float y);

   B. float funa(float x);void fun(float x,float y);

   C. float fun(float y); void fun(float x);

   D. float fun(float x, float y) ; void fun(float y);

5. 下列 for 语句的循环次数是________次。

```
for(x = 0, y = 0; (y!= 123)&&(x < 4); x++);
```

   A. 循环次数不定　　B. 4　　C. 0　　D. 无限

6. 设 x、y、z 均为 int 型变量，则执行“x=y=5;z=++x||++y”后，变量 x、y、z 的值依次是________。

A. 5 6 10　　B. 6 5 1　　C. 6 6 1　　D. 4 6 10

7. 下列程序的运行结果是________。

```
#include <iostream>
using namespace std;
int main( )
{    short int x = -2;
     cout << oct << x <<"   "<< hex << x << endl;
     return 0;
}
```

A. 177776 fffe　　B. 177776 −2　　C. −2 fffe　　D. −2 −2

8. 设有以下结构体说明语句：

```
struct xy{ int x ; float y; char z ;} example;
```

则下面的叙述中不正确的是________。

A. struct 是结构体类型的关键字　　B. example 是结构体类型名

C. x,y,z 都是结构体成员名　　D. xy 是结构体类型名

9. 设有说明“int a[3][4], (*p)[4]=a”，则与表达式“*(a+1)+2”不等价的是________。

A. p[1][2]　　B. *(p+1)+2　　C. p[1]+2　　D. a[1]+2

10. 设有说明语句“int *fun();”，则 fun 表示________。

A. 一个用于指向函数的指针变量　　B. 一个返回值为指针型的函数名

C. 一个用于指向一维数组的行指针　　D. 一个用于指向 int 型数据的指针变量

11. 下列有关类和对象的说法中，正确的是________。

A. 系统为对象和类分配内存空间

B. 系统为类分配内存空间，而不为对象分配空间

C. 类和对象没有区别

D. 类与对象的关系和数据类型与变量的关系相似

12. 若 Test 是一个类的类名，则该类的复制构造函数的函数原型是________。

A. Test&(Test x);　　B. Test(Test x);

C. Test(Test &x);　　D. Test(Test *x);

13. 如果类 A 被说明成类 B 的友元，则________。

A. 类 B 的成员函数可以访问类 A 的所有成员

B. 类 B 不一定是类 A 的友元

C. 类 A 的成员即是类 B 的成员

D. 类 B 的成员即是类 A 的成员

14. 下列运算符中，________运算符在 C++ 中不能重载。

A. <=　　B. new　　C. &&　　D. ::

15. 一个类的友元函数能够访问该类的________。

A. 公有成员　　B. 所有成员　　C. 私有成员　　D. 保护成员

16. 设置虚基类的目的是________。

A. 减少目标代码　　B. 加强对派生类的封装保护

C. 消除二义性　　D. 提高运行效率

17. 下列叙述中,正确的是________。

A. C++中允许单继承,也允许多继承,但最多只能从两个基类继承

B. 一个基类中说明有纯虚函数,该基类的派生类中一定不再有抽象类

C. 在抽象类的派生类中可以定义抽象类的子对象

D. 基类中说明了虚函数后,派生类中其对应的函数可不必说明为虚函数

18. 有以下程序段:

```
struct test{
    int i; char ch; float f;
    union uu {char s[5]; int m[2];} ua;
} ex;
```

下列对成员 m[1]的正确引用是________。

A. ex. m[1]　　B. ex. uu. m[1]　　C. ex. ua. m[1]　　D. ex. test. m[1]

19. 设有以下枚举类型说明语句:

```
enum weekday {Mon = 1,Tues,Wed,Thurs,Fri,Sat,Sun = 0}week;
```

则对变量 week 不正确的赋值语句是________。

A. week=weekday(1);　　B. week=1;

C. week=Mon;　　D. week=(weekday)1;

20. 阅读以下程序段:

```
#include<fstream>
using namespace std;
int main()
{   ifsream  file1;
    ofstream  file2;
    fstream file3;
    file3.open("a.txt",ios_base::in);
    file3.close();
    file3.open("b.txt",ios_base::out);
    …
}
```

根据上面的程序段,下面叙述中不正确的是________。

A. 对象 file1 只能用于文件输入操作

B. 对象 file2 只能用于文件输出操作

C. 对象 file3 在文件关闭后,不能再打开另一个文件

D. 对象 file3 可以打开一个文件,然后直接进行输入和输出

## 二、基本概念填空题(1 题 2 分)

1. C++语言用________表示逻辑“假”或逻辑“非”。

2. 以下函数返回值的类型是________。

```
float  fun(int x){  return  x * 4;  }
```

3. 判别某一年 year 是否为闰年的逻辑表达式为________。

4. 如果有以下声明“typedef char * Str[5];”,则语句“Str  s1,s2;”相当于________。

5. 设 M,N 均为整型常数,且有以下定义“int a[M][N], * p=a[0]; ”,则其第 i 行第 j 列的元素 a[i][j]可以用指针 p 表示为________。

6. 如有以下定义“int a[6]={1,5,10,15,20,25}, * p=a; ”,则使指针 p 指向值为 20 的数组元素的地址的表达式是 p+=________。

7. 若有如下定义“struct {int d, m, n;}a, * p=&a;”,引用结构体成员 a.n 的其他两种形式为( * p).n 和________。

8. 如果类 B1 由类 A1 和类 A2 共同派生而成,类 B2 由类 A2 和类 A3 共同派生而成,类 C 由类 B1 和类 B2 共同派生而成,则应将________设为虚基类。

9. 运算符重载一般有两种形式:类的成员函数的形式和________的形式。

10. 当调用函数时,实参是一个数组名,其作用是________。

## 三、阅读程序(1 题 3 分,共 30 分)

1. 以下程序的输出结果是________。

```
#include <iostream>
using namespace std;
void amovep(int * p, int a[],int n)
{   int i;
    for(i = n - 1;i >= 0;i -- ){ * p = a[i]; p++;}
}
int main( )
{   int * p,a[9] = {1,2,3,4,5,6,7,8,9};
    p = new int[10]; amovep(p,a,9);
    cout << p[2]<<","<< p[5] << endl;
    delete []p;
    return 0;
}
```

2. 以下程序的输出结果是________。

```
#include <iostream>
using namespace std;
void sub(int * a,int n,int k)
{   if(k <= n)   sub(a,n/2,2 * k);
    * a += k;
}
int main( )
{   int x = 0;
```

```
    sub(&x,8,1);
    cout << x << endl;
    return 0;
}
```

3. 以下程序的输出结果是________。

```
#include <iostream>
using namespace std;
int main( )
{   char *p="abcdefgh", *r;
    int *q;
    q=(int *)p; q++; r=(char*)q;
    cout << r << endl;
    return 0;
}
```

4. 以下程序的输出结果是________。

```
#include <iostream>
using namespace std;
int fun(int *a, int &b, int c)
{   b++;
    c+=b;
    *a= *a+b+c;
    return c;
}
int main()
{   int a=10, b=1,c=1;
    cout << fun(&a,b,c)<< endl;
    cout << fun(&a,b,c)<< endl;
    cout << a+b+c << endl;
    return 0;
}
```

5. 以下程序的输出结果是________。

```
#include <iostream>
using namespace std;
int a,b;
void f(int j)
{   static int i=a;
    int m,n;
    m=i+j;  i++;  j++;
    n=i*j;  a++;
    cout <<"m="<< m <<'\t'<<"n="<< n << endl;
}
int main()
{   a=1;  b=2;
    f(b);  f(a);
    cout <<"a="<< a <<'\t'<<"b="<< b << endl;
    return 0;
}
```

6. 以下程序的输出结果是________。

```
#include <iostream>
using namespace std;
class base{
public:
    virtual int fun(void)const{
        cout <<"base::fun"<< endl;
        return 10;
    }
};
class derive:public base{
public:
    int fun(void)const{
        cout <<"derive::fun"<< endl;
        return 20;
    }
};
int main( ){
    derive d;
    base * b1 = &d;
    base & b2 = d;
    base b3;
    b1 -> fun(); b2.fun(); b3.fun();
    return 0;
}
```

7. 以下程序的输出结果是________。

```
#include <iostream>
using namespace std;
class Sample
{   int n;
public:
    Sample(){}
    Sample(int m){n = m;}
    int & operator -- (int )
    {   n -- ;
        return n;
    }
    void disp(){  cout <<"n = "<< n << endl;  }
};
int main()
{   Sample s(10);
    s -- ;
    s.disp ();
    return 0;
}
```

8. 以下程序的输出结果是________。

```
#include <iostream>
```

```
using namespace std;
void swap(int *a, int *b)
{   int c;
    c = *a; *a = *b; *b = c;
}
int main()
{   int i,j, a[3][3] = {1,2,3,4,5,6,7,8,9};
    for(i = 0;i < 2;i++)
        for(j = 0;j < 2 - i;j++)
            if(i == j)  swap(&a[i][j], &a[i + 2][j + 2]);
            else  swap(&a[i][j], &a[i + 1][j + 1]);
    for(i = 0;i < 3;i++)
    {   for(j = 0;j < 3;j++) cout << a[i][j]<<'\t';
        cout << endl;
    }
    return 0;
}
```

9. 以下程序的输出结果是________。

```
#include <iostream>
using namespace std;
class Arr
{   int a[10], len;
public:
    Arr (int *p,int n = 10)
    {   len = n;
        for(int i = 0;i < len;i++) a[i] = p[i];
    }
    int MaxArr()
    {   int max = a[0];
        for(int i = 1;i < len;i++)
            if(max < a[i]) max = a[i];
        return max;
    }
    int MaxArr(int n)
    {   int max = a[0];
        for(int i = 1;i < n;i++)
            if(max < a[i]) max = a[i];
        return max;
    }
    int MaxArr(unsigned n)  {  return a[n];}
};
int main()
{   int a1[10] = {6,8,10,4,2,7,5,9,17,3}, a2[5] = {10,4,2,7,5};
    Arr arr1(a1), arr2(a2,5);
    cout << arr1.MaxArr ()<< endl;
    cout << arr2.MaxArr (4)<< endl;
    cout << arr2.MaxArr (4u)<< endl;
    return 0;
}
```

10. 以下程序的输出结果是________。

```
#include<iostream>
#include<string>
using namespace std;
int main()
{   char *a[5]={"student","worker","cadre","soldier","peasant"}, *p1, *p2;
    p1=p2=a[0];
    for(int i=0; i<5; i++)
    {       if(strcmp(a[i],p1)>0)   p1=a[i];
            if(strcmp(a[i],p2)<0)   p2=a[i];
    }
    cout<<p1<<'\t'<<p2<<endl;
    return 0;
}
```

## 四、完善程序(1 空 2 分)

1. 所谓筛选法是将某数从数组 sieve(筛子)中删去。下面的程序利用筛选法判断 2～200 的素数,本程序实现的算法是将数组中的非素数的数值"改写"为 0。

```
#include<iomanip>
#include<iostream>
using namespace std;
int main()
{   const int n=200;
    int sieve[n+1];
    for (int j=2; j<n+1; j++)   【1】 ;
    int i=1, count=0;
    while(i<n)
    {     i++;
          if ( 【2】 )
          {   cout<<setw(5)<<sieve[i];
              count++;
              if(count % 15 == 0)   cout<<endl;
              for(int k=i; k<n+1; k+=i)
                 【3】 ;
          }
    }
    cout<<endl;
    return 0;
}
```

2. 下面程序中定义了一个类 CPoint 和该类的友元函数 dist,该友元函数的功能是求出给定两点之间的距离。请完善程序。提示:$p_1(x_1,y_1)$与 $p_2(x_2,y_2)$两点之间的距离公式为 $d=\sqrt{(x_1-x_2)^2+(y_1-y_2)^2}$。

```
#include<iostream>
#include<cmath>
using namespace std;
```

```
class Cpoint{
private:  int X,Y;
public:
    Cpoint(int x, int y)
    { 【4】 ; }
    void print();
    friend double dist(Cpoint &a,Cpoint &b);
};
void Cpoint::print()
{   cout << X <<'\t'<< Y << endl ;  }
double dist(Cpoint &a,Cpoint &b)
{   return 【5】 ;  }
int main()
{   Cpoint p1(3,4),p2(6,8);
    p1.print();
    p2.print();
    double d = 【6】 ;
    cout <<"Distance is "<< d << endl;
    return 0;
}
```

3. 已知某链表中结点的数据结构定义如下：

```
struct node
{   int x;
    struct node * next;
};
```

函数 loop()的功能是：根据 dir 的值循环移位 head 指向的链表中的所有结点，当 dir 为正数时实现循环右移一次，否则循环左移一次。函数返回链表首结点的指针。

例如，移位前的链表数据：head→1→3→5→4，右移一次后的链表数据：head→4→1→3→5。

**算法提示**：循环右移时，将链表的最后一个结点删除，再将其插入到链表首部；循环左移时，将链表的第一个结点删除，再将其连接到链表尾部。

```
node * loop(node * head, int dir)
{   node * p1, * p2;
    p1 = head;
    if(p1 == NULL||p1 -> next == NULL)   return head;
    if(dir >= 0)
    {      while(p1 -> next!= NULL)
           {      p2 = p1;p1 = p1 -> next;  }
           【7】  = NULL;
           p1 -> next = 【8】 ;
           head = p1;
    }
    else
    {      head = 【9】 ;
           p2 = head;
           while(p2 -> next) p2 = p2 -> next;
```

```
        【10】 ;
        p1->next = NULL;
    }
    return head;
}
```

## 五、编程题(10 分)

建立一个梯形法求 $\int_a^b f(x)\mathrm{d}x$ 的类 integral,具体要求如下。

(1) 私有数据成员。

- double a, b, area: 其中 a、b 分别存放积分区间的下限和上限,area 存放求得的积分值。
- int n: 存放积分区间的等分数。

(2) 公有成员函数

- integral( ): 构造函数,初始化 a, b, n 的值,默认 a,b 赋值 0,n 赋值 1。
- double Calcul(double aa, double bb, int nn, double ( * f)(double)): 用 aa, bb, nn 分别重新设置 a, b, n 的值,计算由 f 指向的被积函数在区间[a, b]的定积分值,保存在 area 中并返回该值。
- void Show( ): 输出 a, b, area 的值。

(3) 在主函数中完成对该类的测试,用梯形法计算 $\int_2^4 \sin(x)\mathrm{d}x$ 的积分近似值。

梯形法的计算公式为

$$\int_a^b f(x)\mathrm{d}x \approx h\left[\frac{f(a)+f(b)}{2}+f(x_1)+f(x_2)+\cdots+f(x_{n-1})\right]$$

其中,$h=\dfrac{b-a}{n}$,$n$ 为积分区间等分数,$x_0=a$,$x_n=b$,$x_i=a+i*h$,$n$ 取值为 1000。

# 试 卷 6

## 一、选择题(1 题 1 分)

1. 下面可以用作 C++标识符的是________。

   A. 2010var　　B. private　　C. test-2010　　D. _123

2. 有如下程序段:

```
int i = 1;
while(1){
   i++;
   if(i == 10)  break;
   if(i % 2 == 0)  cout<<' * ';
}
```

执行这个程序段输出字符 * 的个数是________。

   A. 10　　B. 3　　C. 4　　D. 5

3. 下列关于C++函数的叙述中,正确的是________。

A. 每个函数至少要具有一个参数　　B. 每个函数都必须返回一个值

C. 函数在被调用之前必须先声明或定义　　D. 函数不能自己调用自己

4. 有函数定义如下：

```
int fib(int n)
{   if(n==0)  return 1;
    else if(n==1) return 2;
    else  return  fib(n-1)+fib(n-2);
}
```

若有语句“int n=fib(2);”,则函数 fib 全部被调用的次数是________。

A. 1　　B. 2　　C. 3　　D. 4

5. 以下对二维数组的说明中,存在语法错误的是________。

A. int a[][3]={3,2,1,1,2,3};　　B. int a[][3]={{3,2,1},{1,2,3}};

C. int a[2][3]={1};　　D. int a[2][ ]={{3,2,l},{1,2,3}};

6. 若有以下宏定义：

```
#define N 2
#define Y(n)  ((N+1)*n)
```

则执行语句“z=2*(N+Y(5));”后的结果是________。

A. 语句有错误　　B. z=34　　C. z=70　　D. z 无定值

7. 若有变量定义“int a=3,b=5,c;”,则执行语句“c=a>b? ++a: ++b;”后变量 c 的值为________。

A. 3　　B. 4　　C. 5　　D. 6

8. 已知枚举类型定义语句为：

```
enum Token { NAME, NUMBER, PLUS = 5, MINUS, PRINT = 10 };
```

则下列叙述中错误的是________。

A. 枚举常量 NAME 的值为 1　　B. 枚举常量 NUMBER 的值为 1

C. 枚举常量 MINUS 的值为 6　　D. 枚举常量 PRINT 的值为 10

9. 已知“int a[5], * p;”,下列错误的语句是________。

A. p=p+1;　　B. a=a+1;　　C. p=a;　　D. p=a+2;

10. 有如下的定义语句“typedef char * PCHAR;”,下列语句中正确的是________。

A. PCHAR *p="abcd";　　B. PCHAR *p='a';

C. PCHAR p='a';　　D. PCHAR p="Hello";

11. 已知“char c='b';”,则表达式“'A'<=c<='Z'&&++c”的值及变量 c 的值分别为________。

A. true 'b'　　B. false 'b'　　C. true 'c'　　D. false 'c'

12. 下列程序的输出结果为________。

```
char a[20] = "welcome",b[5] = "well";
strcpy(a,b);  cout << a << endl;
```

A. Wellome　　B. well　　C. wel　　D. welcomewell

13. 下列程序的输出结果为________。

```
#include<iostream>
using namespace std;
int f(int a, double b)
{    return a+b;}
double f(double b,int a)
{    return a*b;}
int main()
{    int x=2;
     double y=3.0;
     cout<<f(x,y)<<endl;
     return 0;
}
```

A. 5　　B. 6

C. 程序不能运行　　D. 以上答案都不对

14. 已知函数 f 的原型是 void f(int *a , int &i)，变量 v1，v2 的定义为“int v1，v2[10];”，则下面调用正确的语句是________。

A. f(v2[10],&v1);　　B. f(v2,&v1);

C. f(v2[10],v1);　　D. f(v2,v1);

15. 若有如下说明和语句“int a[7][8],*p=a[0];”，现要使指针 p 指向 a[4][6]，以下正确的答案是________。

A. p+=3*8+6　　B. p+=4*8+6

C. p+=(3*8+6)*sizeof(int)　　D. p+=(4*8+6)*sizeof(int)

16. 设有结构类型定义及变量声明如下：

```
struct product{
    int code;
    float price;
}y[3]={{200,100},{201, 200},{202, 300}},*p=y;
```

以下结果输出不是 201 的是________。

A. cout<<++p->code;　　B. cout<<(*++p).code;

C. cout<<(++p)->code;　　D. cout<<p->code++;

17. 假定 MyClass 为一个类，则执行“MyClass a,b(2),c[2],*p;”语句时自动调用该类构造函数________次。

A. 2　　B. 3　　C. 4　　D. 5

18. 在一个派生类的成员函数中，试图调用基类的成员函数“void f();”但无法通过编译，这说明________。

A. f()是基类的私有成员　　B. f()是基类的保护成员

C. 派生类的继承方式为私有　　D. 派生类的继承方式为保护

19. 设类 T 的定义为：

```
class T{
    int x;
public:
    T(int a){x = a;}
};
```

若程序中有以下 4 条说明语句，则说法正确的是________。

```
T a;          //(1)
T b(4);       //(2)
T c = b;      //(3)
T d(b);       //(4)
```

A. (1),(2),(3),(4)　　B. (1), (2) ,(3)
C. (2),(3)　　D. (2),(3),(4)

20. 要利用 C++流进行文件操作，必须在程序中包含的头文件是________。

A. iostream　　B. fstream　　C. strstream　　D. iomanip

## 二、基本概念填空题(每题 2 分，共 20 分)

1. C++程序的源程序文件的扩展名为________。
2. C++函数的参数传递方式有 3 种：值传递、________和引用传递。
3. C++中编译预处理包括宏、________和条件编译。
4. 若有定义“char ＊p="0123456789";”，则 strlen(p)的结果为________。
5. 若有定义“char p[100];”，则 sizeof(p)的结果是________。
6. 若有说明语句“float a[]={10,20,30,40,50}; int b=&a[4]－&a[0];”，则执行语句后，b 的值为________。
7. 假定指针 p 所指向的变量 x 的值为 25，p＋1 所指向的变量 y 的值为 46，则执行“(＊p)＋＋;”语句后，p 所指向的变量的值为________。
8. C++中表达式中"I am a student"的值为该字符串的________。
9. 面向对象思想的主要特征是封装性、________和多态性。
10. 类继承中，默认的继承方式是________。

## 三、阅读程序(1 题 3 分)

1. 下面程序的输出结果是________。

```
#include <iostream>
using namespace std;
int a = 2;
int main()
{   int b = 2,c = 3;
    ++a;
    c += ++b;
    if(++a||++b||++c)
        cout <<"first:"<< a <<' '<< b <<' '<< c << endl;
```

```
    {       int a = 3,c;
            c = b * 3;
            a += c;
            cout <<"second:" << a <<' '<< b <<' '<< c << endl;
    }
    a += c;
    cout <<"third:" << a <<' '<< b <<' '<< c << endl;
    return 0;
}
```

2. 下面程序的输出结果是________。

```
#include <iostream>
using namespace std;
int fun(int x)
{   int s = 0;
    for(int i = 2;i <= x;i++)
            if(x % i == 0)  {  x/= i;    s += i;   }
    return s;
}
int main( )
{   for(int i = 10;i < 20;i++)
            if(i == fun(i))   cout << i <<'\t';
    return 0;
}
```

3. 下面程序的输出结果是________。

```
#include <iostream>
using namespace std;
int f(int i)
{   static int k = 1;
    for(;i > 0;i-- )  k += i;
    return k;
}
int main()
{   int i;
    for(i = 0;i < 3;i++) cout << f(i);
    return 0;
}
```

4. 下面程序的输出结果是________。

```
#include <iostream>
using namespace std;
void fun( int &x, int y )
{   x = x + y;
    y = x - y ;
}
int main( )
{   int a = 10,b = 20 ;
    fun(a,b);
```

```
    cout << a <<'\t'<< b <<'\n' ;
    return 0;
}
```



5. 下面程序的输出结果是________。

```
#include < iostream >
#include < string >
using namespace std;
int main()
{   char * a[5] = {"student","worker","cadre","soldier","peasant"};
    char * p1, * p2;
    p1 = p2 = a[0];
    for(int i = 0; i < 5; i++)
    {      if(strcmp(a[i],p1)> 0)   p1 = a[i];
           if(strcmp(a[i], p2)< 0)   p2 = a[i];
    }
    cout << p1 <<'    '<< p2 << endl;
    return 0;
}
```

6. 下面程序的输出结果是________。

```
#include < iostream >
using namespace std;
void SB(char ch)
{   switch(ch)
    {     case 'A' :
          case 'a':   cout <<"well!"; break;
          case 'B':
          case 'b':   cout <<"good!"; break;
          case 'C':
          case 'c':   cout <<"pass!"; break;
          default:   cout <<"bad!"; break;
    }
    cout << endl;
}
int main()
{   char a1 = 'b', a2 = 'c', a3 = 'f';
    SB(a1); SB(a2); SB(a3); SB('A');
    cout << endl;
    return 0;
}
```

7. 下面程序的输出结果是________。

```
#include < iostream >
using namespace std;
int f(int x[ ],int n)
{   if(n == 1) x[n] = 3;
    else x[n] = n + f(x,n - 1);
    return x[n];
```

```
}
int main( )
{    int b[5] = {3,4,5,6,0};
     f(b,3);
     for(int i = 0;i < 5;i++)  cout << b[i]<<'\t';
     cout << endl;
     return 0;
}
```

8. 下面程序的输出结果是________。

```
#include < iostream >
using namespace std;
class A
{    int a;
public:
     A(int a1 = 0){a = a1;}
     ~A(){cout <<"Run destructor A"<< a << endl;}
};
class B:public A
{    int b;
public:
     B(int a1 = 0, int b1 = 0):A(a1){b = b1;}
     ~B(){cout <<"Run destructor B"<< b << endl;}
};
int main( )
{    B m(3), n(4,5);
     return 0;
}
```

9. 下面程序的输出结果是________。

```
#include < iostream >
using namespace std;
class A{
public:
     virtual void func1(){cout <<"A1";}
     void func2(){cout <<"A2";}
};
class B: public A{
public:
     void func1(){cout <<"B1";}
     void func2(){cout <<"B2";}
};
int main()
{    A *p = new B;
     p->func1();  p->func2();
     return 0;
}
```

10. 下面程序的输出结果是________。

```
#include <iostream>
#include <string>
using namespace std;
class X{
    char *a;
public:
    X(char *aa = "abc")
    {     a = new char[strlen(aa) + 1];
          strcpy(a,aa);
    }
    ~X() { cout << a <<"被释放"<< endl;  delete[ ]a; }
    char *Geta()  { return a ; }
};
int main( )
{   char *p1 = "1234";
    X s1,s2(p1);
    cout << s1.Geta()<< s2.Geta()<< endl;
    return 0;
}
```

## 四、完善程序(1空2分)

1. 以下程序实现用牛顿迭代法求 $f(x)=0$ 的一个实根。其中,$f(x)=x^2+4x-5$,迭代公式为 $x_1=x_0-\dfrac{f(x_0)}{f'(x_0)}$,$x_0$ 的初值为 0,当 $|f(x_1)|<10^{-5}$ 时迭代结束。

```
#include <iostream>
#include <cmath>
using namespace std;
double f(double x)
{   return  x*x+4*x-5;  }
double df(double x)                                   //f(x)的导数
{   return 2*x+4;  }
double Newton( 【1】 )
{   double  x1 = x0;
    do{
        【2】 ;
        x1 = 【3】 ;
    }while(fabs(f(x1))>1e-5);
    return  x1;
}
int main()
{   cout << Newton(0.0)<< endl;
    return 0;
}
```

2. 以下程序的功能是将两个无序的字符串合并成一个按照ASCII码从小到大顺序排列的字符串。

如,有两个字符串"hgfdr"和"nmbfqa",则合并后的字符串为"abdffghmnqr"。

```
#include<iostream>
#include<string>
using namespace std;
void chsort(char s[],int n)
{	int i,j;
	for(i=0;i<n-1;i++)
		for(j=0;j<n-1-i;j++)
			if(  【4】  )
			{	char t;
				t=s[j];
				s[j]=s[j+1];
				s[j+1]=t;
			}
}
void merge(char *pa,char *pb,char *pc)
{	while(*pa&&*pb)
		*pc++=(*pa<*pb)?*pa++:  【5】  ;
	if(*pa) while(  【6】  );
	else  while(  【7】  );
}
int main()
{	char a[50]="hgfdr",b[50]="nmbfqa",c[100];
	chsort(a,strlen(a));
	chsort(b,strlen(b));
	merge(a,b,c);
	cout<<a<<endl<<b<<endl<<c<<endl;
	return 0;
}
```

3. 下列程序中的函数 change(node *pa,int x)的功能是：调整 pa 指向的链表中结点的位置。根据参数 x 的值，使链表中各结点数据域小于 x 的结点放在链表的前半部，大于等于 x 的结点放在链表的后半部，并将 x 插入这两部分结点之间。

**算法提示**：首先将数据域为 x 的结点插入到链表中的适当位置，然后将该插入点后的链表结点中所有数据域小于 x 的各个结点从原链表中断开，并插入到链表的头部，作为链表的新的头结点。例如，原链表上各结点的数据依次为 4，2，8，9，6，10，若 x=7，经插入新结点后，新链表的各结点数据依次为 6,4,2,7,8,9,10。

```
#include<iostream>
using namespace std;
struct node
{	int data;
	node *next;
};
node *change(node *pa,int x)
{	node *p1,*p2,*p;
	p1=p2=pa;
	p=new node;                              //生成新结点
	p->data=x;
	while(p2->data<x&&p2->next!=0)          //寻找 x 应插入的位置
	{	p1=p2;
```

```
        【8】 ;
    }
    if(p2->next!=0)
    {   if(p2==pa)                                //如果插入的位置是头结点之前
            pa=p;
        else
            p1->next =p;
        p->next=p2;
        while(p2!=0) //通过循环,将插入结点之后所有数据域小于x的结点作为新的头结点
        {   if(p2->data<x)
            {   【9】 ;
                p2->next=pa;
                pa=p2;
                p2=p1->next;
            }
            else
            {   p1= p2;
                p2=p2->next;
            }
        }
    }
   else                 //如果链表中所有结点数据域均小于x,则在链尾插入以x为数据域的新结点
    {   p2->next=p;
        【10】 ;
    }
    return pa;
}
```

## 五、编程题(10分)

试定义一个类ARRAY,实现对一维整型数组的排序。排序的规则如下：将一维数组中各元素按其各位的数字之和从小到大排序。具体要求如下。

(1) 私有数据成员。

- int a[100]；待排序的数组。
- int n；数组中元素的个数。

(2) 公有成员函数。

- ARRAY(int t[], int m)；构造函数,利用参数t初始化成员a,参数m为数组t中元素的个数,用参数m初始化成员n。
- int sum(int x)；求整数x的各位数字之和,并返回该值,此函数供成员函数fun()调用。
- void fun()；按要求对数组a的元素排序。
- void print()；输出数组a的所有元素。

(3) 在主函数中对该类进行测试。

要求输出的结果如下。

排序前的数组为：297，735，624，158，312，900

排序后的数组为：312，900，624，158，735，297

# 第4部分　测试参考答案

## 第1章　C++基础知识测试题答案

**1. 选择题**

(1) A　(2) B　(3) D　(4) A　(5) B　(6) A

**2. 填空题**

(1) main　(2) #include<iostream>　(3) ① 编译　② 连接　(4) { }(花括号)
(5) ;(分号)　(6) ① .cpp　② .obj　③ .exe

## 第2章　数据类型与表达式测试题答案

**1. 选择题**

(1) B　(2) D　(3) A　(4) A　(5) A　(6) B　(7) D
(8) C　(9) D　(10) C　(11) D　(12) C

**2. 填空题**

(1) ① 30　② 15　(2) ① true 或 1　② 3　(3) ① 4　② 3　③ 2　(4) ① 5　② 3　③ 2
(5) ① 1　② 2　③ 2　(6) char　(7) 3　(8) 1
(9) 4　(10) true 或 1　(11) 1
(12) ① ③　② ②　③ 2　④ 3　(13) −264　(14) true 或 1
(15) ① 回车换行　② '(单撇)　(16) ① 十进制　② 八进制　③ 十六进制
(17) ① 十进制　② 指数　③ 单精度 float　④ 双精度 double
(18) ① 单引号　② 单　③ 双引号　④ 一个或多个　⑤ '\0'　(19) 定义或声明
(20) ①④⑥⑦⑨⑩　(21) ① acd　② bef　③ gj　④ h
(22) ①012　②0xA 或 0xa　③10
(23) '\0'的 ASCII 码值是 0；'0'的 ASCII 码值是 48　(24) ①3　②4

## 第3章　基本控制结构程序设计测试题答案

**1. 选择题**

(1) C　(2) A　(3) C　(4) A　(5) B　(6) C　(7) B　(8) C
(9) B　(10) B　(11) B　(12) C　(13) D

**2. 填空题**

(1) 2,3　(2) 6　(3) s=16,k=10　(4) ① i%2==0　② i++

(5) 13　(6) 15　(7) *7



# 第4章　函数测试题答案

**1. 选择题**

(1) B　(2) A　(3) A　(4) A　(5) D　(6) D　(7) D　(8) D

(9) B　(10) A　(11) A　(12) B　(13) D　(14) C

**2. 填空题**

(1) ① 实现对其他函数的调用　② 被其他函数调用

(2) ① 在函数定义或声明前加上关键字 inline

② 编译程序遇到调用内联函数的表达式的地方,直接替换为该函数的执行代码,节省运行时间,但增加内存开销

(3) 101　102　103　104　105　//n=200　//index=300

(4) ① -7653　② 6543　(5) ① 34　② 56　(6) 7　8　9

(7) ① 4　3　6　② 12　3　9　③ 10　3　6

(8) ① f(m)*f(r)>0 或 f(n)*f(r)<0　② fabs(f(r))<0.001

(9) ① y>x&&y>z　② j%x1==0&&j%x2==0&&j%x3==0

(10) ① x/2/n　② n++　③ fabs((n*n+1)*t)

(11) ① n<=1　② n+sum(n-1)

(12) ① x　② term　③ ((2*n-2)*(2*n-1))　④ sum

# 第5章　编译预处理测试题答案

**1. 选择题**

(1) D　(2) D　(3) A　(4) B　(5) B

**2. 填空题**

(1) 8　(2) 20　(3) 10

# 第6章　数组测试题答案

**1. 选择题**

(1) C　(2) D　(3) D　(4) C　(5) B　(6) D　(7) A　(8) C

(9) C　(10) A　(11) B　(12) A　(13) C　(14) C　(15) B　(16) A

(17) D

**2. 填空题**

(1) 4321　(2) 123　(3) s=15　(4) s=45　(5) 221//y=0　(6) How does she

(7) #&*&%　(8) ASZ

(9) 1　0　0　0　//0　1　0　0　//0　0　1　0　//0　0　0　1

(10) 1　3　4　6　(11) ① cin >> a[i]　② continue

(12) ① k　② strlen(str)−1　③ str[i]=str[j]　④ s

(13) ①str[i]!='\0'　② j=i　③ k+1

(14) ① b[0]< b[j]　② n−1　③ a+4

(15) ① a[j−1]=='\0'　② a[i]> a[j]

# 第 7 章　指针测试题答案

**1. 选择题**

(1) C　(2) D　(3) B　(4) B　(5) D　(6) D　(7) B　(8) A

(9) C　(10) A　(11) D　(12) B　(13) C　(14) B　(15) ① B　② A

(16) D　(17) ① B　② A　③ C

**2. 填空题**

(1) 3　(2) n1=1, n2=6　(3) 10　(4) i=10,j=2　(5) 52　(6) 3　2

(7) ch=f　(8) 1　4　3　2　5　(9) 3　(10) 12　(11) 6385　(12) 26

(13) aa　(14) 17　(15) 1,9//4,1//1,5//1,1　(16) 20　51//11　20//40　60

(17) *p1=15//*p2=0　(18) 26

(19) ① p[i]=a[i]　② i　③ i−1 或(i+1)　④ cout << endl

(20) ① fp1(x+y)/fp2(x−y)　② cos,sin,m,n

(21) ① *p1>='0'&&*p1<='9'　② *p2='\0'　③ p>=str

# 第 8 章　结构体、共用体与链表测试题答案

**1. 选择题**

(1) D　(2) B　(3) C　(4) B　(5) C　(6) D　(7) B　(8) C

**2. 填空题**

(1) 5　7　5　(2) A　80.7　(3) 1　3//3　2//2　4

(4) ① char data　② listnode *next

(5) ① m=0　② p->data%2==0　③ return m

(6) ① head　② head->next 或 p->next　③ p->next　④ p->next

　⑤ head=p 或 return p

(7) ① node *h　② h2->next　③ temp　④ h2

(8) ① h->next　② p1->next　③ p1->next　④ p2->next =p1

(9) ① node*　② i< n 或 n−−　③ h=p　④ p2=p2->next　⑤ p

# 第 9 章　类和对象测试题答案

**1. 选择题**

(1) A　(2) C　(3) D　(4) D　(5) B　(6) C　(7) D　(8) A

**2. 填空题**

(1) ① class ② 数据 ③ 函数　　(2) ① private ② public ③ protected

(3) ① 封装性 ② 隐蔽性 ③ 抽象性 ④ 继承性

(4) ① private ② public ③ protected　(5) this　(6) ① 类名 ② 对象名

(7) 0 0//5 10//20 30

(8) ① MyClass &t ② &t ③ -> SetNum(10) ④ t. print()

(9) ① public ② return a ③ cout << a <<'\t'<< b << endl ④ * this
⑤ void A::setdata(int x,int y) ⑥ t1. setdata (5,10) ⑦ a=t1. geta ()
⑧ t2=t1. fun () ⑨ t1. print () ⑩ t2. print ()

# 第 10 章 构造函数和析构函数测试题答案

**1. 选择题**

(1) B　(2) C　(3) C　(4) A　(5) D　(6) B　(7) C　(8) D
(9) B　(10) D　(11) D　(12) B

**2. 填空题**

(1) ① 对象 ② 构造函数　(2) 已存在的对象

(3) ① 初始化创建的对象 ② 在收回对象所占用的存储空间之前完成一些清理工作

(4) ① 构造 ② 成员初始化列表　(5) delete

(6) A::A(){}　(7) A::~A(){}

(8) Initalizing default //Initalizing default //0 0 //Desdtructor is active //Desdtructor is active

(9) 调用带参的构造函数！//100 200 300 400//调用不带参的构造函数！//调用不带参的构造函数！//0 0 0 0

(10) 调用默认的构造函数//调用非默认的构造函数//退出主函数//调用析构函数//调用析构函数

(11) Hello 50 OK!

(12) CCounter Constructor1 //CExample Constructor2 //value=2 //value=0 //CExample Destructor //CCounter Destructor

(13) 进入 main()函数//调用了构造函数//3 5//调用了析构函数//退出 main()函数

(14) 调用构造函数 D(int ,int )! //x=5 y=10 //调用构造函数 D( )! //x=0 y=0

(15) 调用了构造函数! //调用了复制初始化构造函数! //调用了复制初始化构造函数! //对象 t1 的数据成员：x=10 y=10 //对象 t2 的数据成员：x=10 y=10 //对象 t3 的数据成员：x=10 y=10

(16) 进入 main()函数//调用了构造函数//调用了构造函数//调用了构造函数// //完成开辟数组空间// //调用了析构函数//调用了析构函数//调用了析构函数//退出 main()函数

(17) ① A &t ② b=t. b ③ * t3=A(t1) ④ fun(a1, a2,&a3)

(18) ① A ( * p)[4]=a1　② p[i][j]=A(i+j)　③ p[i][j]. Print()

输出结果：0　1　2　3　　//1　2　3　4

# 第 11 章　静态成员与友元测试题答案

**1. 选择题**

(1) A　(2) A　(3) A　(4) D　(5) B　(6) C　(7) C　(8) C

**2. 填空题**

(1) n=10 , k=3//n=20 , k=3//n=30 , k=3

(2) Number of Objects is：5//Number of Objects is：3

(3) 1　100//2　1//3　202//count=3　(4) 97

(5) Sample!　//!!!　//Sample!　//n=25

(6) ① a　② b　③ sqrt((t1. a−t2. a) * (t1. a−t2. a)+(t1. b−t2. b) * (t1. b−t2. b))

④ Distance(p1,p2)

(7) ① a=x; b=y; c=z;　② float Print(tria Tria)　③ L　④ Print(a)

# 第 12 章　运算符重载测试题答案

**1. 选择题**

(1) A　(2) C　(3) D　(4) A　(5) A　(6) B　(7) C

**2. 填空题**

(1) n=10

(2) ① operator int()　② String::operator int()　③ return m　④ x=(int)st1

(3) ① new char[strlen(s)+1]　② String& String::　③ *(q+1)　④ * this

(4) ① ins　② friend ostream& operator <<(ostream &outs, Student &t)

③ score　④ delete []p

# 第 13 章　继承与派生测试题答案

**1. 选择题**

(1) D　(2) C　(3) C　(4) B　(5) B　(6) D　(7) B　(8) B

(9) D　(10) C　(11) C

**2. 填空题**

(1) 类 A2　(2) 5　6　7

(3) 构造函数 B//构造函数 A//构造函数 C//析构函数～C//析构函数～A//析构函数～B

(4) 0,0,0,0　//0,1,0,0　//0,2,3,0　//0,5,10,5

(5) 构造函数 A//构造函数 C//构造函数 B//构造函数 D//析构函数～D//析构函数～B//析构函数～C//析构函数～A

(6) y=200　CC　//x=400　AA　//y=500　BB

(7) ① C 行,应对基类 A 的数据成员 a 显式构造。B(int x):A(x){a=x;}

② D 行,基类 A 的数据成员 a 为私有,不能在派生类中直接引用。

③ E 行,派生类对象没有默认的构造函数,必须显式构造。B b1(10);

# 第 14 章　虚函数测试题答案

**1. 选择题**

(1) B　(2) C　(3) D　(4) D　(5) C　(6) C　(7) B　(8) B

(9) D　(10) A

**2. 填空题**

(1) ① 参数个数　② 对应参数的类型　③ 函数返回值类型　④ virtual　⑤ 重载

⑥ 内联函数　⑦ 构造函数　⑧ 静态成员函数

(2) 多态性　(3) x=1000　y=2000　z=3000　//x=1000　y=2000　z=3000

(4) A::fun　B::fun　C::fun　//C::fun

(5) 类 A 中的 f1 函数//类 A 中的 f2 函数//类 A 中的 f3 函数//类 B 中的 f1 函数//类 A 中的 f2 函数//类 A 中的 f3 函数

(6) class C　//class B　//class B　(7) 5　//7　//10　//10

(8) B::a=1　//A::a=2　(9) 15　//27　//8

(10) ① virtual void print()　② OCT(x){}　③ OCT *p　④ p=&he

# 第 15 章　输入输出流测试题答案

**1. 选择题**

(1) C　(2) D　(3) C　(4) B　(5) B　(6) A　(7) A　(8) C

**2. 填空题**

(1) #define EOF -1　(2) ① ASCII 码文件　② 二进制文件

(3) ① streambuf　② ios　③ streambuf　④ 输入输出

(4) ① ofsream　② ifstream　③ fstream　(5) ① setsprecision(int)　② hex

(6) fstream file1("tom.dat", ios_base::binary|ios_base::app);

(7) 1~ -1　//1~FFFFFFFF　(8) 400!!!

(9) ① <fstream>　② "d:\\aaa.dat"　③ !f1(或 f1.fail())　④ f1　⑤ close()

(10) ① "d:\\date.txt",ios_base::out|ios_base::binary　② (char *)&tt

(11) ① "d:\\test.dat"　② !me.eof()　③ buf

# 试卷 1　参考答案

**一、选择题(1 题 1 分)**

1. A　2. C　3. C　4. B　5. B　6. D　7. A　8. D

9. C　10. B　11. C　12. A　13. B　14. C　15. A　16. A
17. C　18. A　19. A　20. D

**二、基本概念填空题(1 题 2 分)**

1. fin.close( )
2. iostream
3. delete [ ]i
4. 文件包含(嵌入指令)
5. true 或 1
6. max=(a>b)? a:b
7. 循环结构
8. 2
9. 40
10. 私有(private)

**三、阅读程序(1 题 3 分)**

1. 258
2. 2
3. 4
4. 123456
5. 2 4 6
6. xyabcABC
7. 21
8. 55
9. 3,3
10. call f1 in derived　// call f2 in base //call f1 in derived //call f2 in derived

**四、完善程序(1 空 2 分)**

1. k%11
2. 0　for(i=1;i<t;i++)
3. 0　j-i+1　j-i
4. head　1　s * p->info　p=p->next

**五、编程题(10 分)**

```
#include<iostream>
using namespace std;
class ARR
{     int a[100];
      int n;
      double aver;
public:
      ARR(int x[], int size);
      void Average();
      void Show();
};//1 分
```

```
ARR::ARR(int x[],int size)
{    n = size;
     for(int i = 0;i < n;i++)a[i] = x[i];
     aver = 0;
}//2 分
void ARR::Average ()
{    double s = 0;
     for(int i = 0;i < n;i++)s += a[i];
     aver = s/n;
}//3 分
void ARR::Show ()
{    for(int i = 0;i < n;i++)
     {    cout << a[i]<<'\t';
          if((i + 1) % 5 == 0)cout << endl;
     }
     cout << endl;
     cout <<"aver = "<< aver << endl;
}//2 分
int main()
{    int b[] = {3,4,6,8,10,34,2};
     ARR v(b,sizeof(b)/sizeof(int));
     v.Average ();
     v.Show ();
     return 0;
}//2 分
```

# 试卷 2　参考答案

**一、选择题(1 题 1 分)**

| | | | | | | | |
|---|---|---|---|---|---|---|---|
| 1. B | 2. C | 3. C | 4. B | 5. A | 6. C | 7. B | 8. C |
| 9. B | 10. D | 11. B | 12. D | 13. A | 14. D | 15. D | 16. A |
| 17. A | 18. B | 19. A | 20. A | | | | |

**二、基本概念填空题(1 题 2 分)**

1. private
2. char
3. double
4. 条件编译
5. 0 或 false
6. 4
7. 选择或分支结构
8. 静态
9. 局部变量
10. main

**三、阅读程序(1 题 3 分)**

1. 15

2. 11//21

3. 3

4. 3

5. 6，3，2，3

6. 10　10　20

7. 8,6,4,2

8. CLASS A//CLASS A//CLASS B

9. class Derived1// class Derived2

10. m=1，n=3// m=1，n=4

**四、完善程序(1 空 2 分)**

1. double d=1.0　k<=10

2. n%i==0　i%10*10+i/10　m[0]

3. *p++=*q++　scat(str，s)

4. p1=p1->next　summ/count　p1->next=head

**五、编程题(10 分)**

```
#include<iostream>
using namespace std;
class ARR
{      int a[100];
       int n;
       int pos, neg;
public:
       ARR(int x[], int size);
       void Num();
       void Show();
}; //1 分
ARR::ARR(int x[],int size)
{      n = size;
       for(int i = 0;i < n;i++)a[i] = x[i];
       pos = neg = 0;
}//2 分
void ARR::Num ()
{      for(int i = 0;i < n;i++)
              if(a[i]> 0)   pos++;
       neg = n - pos;
}//3 分
void ARR::Show ()
{      for(int i = 0;i < n;i++)
       {      cout << a[i]<<'\t';
              if((i + 1) % 5 == 0)   cout << endl;
       }
       cout << endl;
       cout <<"pos = "<< pos <<'\t'<<"neg = "<< neg << endl;
}//2 分
int main()
```

```
{     int b[] = {3, -4,6, -8,10, -34,2,80, -100};
      ARR v(b,sizeof(b)/sizeof(int));
      v.Num ();
      v.Show ();
      return 0;
}//2 分
```

# 试卷 3　参考答案

**一、选择题(1 题 1 分)**

1. B　2. A　3. A　4. B　5. C　6. B　7. D　8. C
9. A　10. D　11. C　12. D　13. B　14. D　15. B　16. B
17. A　18. C　19. D　20. B

**二、基本概念填空题(1 空 2 分)**

1. void
2. private
3. this　正在调用成员函数的对象
4. 友元函数
5. switch
6. 首
7. 对象
8. 局部变量
9. 复制的构造函数

**三、阅读程序(1 题 3 分)**

1. ******
2. 5　−8　−4//−8　−8　−8//　−8　7　12
3. a=Chinf　b=NanjingString　//　n1=C　n2=g
4. 3
5. *a=0　**p=4　**pp=4　//**pp=3　//*p[1]=4
6. 1　//2// 6
7. 2 , 6 , 4 , 2
8. 3
9. B0::display( )　//B1::display( )　//D::display( )
10. B class　//A class　//f( )　//f( )　//~B class

**四、完善程序(1 空 2 分)**

1. j=0,k=n−1;　j<k;　j++, k−−　p, 10
2. num%den　num
3. high=mid−1 或 high−−　low=mid+1 或 low++　return mid+1 或 return mid　(该题前 2 空若全写成 mid 扣 1 分)
4. p1−>next　p1−>next !=0　p1−>next

## 五、编程题(10分)

```
#include<iostream>
using namespace std;
class ARR{
    private:
        int n;
        int a[100],b[100];
        int nprime;
    public:
        ARR(int x[ ], int size);
        int Prime(int x);
void Fun();
void Show();
}; //2分
ARR::ARR(int x[ ],int size)
{   n=size;
    for(int i=0;i<n;i++)  a[i]=x[i];
    nprime=0;
} //2分
int ARR::Prime(int x)
{   for(int i=2;i<x;i++)
        if(x%i==0)  return 0;
    return 1;
}           //2分
void ARR::Fun()
{   int j=0;
    for(int i=0;i<n;i++)
        if(Prime(a[i]))
        {  b[j]=a[i];  j++;}
    nprime=j;
}           //1分
void ARR::Show()
{   for(int i=0;i<nprime;i++)
    {      cout<<b[i]<<'\t';
        if((i+1)%5==0)cout<<endl;
    }
    cout<<endl<<"nprime="<<nprime<<endl;
}           //1分
int main()
{   int b[]={13, 14, 15, 16, 17, 18, 19, 20, 21,22};
    ARR arr(b,sizeof(b)/sizeof(int));
    arr.Fun();
    arr.Show();
    return 0;
}           //2分
```

# 试卷 4　参考答案

**一、选择题(1 题 1 分)**

| | | | | | | | |
|---|---|---|---|---|---|---|---|
| 1. C | 2. B | 3. A | 4. D | 5. A | 6. A | 7. B | 8. C |
| 9. D | 10. A | 11. B | 12. A | 13. C | 14. B | 15. A | 16. B |
| 17. A | 18. D | 19. B | 20. A | | | | |

**二、基本概念填空题(1 题 2 分)**

1. 地址结合
2. private
3. '\0'
4. ;(分号)
5. int (*p)[10]
6. struct,class
7. true 或 1
8. this 指针
9. 条件编译
10. p 是一个指向函数的指针,该函数有一个 float 类型参数,返回 float 类型值

**三、阅读程序(1 题 3 分)**

1. 20　20　20
2. 321
3. 2　1
4. 8436
5. first: 3　3//second:　5　15// third: 18　15
6. xyabcdBCD
7. 9　14
8. 25　6　16
9. B::fun　//C::fun
10. real=0,　image=0　//real=5,　image=7

**四、完善程序(1 空 2 分)**

1. a+n-1　*p1!=*p2　f(s)
2. 0　i<=n　s+(double)a/b
3. m!=9999　new　node　q　q=q->link

**五、编程题(10 分)**

```
#include<iostream>
using namespace std;
class ARR
{
private:
   int n;
```

```
    int a[100];
    int max, maxindex;
public:
    ARR(int x[], int size)
    {   n = size;
        for(int i = 0;i < n;i++)    a[i] = x[i];
        max = a[0];
        maxindex = 1;
    } //2 分  构造函数
    void FindMax()
    {   for(int i = 0;i < n;i++)
            if(max < a[i])
            {   max = a[i];
                maxindex = i + 1;
            }
    }//3 分  主要算法：求最大值及其序号
    void Show()
    {   for(int i = 0;i < n;i++)
        {   cout << a[i]<<'\t';
            if((i + 1) % 5 == 0)cout << endl;
        }
        cout <<"\nmax = "<< max <<'\t'<<"maxindex = "<< maxindex << endl;
    }//1 分  显示结果
}; //2 分  建立基本类的结构
int main()
{   int b[ ] = {3,4,6,8,10,34,2};
    ARR arr(b,sizeof(b)/sizeof(int));
    arr.FindMax();
    arr.Show();
    return 0;
} //2 分
```

# 试卷 5　参考答案

**一、选择题(1 题 1 分)**

| | | | | | | | |
|---|---|---|---|---|---|---|---|
| 1. B | 2. C | 3. B | 4. D | 5. B | 6. B | 7. A | 8. B |
| 9. A | 10. B | 11. D | 12. C | 13. B | 14. D | 15. B | 16. C |
| 17. D | 18. C | 19. B | 20. C | | | | |

**二、基本概念填空题(1 题 2 分)**

1. false 或 0
2. float
3. (year%4==0 &&year%100!=0)||(year%400==0)
4. char *s1[5], *s2[5];
5. *(p+i*N+j)
6. 4
7. p->n

8. A2

9. 类的友元函数

10. 使形参数组与实参数组共用同一空间

**三、阅读程序(1题3分)**

1. 7,4

2. 7

3. efgh

4. 3 //4 //26

5. m=3 n=6 //m=4 n=9 //a=3 b=2

6. derive::fun //derive::fun //base::fun

7. n=9

8. 9 6 3//8 5 2//7 4 1

9. 17 //10 //5

10. worker cadre

**四、完善程序(1空2分)**

1. sieve[j]=j; sieve[i]!=0; sieve[k]=0;

2. X=x; Y=y; sqrt((double)((a. X-b. X) * (a. X-b. X)+(a. Y-b. Y) * (a. Y-b. Y)));
   dist(p1,p2);

3. p2->next head head->next p2->next=p1

**五、编程题(10分)**

```
#include<iostream>
#include<cmath>
using namespace std;
class integral{
private:
    double a,b,area;
    int n;
public:
    integral();
    double Calcul(double aa, double bb, int nn, double (*f)(double));
    void Show();
}; //2分 建立类
integral::integral(){    a = 0; b = 0; n = 1;}      //2分 构造函数
double integral::Calcul(double aa, double bb, int nn, double (*f)(double))
{   a = aa; b = bb; n = nn;
    double h = (b - a)/n;
    area = (f(a) + f(b))/2;
    for(int i = 0;i<n;i++)  area = area + f(a + i * h);
    area = h * area;
    return area;
} //2分 积分算法
void integral::Show()
{   cout <<"area = "<< area << endl; }                //2分 输出函数
```

```
int main()
{   integral jf;
    jf.Calcul(2,4,1000,sin);
    jf.Show();
    return 0;
}  //2 分  测试类
```

# 试卷 6　参考答案

**一、选择题(1 题 1 分)**

1. D　2. C　3. C　4. C　5. D　6. B　7. D　8. A
9. B　10. D　11. C　12. B　13. A　14. D　15. B　16. D
17. C　18. A　19. D　20. B

**二、基本概念填空题(1 空 2 分)**

1. .cpp
2. 地址传递
3. 文件包含
4. 10
5. 100
6. 4
7. 26
8. 首地址
9. 继承性
10. 私有继承

**三、阅读程序(1 题 3 分)**

1. first:4 3 6 //second:12 3 9 //third:10 3 6
2. 11　13　17　19
3. 125
4. 30　20
5. worker cadre
6. good! //pass! //bad! //well!
7. 3　3　5　8　0
8. Run destructor B5 //Run destructor A4 //Run destructor B0 //Run destructor A3
9. B1A2
10. abc1234 //1234 被释放 //abc 被释放

**四、完善程序(1 空 2 分)**

1. double x0　x0＝x1　x0－f(x0)/df(x0)
2. s[j]> s[j+1]　＊pb＋＋　＊pc＋＋＝＊pa＋＋　＊pc＋＋＝＊pb＋＋
3. p2＝p2－> next　pl－> next＝p2－> next　p－> next＝NULL

## 五、编程题(10 分)

```
#include< iostream >
using namespace std;
class ARRAY                              //2 分
{    int a[100];
     int n;
public:
     ARRAY(int t[],int n);
     int sum(int x);
     void fun();
     void print();
};
ARRAY::ARRAY(int t[],int m)              //2 分
{    n=m;
     for(int i=0;i<n;i++)a[i]=t[i];
}
int ARRAY::sum (int x)                   //2 分
{    int s=0;
     while(x)
     {     s=s+x%10;
           x=x/10;
     }
     return s;
}
void ARRAY::fun ()                       //1 分
{    int i,j;
     for(i=0;i<n-1;i++)
           for(j=0;j<n-1-i;j++)
                 if(sum(a[j])>sum(a[j+1]))
                 {     int t;
                       t=a[j];
                       a[j]=a[j+1];
                       a[j+1]=t;
                 }
}
void ARRAY::print ()                     //1 分
{    for(int i=0;i<n;i++)cout<<a[i]<<'\t';
     cout<<endl;
}
int main()                               //2 分
{    int a[]={297,735,624,158,312,900};
     ARRAY arr(a,sizeof(a)/sizeof(int));
     arr.print();  arr.fun();  arr.print ();
     return 0;
}
```

# 图书资源支持

感谢您一直以来对清华版图书的支持和爱护。为了配合本书的使用，本书提供配套的资源，有需求的读者请扫描下方的“书圈”微信公众号二维码，在图书专区下载，也可以拨打电话或发送电子邮件咨询。

如果您在使用本书的过程中遇到了什么问题，或者有相关图书出版计划，也请您发邮件告诉我们，以便我们更好地为您服务。


**我们的联系方式：**

地　　址：北京市海淀区双清路学研大厦 A 座 701

邮　　编：100084

电　　话：010－62770175－4608

资源下载：http://www.tup.com.cn

客服邮箱：tupjsj@vip.163.com

QQ：2301891038（请写明您的单位和姓名）


资源下载、样书申请

书圈

扫一扫，获取最新目录

**用微信扫一扫右边的二维码，即可关注清华大学出版社公众号“书圈”。**